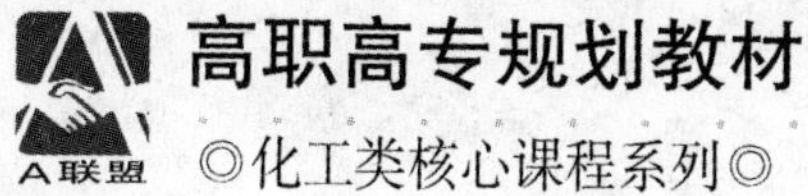

高职高专规划教材

◎化工类核心课程系列◎

化工制图

主　编　于宗保　李　坤

副主编　李雪斌

北京师范大学出版集团
BEIJING NORMAL UNIVERSITY PUBLISHING GROUP
安徽大学出版社

图书在版编目(CIP)数据

化工制图/于宗保,李坤主编. —合肥:安徽大学出版社,2013.9

高职高专规划教材. 化工类核心课程系列

ISBN 978-7-5664-0611-8

Ⅰ. ①化… Ⅱ. ①于… ②李… Ⅲ. ①化工机械—机械制图—高等职业教育—教材

Ⅳ. ①TQ050.2

中国版本图书馆 CIP 数据核字(2013)第 215697 号

化工制图

于宗保　李　坤　主编

出版发行:北京师范大学出版集团
安 徽 大 学 出 版 社
(安徽省合肥市肥西路 3 号 邮编 230039)
www.bnupg.com.cn
www.ahupress.com.cn

印　　刷:合肥现代印务有限公司
经　　销:全国新华书店
开　　本:184mm×260mm
印　　张:14.5
字　　数:358 千字
版　　次:2013 年 9 月第 1 版
印　　次:2013 年 9 月第 1 次印刷
定　　价:27.50 元
ISBN 978-7-5664-0611-8

策划编辑:李　梅　张明举
责任编辑:武溪溪　张明举
责任校对:程中业
装帧设计:李　军
美术编辑:李　军
责任印制:赵明炎

前 言

本书是依据高等学校化工类各专业(含制药、生物、食品、环保、轻化工等)的教学要求,并针对化工类各专业学生对化工制图的基础理论、知识的实际需求而编写的。

本书以"够用和实用"的教学改革方向为主导,在教材结构体系和内容的设计上有突破和创新。以《技术制图》和《机械制图》国家标准为基础,重点突出化工制图的知识,削减了一些与化工技术类专业关系不大的知识,而将化工机械类专业必需的化工设备制图知识融入到化工设备图中,使化工制图与机械制图有机结合。本书既能减少教学课时数,又能更贴近化工技术类相关专业的后续专业课程教学,还能满足学生将来从事化工行业实际工作的要求,彰显化工制图的特色。

本书遵循理论知识"必需、够用"的原则,重点从培养和提高学生的基本制图和读图能力入手。在编写过程中,力求体现选图的典型性和各相关专业的通用性及实用性。

本书采用国家及化工行业最新制图标准规定,结构体系紧凑,取材新颖,语言简洁,深入浅出,易学易懂,与化工生产实际紧密对接,实用性强。为便于教和学,每章开头编写了"学习提示",同时编写了《化工制图习题集》与其配套使用,方便教学。

本书除可作为高等学校化工技术类专业的教学用书外,同时可作为继续教育的大、中专学生用书,以及化工企业的工程技术人员、管理人员和新员工的培训教材。

安徽工贸职业技术学院于宗保、安徽理工大学李坤担任本书主编,并对全书进行统稿。于宗保编写第四章、第六章;李坤编写第五章及附录四;安徽理工大学李雪斌担任副主编,编写第三章概述、第一节、第二节、第四节及附录二;滁州职业技术学院周玲玲编写第一章;安徽水利水电职业技术学院桂霞编写第二章;中州大学孙学习编写第三章第三节及附录一、附录三。

本书编写过程中参阅了大量的书籍、文献,在此一并对其作者表示感谢。书中不妥之处,恳请读者批评指正。

编 者

2013 年 5 月

内容提要

全书共分六章，内容包括：制图基础知识、投影基础知识、化工制图基础知识、化工工艺流程图、化工设备图、管道布置图。

本书在传统化工制图教材的基础上进行了优化、创新。除注重机械制图的基本知识外，重点突出化工制图的基本知识，强化化工制图的内容选材和编排，着重体现对化工设备图、化工工艺流程图和管道布置图的绘图、读图能力的培养和技能训练，以提高化工制图的针对性、实用性和先进性，彰显化工制图的特色。

本书可作为高等学校化工类及相关专业的教材，也可作为继续教育的大、中专学生用书，以及化工企业工程技术人员、管理人员和新员工的培训教材。

目　录

附　录

第一章　制图基础知识

学习提示：

本章内容是本课程的基本知识，是学习化工制图的基础。

国家制图标准及基本规定，介绍了国家标准“技术制图”中关于图纸幅面及格式、比例、字体、图线及尺寸标注的主要内容。读者无需死记硬背，但必须在作图的实践中认真执行。尺规制图工具及使用、几何作图、平面图形的尺寸分析与线段分析、平面图形的绘图方法与步骤等基本知识和基本技能，亦需在充分掌握其基本理论知识的前提下，通过对制图作业的不断练习而逐渐掌握。

第一节　国家制图标准及基础规定

一、制图标准介绍（通用标准，建筑、化工行业等标准）

在现代化工业生产中，无论是设备的制造、设备及管道的安装，还是厂房的建筑、化工工艺流程的控制都是根据图样进行的。图样是现代化工业生产中的重要技术文件，设计部门用图样来表达设计意图，制造部门根据图样来加工装配及安装，建设单位根据图样进行施工。因此，图样是表达和交流设计思想和制造要求的工具，同文字和语言具有相同的功能，而图样则更为直观、更为广泛、更为形象。因此，图样被称为工程技术界的语言，每个工程技术人员都必须掌握这种“语言”，否则将会是个“图盲”。

为便于生产、管理和进行技术交流，国家质量监督检验总局依据国际标准化组织制定了国家标准，制定并颁布了《技术制图》、《机械制图》、《化工制图》等一系列国家标准，其中对于图样的内容、画法、尺寸标注等都做出了统一规范。《技术制图》国家标准是一项基本技术标准，在内容上具有统一性和通用性的特点，它涵盖了机械、建筑、水利、电气、化工等行业，处于制图标准体系中的最高层次。“化工制图”标准受国家制图标准的约束，但又要遵守化工行业制图标准的特殊规定。总之，“化工制图”应执行和遵守国家制图标准和化工行业制图标准，这两个标准是化工行业图样绘制和使用的准则。

从 1989 年至今，标准分四级管理，即国家、行业、地方、企业。我国《标准化法》规定：国家标准和行业标准分强制性标准和推荐性标准 2 种。国家标准中的每一个标准都有自己的编号，标准编号一般由三部分组成，如“GB/T4457.2-2008”为该标准的编号，其中“GB”表示“国家标准”，它是“国家标准”汉语拼音的缩写，简称“国标”；“T”表示“推荐性标准”的属性，无“T”，则表示为“国家强制性标准”的属性；“4457.2”表示该标准的“顺序号”；“-2008”则表示该标准的“颁布时间”或“年号”为 2008 年；又如标准编号 HG20519.2-2009《化工工艺设计施工图内容和深度统一规定第二部分工艺系统》，“HG”表示“化工行业”标准代号；“20519.2”表示该标准的“顺序号”，其中“.2”表示该项标准的中的“第二部分”序号；“-2009”表示该标准的“颁布时间”为 2009 年。早期的标准有用两位数字表示颁布时间的，如 GB/T14689-93、HG20519-92 等。1993 年以后颁布（含修订）的标准“年号”规定用四位数字表示。

二、制图基本规定

化工制图和机械制图、建筑制图一样，同属于工程制图范畴。工程图样是现代化工业生产中不可缺少的技术资料，具有严格的规范性，图样的绘制必须严格遵守统一的规范。化工制图有其自己相对独立的绘图体系、行业规定和国家标准，每个从事技术工作的人员都必须掌握并遵守。本节将对该标准中有关图纸幅面、格式、比例、字体、图线及尺寸标注等逐一进行介绍。

三、图纸幅面及格式(GB/T14689-2008)

规定图纸幅面及格式的国家标准是 GB/T14689-2008。

1. 图幅

为了便于装订、保管和技术交流，国家标准对图纸幅面的尺寸大小作了统一规定。

绘制技术图样时，应优先采用表 1-1 所规定的基本幅面，幅面代号为 A0、A1、A2、A3、A4，共 5 种。其中 A4 幅面尺寸最小，A3 幅面为 A4 幅面延短边翻倍，依此类推，前一幅面是后一幅面面积的 2 倍。必要时也允许选用 GB/T14689-2008 所规定的加长幅面。

表 1-1 图纸基本幅面及图框格式尺寸 单位：mm

幅面代号	A0	A1	A2	A3	A4
尺寸 $B \times L$	841×1189	594×841	420×594	297×420	210×297
a	25				
c	10			5	
e	20		10		

2. 图框格式

图纸上限定绘图区域的线框称为图框。图框在图纸上必须用粗实线绘制，图样必须绘制在图框内部。图框格式分为留装订边和不留装订边 2 种。留装订边的图纸，其图框格式如图 1-1 所示，不留装订边的图纸，其图框格式如图 1-2 所示。它们的周边尺寸都遵守表 1-1 的规定。但同一产品的图样只能采用一种图框格式。

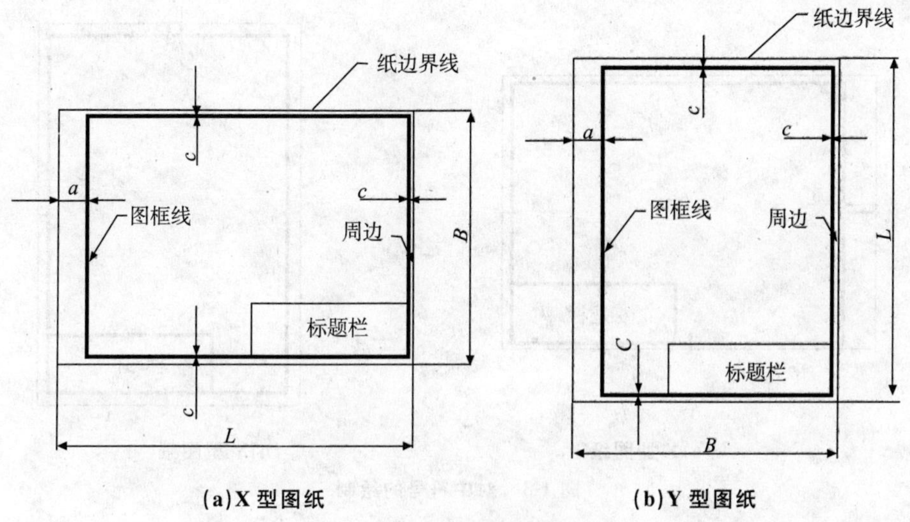

图 1-1　留装订边的图框格式

为了在复制和缩微摄影、阅读图样时便于定位，图框线上还可以绘制一些附加符号，如对中符号等。对中符号应画在图纸各边的中点处，从周边画入图框内约 5mm，用线宽不小于 0.5mm 的一段粗实线绘制，如图 1-3(a)所示。值得注意的是，如果对中符号正处于标题栏范围内时，则伸入标题栏内的部分应予以省略，如图 1-3(b)所示。

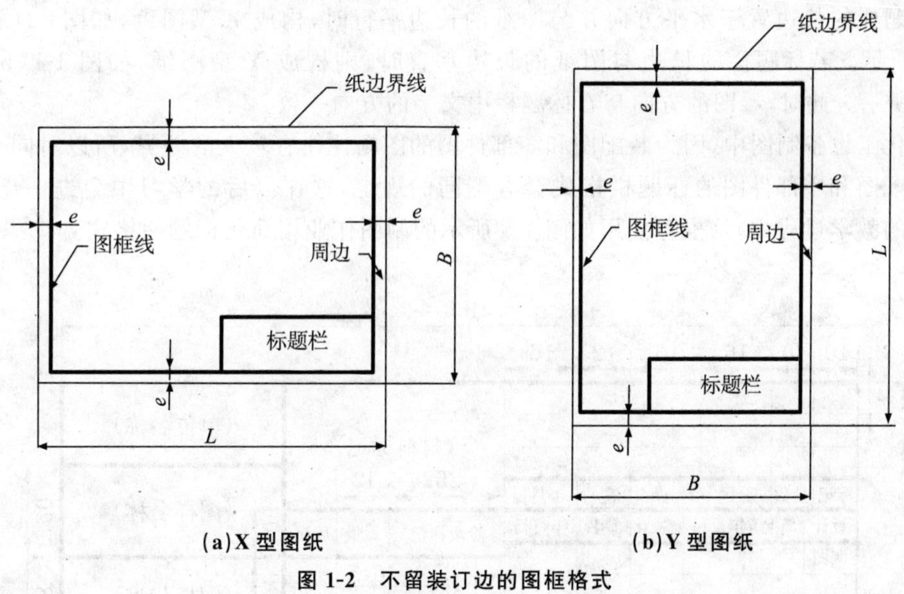

图 1-2　不留装订边的图框格式

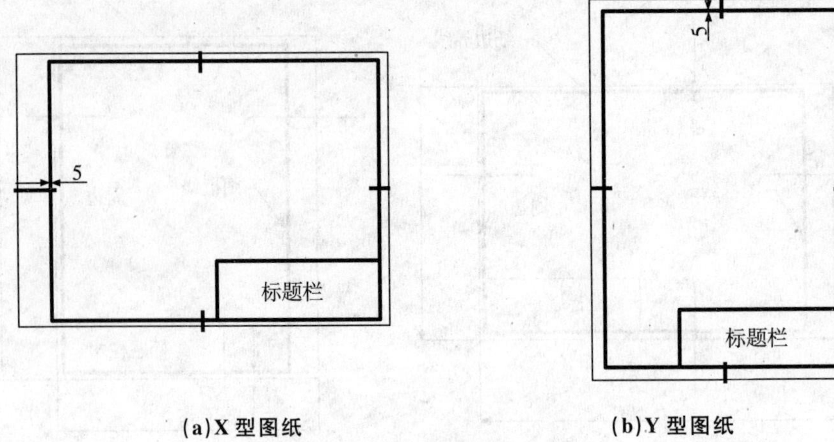

(a)X 型图纸　　(b)Y 型图纸

图 1-3　对中符号的绘制

3. 标题栏和明细栏

每张技术图样中均应画出标题栏，其位置一般在图纸的右下角。国家标准GB/T10609.1-2008对标题栏的组成、格式与尺寸等内容作了具体规定。实际工作中，应采用此标准绘制，如图 1-4 所示。学校学生学习阶段制图作业可采用如图 1-5 所示的标题栏格式和尺寸。

标题栏的长边置于水平方向并与图纸的长边平行时，构成 X 型图纸，如图1-1(a)和图1-2(a)所示。若标题栏的长边与图纸的长边垂直时，则构成 Y 型图纸，如图 1-1(b)和图1-2(b)所示。此时，看图的方向与看标题栏中文字的方向一致。

在化工设备制图中，因为装配图和零部件图的图幅往往有较大的差异，所以对同一台设备的装配图和零部件图的标题栏格式会有不同的规定，这在以后的学习中会进一步体现。在一般的教学过程中，均推荐使用如图 1-5 所示的制图作业用简化标题栏格式。

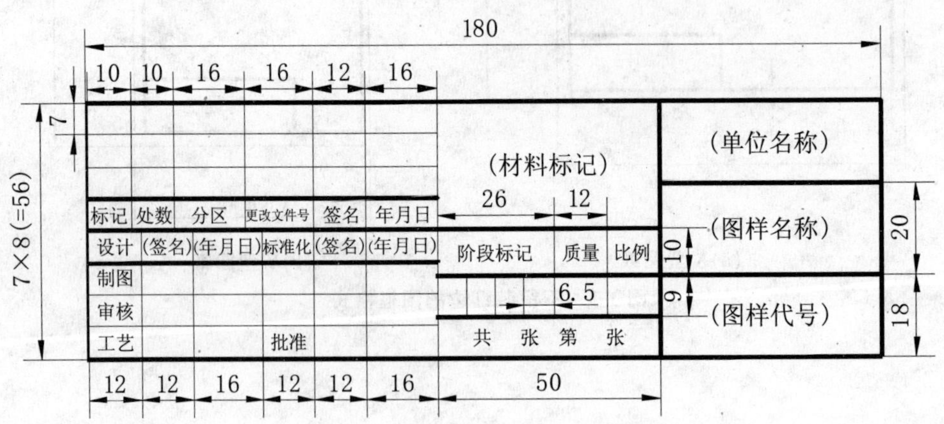

图 1-4　国家标准规定的标题栏格式

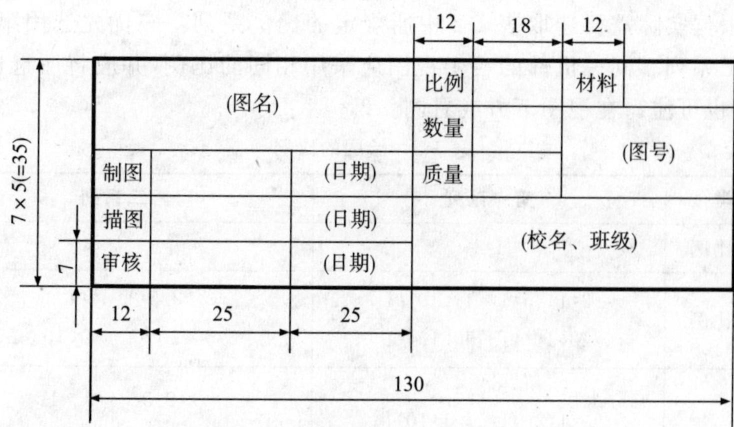

图 1-5　学生制图作业标题栏格式

装配图中一般还应有明细栏，明细栏一般配置在装配图中标题栏的上方，按由下而上的顺序填写，其格数应根据具体需要而定。

12　18　38

序号	代号	名称	数量	材料	备注
(图名)			比例		材料
			数量		(图号)
制图		日期	质量		
描图		日期	(校名、班级)		
审核		日期			

图 1-6　明细栏格式

如图 1-6 所示，当由下而上延伸位置不够时，可紧靠在标题栏的左边自下而上延续；当装配图中不能在标题栏的上方配置明细栏时，可作为装配图的续页按 A4 幅面单独给出，其顺序应是由上而下延伸；还可连续加页，但应在明细栏的下方配置标题栏，并在标题栏中填写与装配图相一致的名称和代号。

四、比例(GB/T14690-2008)

比例是指图样中图形的实际尺寸与其实物相应要素的线性尺寸之比。比例符号为“:”，比例的表示方法如 1:1、1:2、2:1 等。比例按其比值大小可分为原值比例、缩小比例和放大比例 3 种，其数值分别为等于 1、小于 1 和大于 1。

绘图时应根据实际需要选取表 1-2 中所规定的比例系列。应优先选用第一系列，必要时允许选用第二系列。同一机件的各个视图应采用相同的比例，并应将所选比例填写在标题栏中，必要时也可注写在视图下方或右侧。

表 1-2　绘图的比例

种类	第一系列	第二系列
原值比例	1∶1	
放大比例	2∶1　5∶1　1×10^n∶1 2×10^n∶1　5×10^n∶1	2.5∶1　4∶1 2.5×10^n∶1　4×10^n∶1
缩小比例	1∶2　1∶5　1∶10 1∶2×10^n　1∶5×10^n　1∶1×10^n	1∶1.5　1∶2.5　1∶3　1∶4　1∶6 1∶1.5×10^n　1∶2.5×10^n　1∶3×10^n 1∶4×10^n　1∶6×10^n

注：n 为正整数。

一般应根据以下原则选取绘图比例：

(1)绘制图样时，比例应根据物件的形状大小、结构复杂程度以及该物件的用途等因素确定，尽可能使图样中图线的实际尺寸与物件相应要素的线性尺寸相同(即采用 1∶1 的原值比例)，以便能直观地从图样上反映出物件的实际大小。

(2)如果不可能采用 1∶1 的比例，则应尽可能使图样中的图线的实际尺寸与物件相应要素的线性尺寸相近，即采用表 1-2 中尽可能小的比例。

(3)绘制同一物件的各个视图，应采用相同的比例，并在标题栏中注明所采用的比例。如果图中的某视图必须采用不同比例时，必须另行标注。

(4)无论采用何种比例绘图，图中所标注的尺寸，均应是物件的实际尺寸，即在图纸中标注物件的所有尺寸均与图纸所采用的比例大小无关。

(5)不得采用表 1-2 规定之外的比例绘图。

五、字体(GB/T14691-2008)

在图样中除了表示物体形状的图形外，还必须用文字、字母和数字说明物体的大小及技术要求等内容。字体是指图中文字、字母和数字的书写形式。为了使图样中标注的汉字、字母和数字清楚明了，便于技术信息的交流，图样中的字体书写必须做到：字体工整、笔画清楚、间隔均匀、排列整齐。

字体的高度(用 h 表示)代表字体的号数，其公称尺寸系列为：1.8mm、2.5mm、3.5mm、5mm、7mm、10mm、14mm、20mm。如需要书写更大的字，其字体高度应按$\sqrt{2}$的比率递增。

1. 汉字

国家标准规定汉字应写成长仿宋体，并采用国务院正式公布推行的简化字。汉字的高度 h 不应小于 3.5mm，字宽一般为 $h/\sqrt{2}$，即约等于字高的 2/3。为保证字体大小一致和排列整齐，书写时可先打格子，然后写字。

书写长仿宋体字的要领是：横平竖直、注意起落、结构匀称、填满方格。基本笔画有点、横、竖、撇、捺、挑、钩、折 8 种，写法示例如下。

10 号字

字体工整 笔画清楚

间隔均匀 排列整齐

7 号字

横平竖直 注意构匀称 填满方格

5 号字

化工制图 化工设备图 零件图 装配图 工艺流程图

2. 字母和数字

字母和数字可写成直体和斜体，斜体字的字头向右倾斜，与水平基准线成 75°角。汉字只能写成直体。

字母和数字分为 A 型和 B 型 2 种，A 型字体的笔画宽度 d 为字高 h 的 1/14；B 型字体的笔画宽度 d 为字高 h 的 1/10。在同一图样上，只允许选用一种形式的字体。

(1)拉丁字母示例如下：

大写斜体：

ABCDEFGHIJKLMNOPQ

小写斜体：

abcdefghijklmnopq

(2)阿拉伯数字示例如下：

斜体：

1234567890

直体：

1234567890

(3)罗马数字示例如下：

斜体：

Ⅰ Ⅱ Ⅲ Ⅳ Ⅴ Ⅵ Ⅶ Ⅷ Ⅸ Ⅹ Ⅺ

直体：

Ⅰ Ⅱ Ⅲ Ⅳ Ⅴ Ⅵ Ⅶ Ⅷ Ⅸ Ⅹ

六、图线(GB/T4457.4-2008)

1. 图线的类型

所有线型的图线宽度应按图样的类型、复杂程度和尺寸大小在下面系列中选择：0.18mm、0.25mm、0.35mm、0.5mm、0.7mm、1.0mm、1.4mm、2.0mm。

当图样中出现三类不同宽度的图线时，分别称为粗线、中粗线和细线，其宽度比率为 4:2:1。工程图样中采用两类线宽，称为粗线和细线，其宽度比率为 2:1。绘图中的粗实线图

线宽度 b 在 0.5～2.0mm 间选取，一般取 0.7mm。在同一图样中，同类图线的宽度应一致。为了保证图样清晰、易读和便于缩微方便，应尽量避免在图样中出现宽度小于 0.18mm 的图线。

在绘制图形时，规定使用 9 种基本图线，即粗实线、细实线、波浪线、双折线、细虚线、细点划线、粗点划线、细双点划线、粗虚线，如表 1-3 所示。

表 1-3 图线类型及用途(摘自 GB/T4457.4-2008)

图线名称	图线类型	图线宽度	主要用途
粗实线	————	约 b	可见轮廓线
细实线	————	约 $b/2$	尺寸线、尺寸界线、通用剖面线、指引线、重合断面轮廓线和可见过渡线等
波浪线	～～～～	约 $b/2$	断裂处的边界线、局部剖视图中剖与未剖部分的分界线等
双折线	—√—√—√—	约 $b/2$	断裂处的边界线
细虚线	- - - - - - -	约 $b/2$	不可见轮廓线
细点划线	—·—·—·—	约 $b/2$	轴线、圆中心线、对称线、轨迹线等
粗点划线	—·—·—·—	b	有特殊要求的范围表示线
细双点划线	—··—··—	约 $b/2$	极限位置的轮廓线、相邻辅助零件的假想轮廓线等
粗虚线	— — — —	b	允许表面处理的表示线

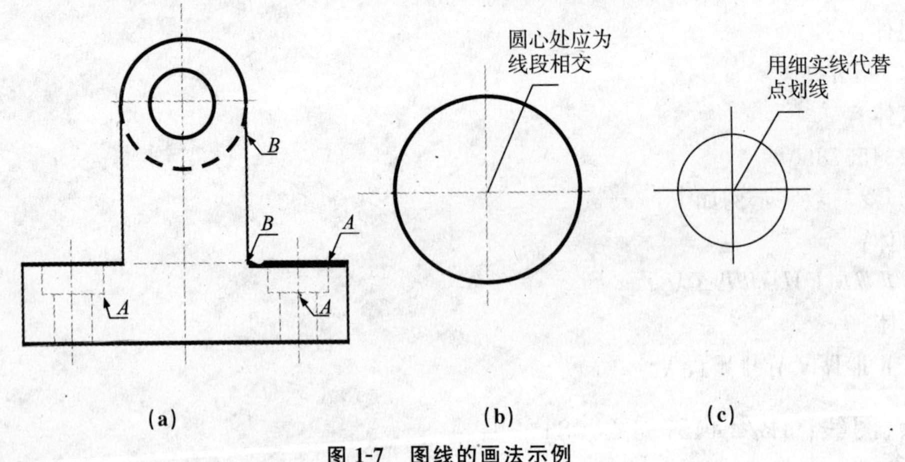

图 1-7 图线的画法示例

2. 图线的画法

图线的绘制应符合以下规定：

(1)点划线、虚线与其他图线相交时都应是线段相交，不能交于点或空隙处，如图 1-7(a)中 A 处所示。当虚线处在粗实线的延长线上时，应先留空隙，再画虚线的短线，如图 1-7(a)中 B 处所示。

(2)画圆时，首先要用垂直相交的两条点划线确定圆心，圆心处应为线段相交，如图 1-7(b)

所示。点划线(双点划线)的首末两端应是线段而不是点,且两端应超出轮廓线 2～5mm。虚线、点划线(双点划线)的短划、长划的长度和间隔应各自大小相等。

(3)在较小的图形上画点划线(双点划线)(小于或等于 8mm)有困难时,允许用细实线代替,如图 1-7(c)所示。

(4)考虑微缩制图的需要,两条平行线(包括剖面线)之间的距离应不小于粗实线的 2 倍宽度,其最小距离不得小于 0.7mm。

(5)在同一张图样中,同类图线的宽度应一致,并保持线型均匀,颜色深浅一致。

(6)两种图线重合时,只需画出其中一种。优先顺序为:可见轮廓线、不可见轮廓线、对称中心线、尺寸界限。

3. 图线的应用

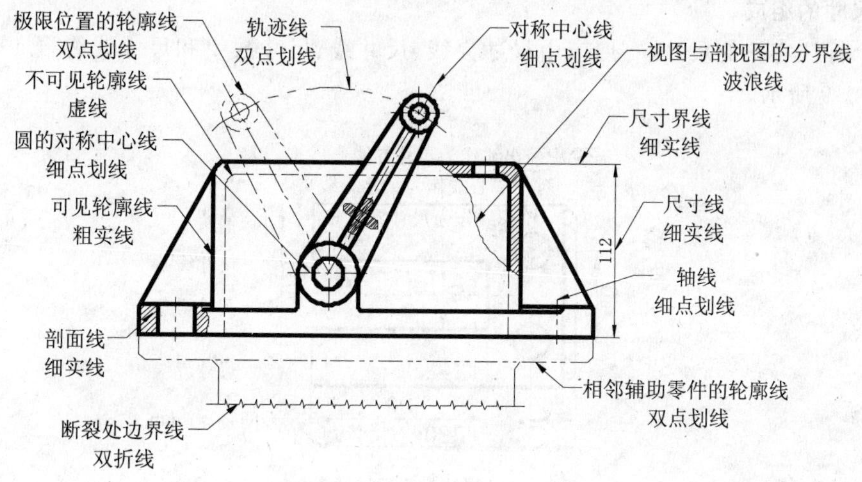

图 1-8　图线的应用示例

工程图样中,图线的应用规则见表 1-5,其具体应用示例如图 1-8 所示。

七、尺寸标注(GB/T4458.4-2008)

图样中的图形只能表达机件的形状,而机件各部分的相对位置和结构形状的大小必须通过标注尺寸来表示。标注尺寸是制图中一项极其重要的工作,必须认真、细致,以免给生产带来不必要的困难和损失。标注尺寸时必须按国家标准的规定标注。

1. 标注尺寸的基本规则

在图样中标注尺寸时,必须符合以下基本要求:

(1)机件的真实大小应以图样上所注的尺寸数值为依据,与图形的大小(即与绘图比例)及绘图的准确度无关。

(2)图样中(包括技术要求和其他说明)的尺寸,均以毫米(mm)为单位,不需要标注计量单位或代号;如需采用其他单位,则必须注明相应的计量单位的名称或代号。

(3)图样中所标注的尺寸,为该图样所示机件的最后完工尺寸,否则应另加说明。

(4)机件上的每一个尺寸,一般只标注一次,并应标注在反映该结构最清晰的图形上。

(5)在保证不引起误解和不产生理解多义性的前提下,应力求简化标注。

(6)尽可能使用符号和缩写词。常见符号和缩写词见表 1-4。

表 1-4 常见符号和缩写词

名称	符号和缩写词	名称	符号和缩写词
直径	ϕ	斜度	∠
半径	R	锥度	◁
球面	S	埋头孔	∨
正方形	□	沉孔或锪平	⌴
均布	EQS	深度	↧
45°倒角	C	厚度	t

2. 尺寸的组成

一个标注完整的尺寸，一般应由尺寸界线、尺寸线、尺寸数字和尺寸线终端 4 个部分组成，如图 1-9 所示。

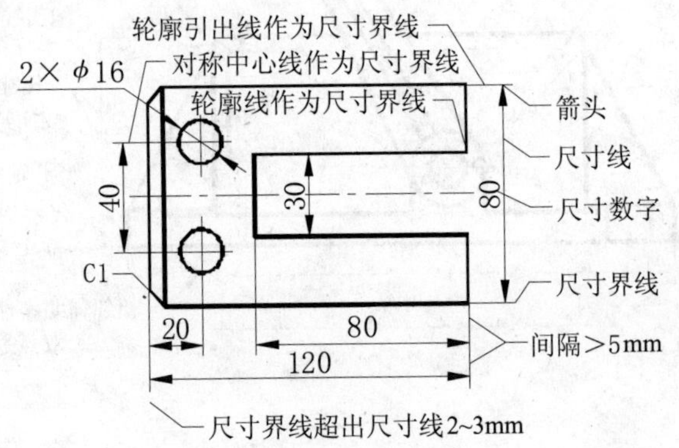

图 1-9 尺寸的组成

(1)尺寸界线。尺寸界线用来表示所标注尺寸的起始和终止位置。尺寸界线用细实线绘制，并应由图形的轮廓线、轴线或对称中心线处引出，也可以直接利用轮廓线、轴线或对称中心线等作为尺寸界线。尺寸界线的尾端应超出尺寸线 2～3mm。尺寸界线一般应与尺寸线垂直，必要时才允许与尺寸线倾斜。

(2)尺寸线。尺寸线用来表示所标注尺寸的方向。尺寸线必须用细实线单独画出，不能用其他图线代替，也不得与其他图线重合或画在其他图线的延长线上，并应尽量避免尺寸线之间及尺寸线与尺寸界线之间相交。

标注线性尺寸时，尺寸线必须与所标注的线段平行，相同方向的各尺寸线之间的距离应保持均匀，间隔应大于 5mm，以便注写尺寸数字和有关符号。

(3)尺寸线终端。尺寸线终端有 2 种形式：箭头或斜线。尺寸线终端的形式如图 1-10(a)和(b)所示。

箭头适用于各种类型的图样，箭头的尖端应与尺寸界线接触，不得超出也不得离开，如图 1-10(a)所示。同一图样中箭头的大小要一致，一般采用一种形式。图 1-10(c)所示的箭头画法均不符合要求。

斜线采用细实线绘制，斜线的方向和画法如图 1-10(b)所示。当尺寸线终端采用斜线形式时，尺寸线与尺寸界线必须相互垂直。

同一图样中只能采用一种尺寸线的终端形式。当采用箭头时，在位置不够的情况下，允许用圆点或斜线代替箭头。

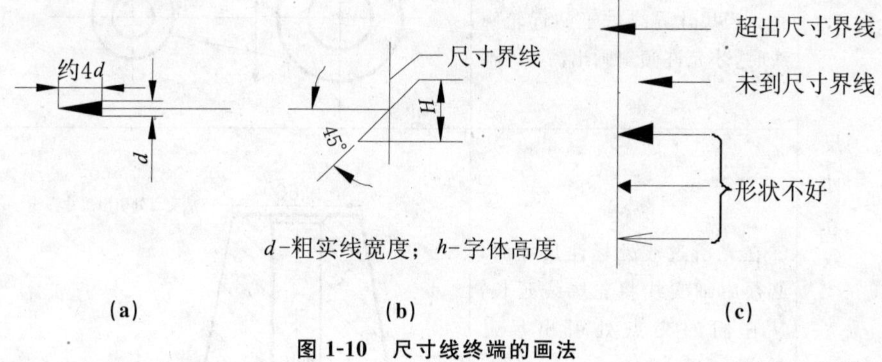

图 1-10　尺寸线终端的画法

(4)尺寸数字。尺寸数字用来表示尺寸的数值，必须按标准字体书写，且同一图样中的字高应一致，线性尺寸的数字一般应注写在尺寸线的上方，也允许注写在尺寸线的中断处。水平方向尺寸数字的字头向上，垂直方向尺寸数字的字头向左，倾斜方向尺寸数字的字头都有向上的趋势。应尽可能避免在与垂直中心线成 30°角的范围内标注尺寸，当无法避免时，可引出标注。

在图样中标注尺寸时，尺寸数字与相关字母、代号的书写均应符合国家标准的相关规定。不同类型尺寸的规定符号(如常见符号和缩写词)见表 1-4。

3. 常见尺寸的标注方法

常见尺寸的标注方法和具体示例详见表 1-5。

表 1-5　常见尺寸的标注方法

项目	说明	图例
尺寸界线	①尺寸界线表示尺寸的度量范围，用细实线绘制，并应从图形的轮廓线、轴线或对称中心线处引出，也可以利用轮廓线、轴线或对称中心线作为尺寸界线。	50 轮廓引出线作为尺寸界线 轮廓线作为尺寸界线 60 56 80 88 对称中心线作为尺界线 112

续表

项目	说明	图例
尺寸界线	②尺寸界线一般应与尺寸线垂直。当尺寸界线过于贴近轮廓线时，才允许倾斜画出。	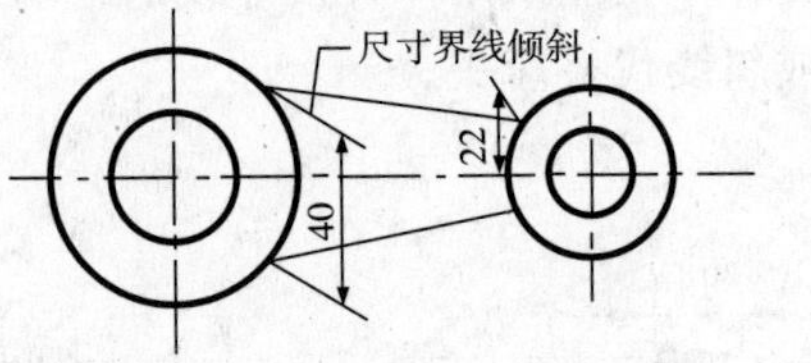 尺寸界线倾斜 22 40
	③在光滑过渡处标注尺寸时，必须用细实线将轮廓线延长，从它们的交点处引出尺寸界线。	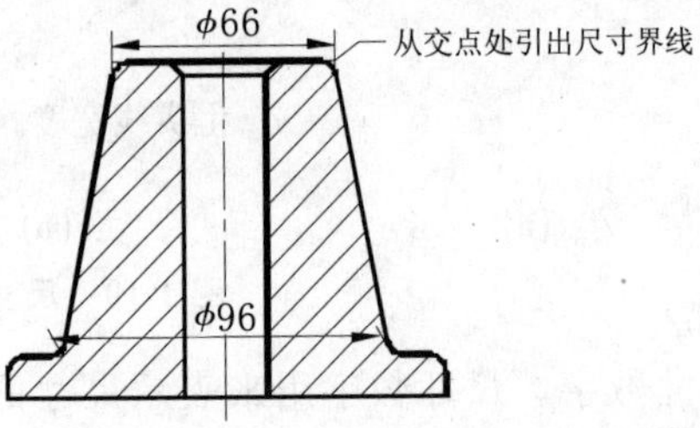 $\phi66$ 从交点处引出尺寸界线 $\phi96$
尺寸线	①尺寸线表示所标注尺寸的方向，用细实线单独画出，不能用其他图线代替，也不得与其他图线重合或画在其他图线的延长线上。	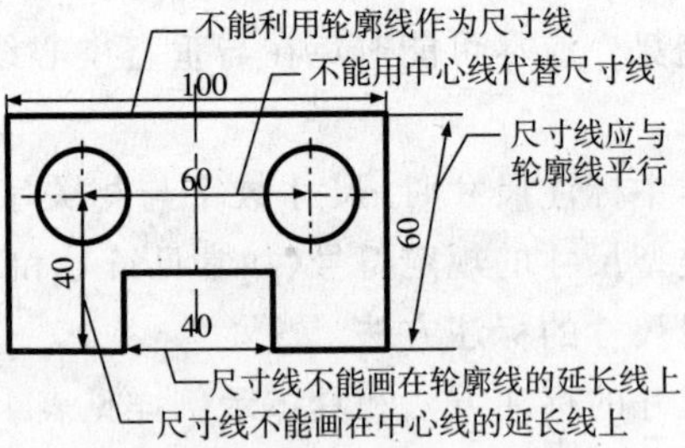 不能利用轮廓线作为尺寸线 不能用中心线代替尺寸线 100 60 尺寸线应与轮廓线平行 60 40 40 尺寸线不能画在轮廓线的延长线上 尺寸线不能画在中心线的延长线上 错误
	②标注线性尺寸时，尺寸线必须与所标注的线段平行。	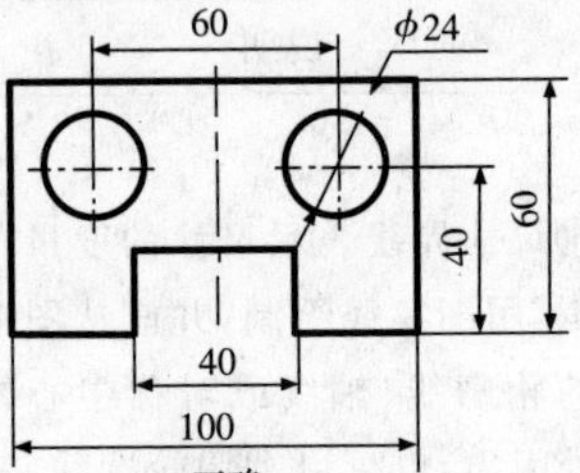 60 $\phi24$ 40 60 40 100 正确
尺寸线终端	①箭头适用于各种类型的图样，箭头的尖端应与尺寸界线接触，不得超出也不得离开。	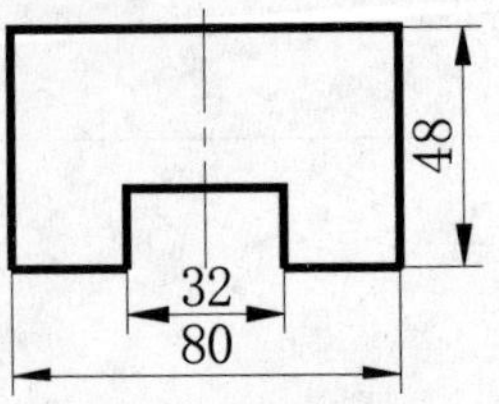 48 32 80

续表

项目	说明	图例
尺寸线终端	②当采用箭头时，在位置不够的情况下，允许用圆点或斜线代替箭头。	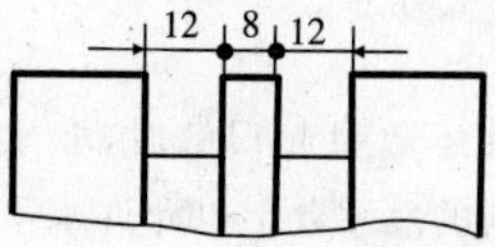 12 8 12
	③当尺寸线终端采用斜线形式时，尺寸线与尺寸界线必须相互垂直。同一图样中只能采用一种尺寸线的终端形式。	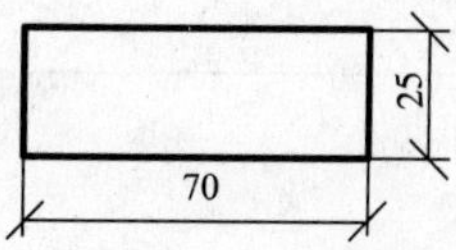 25 70
尺寸数字	①尺寸数字表示尺寸的数值，线性尺寸的数字一般应注写在尺寸线的上方，也允许注写在尺寸线的中断处。	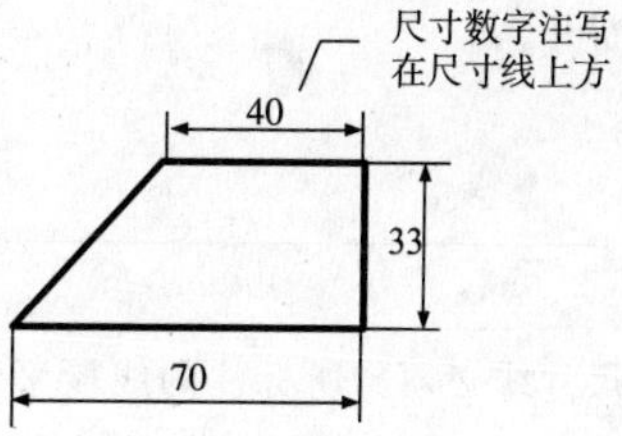 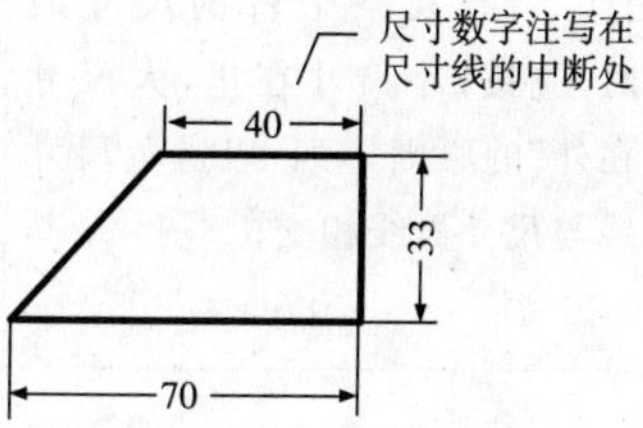 尺寸数字注写在尺寸线上方 40 33 70 尺寸数字注写在尺寸线的中断处 40 33 70
	②线性尺寸的数字应按右栏中左图所示的方向填写，并可能避免在图示与垂直中心线成30°角的范围内标注尺寸，当无法避免时，可按右栏中右图所示采用引出标注。	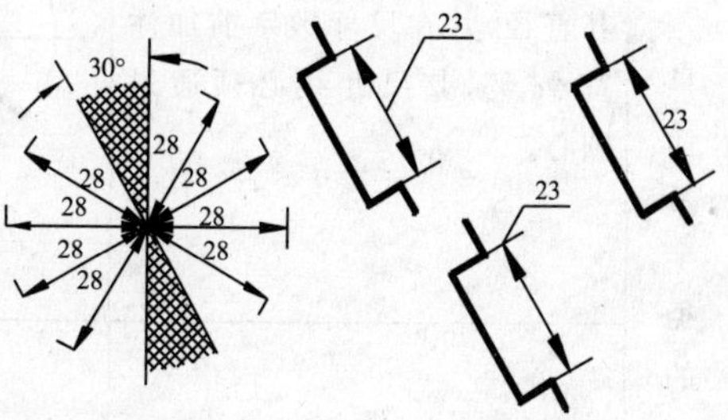 30° 28 28 28 28 28 28 28 28 23 23 23

续表

项目	说明	图例
尺寸数字	③在不致引起误解时，非水平方向的尺寸数字也允许水平地注写在尺寸线的中断处。	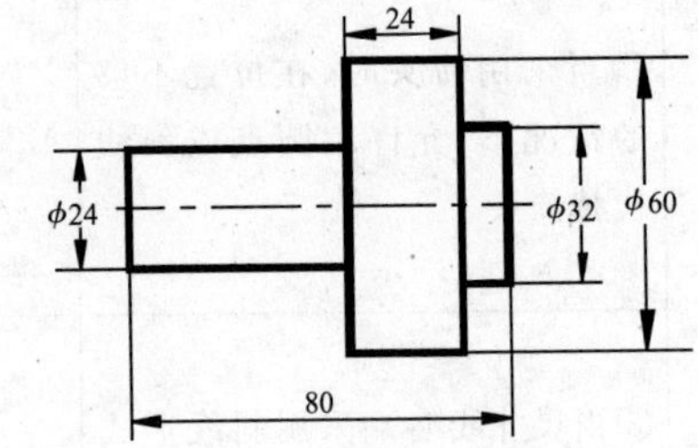
	④尺寸数字不可被任何图线通过，当不可避免时，图线必须断开。	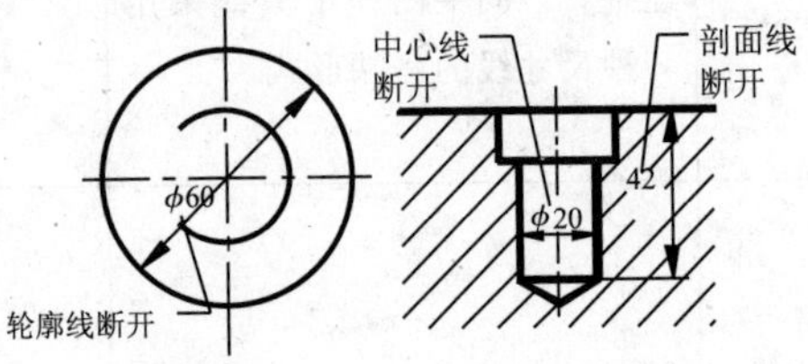
线性尺寸的标注	尺寸线必须与所标注的线段平行。当有几条平行的尺寸线时，应按“小尺寸在里，大尺寸在外”的原则排列，以避免尺寸线与尺寸界线相交。	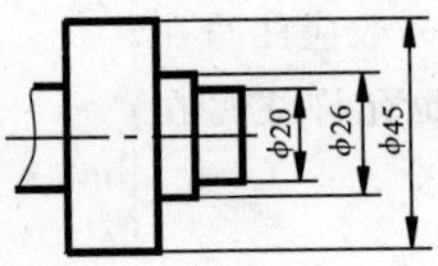 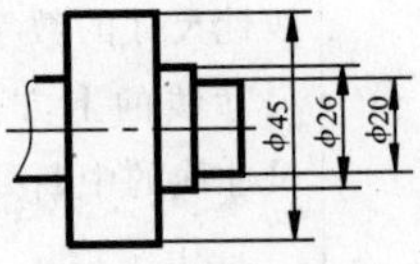
直径与半径的标注	①圆或大于半圆的圆弧应标注其直径，并在尺寸数字前加注符号“ϕ”，其尺寸线必须通过圆心。	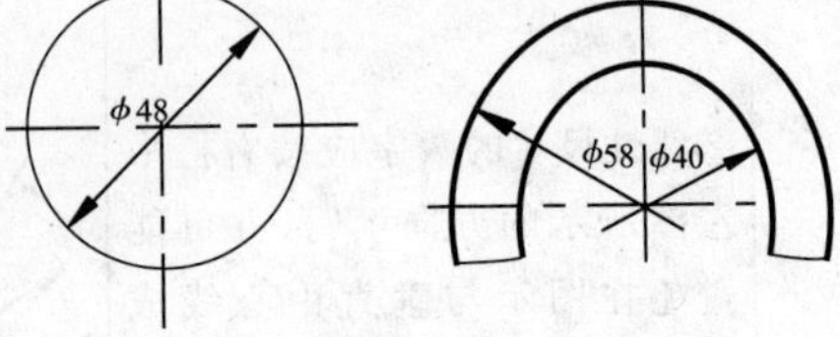
	②等于或小于半圆的圆弧应标注其半径，并在尺寸数字前加注符号“*R*”，其尺寸线从圆心开始，箭头指向轮廓线。	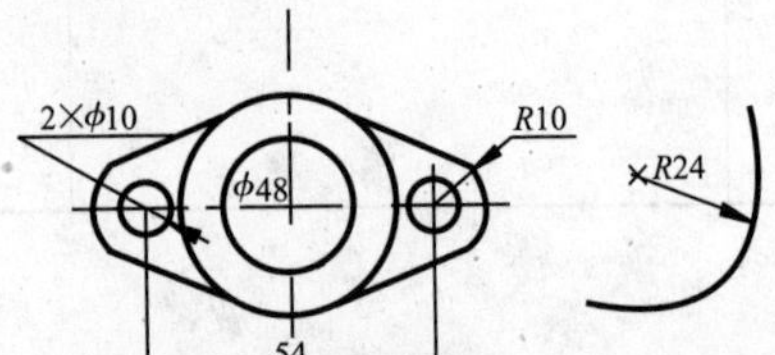

续表

项目	说明	图例
直径与半径的标注	③圆弧半径过大或在图纸范围内无法标出其圆心位置时，可按右栏中左图所示标注。若不需要标注其圆心位置时，可按右栏中右图所示标注。	R80 R70 尺寸线应指向圆心
	④标注球面直径或半径时，应在符号“ϕ”或“R”前加注符号“S”。对于螺钉、铆钉的头部，轴(包括螺杆)的端部以及手柄的端部等，在不引起误解的情况下，允许省略符号“S”。	$S\phi46$ SR42 R18
角度的标注	①标注角度的尺寸数字一律水平填写。标注角度的尺寸界线必须沿径向引出。	60° 60° 30° 75° 45° 90°
	②标注角度的尺寸数字一般应注写在尺寸线的中断处，必要时允许注写在尺寸线的上方或外侧，也可引出标注。	60° 60° 30° 75° 5° 40° 25° 90°
小尺寸的标注	①在没有足够的位置画箭头或注写数字时，可将箭头、数字布置在外面。	$\phi38$ $\phi38$ $\phi38$ R10 R10 R10 R5 R5

续表

项目	说明	图例
小尺寸的标注	②标注一连串的小尺寸时，可用小圆点或斜线代替箭头，但最外两端箭头仍应画出。	10 5 10 10 5 10
板状机件和正方形结构的标注	①标注薄板状机件的厚度尺寸时，可在尺寸数字前加注符号“t”，表示均匀厚度板，而不必另画视图表示厚度。	t13
	②标注机件的断面为正方形结构的尺寸时，可在边长尺寸数字前加注符号“□”，或用“$n\times n$”代替“□n”。图中相交的两条细实线是平面符号（当图形不能充分表达平面时，可用这个符号表达平面）。	□12 12×12
均布的组成要素的标注	①均匀分布的相同要素可只标注出一个结构的尺寸，并标注数量。	4×ϕ12 15 20 3×20=60 108
	②当孔的定位和分布情况在图形中已明确时，可省略其定位尺寸，并标注缩写词“EQS”。	6×ϕ4 15° 6×ϕ4EQS

第二节　绘图工具及仪器的使用

正确而熟练地使用绘图工具和绘图仪器，是保证绘图质量和提高绘图效率的一个重要方面。为此，必须养成正确使用和维护绘图工具及仪器的良好习惯，对于初学者更应注意。

常用的绘图工具及仪器有图板、丁字尺、三角板、圆规、分规和曲线板等。绘图用品包括铅笔、图纸、橡皮、胶带纸（固定图纸）、砂纸（修磨铅芯）、小刀（削铅笔）等。在绘图前应把这些绘图工具、仪器、用品准备齐全。

下面对几种常用的绘图工具及仪器的使用方法进行简要介绍。

一、常用绘图工具及使用

常用的绘图工具有图板、丁字尺和三角板。

1. 图板

图板是用来铺放及固定图纸的矩形木板，图板表面必须平坦、光洁，左右两边必须平直，左边为丁字尺的导向边。图纸用胶带纸固定在图板上，用于绘制图样，如图 1-11 所示。

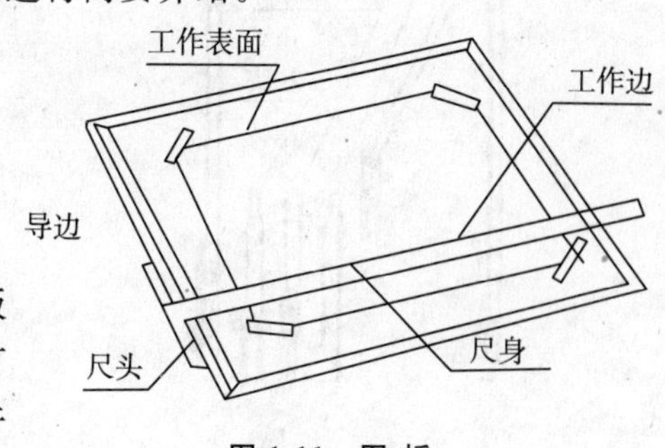

图 1-11　图 板

2. 丁字尺

丁字尺由尺头和尺身相互垂直固定在一起构成。丁字尺与图板配合使用，主要用来画水平线，或作为三角板移动的导边。使用时，用左手扶住尺头，使尺头工作边紧靠图板的左侧导向边，沿导向边做上下滑动，移至所需位置；用左手压紧尺身，沿尺身工作边从左至右画水平线，如图 1-12 所示。将丁字尺沿图板上下移动，可画出一系列水平线。

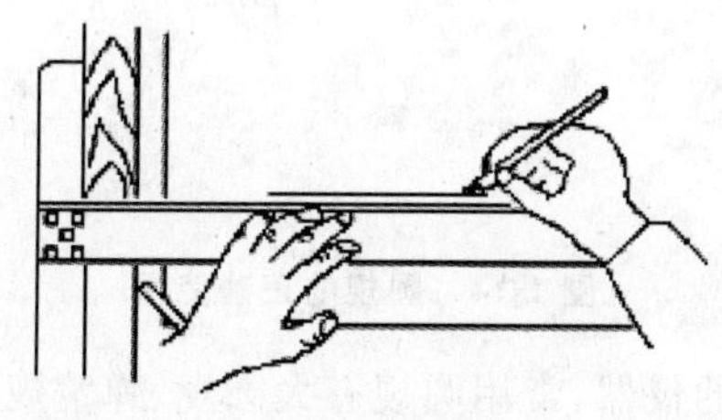

图 1-12　丁字尺的使用

3. 三角板

图 1-13　三角板的用法

三角板是用塑料制成的直角三角形透明板，一副两块，一块是45°三角板，一块是30°和60°三角板。三角板与丁字尺配合使用，可绘制垂直线和常用的15°倍角的各种斜线，如图1-13所示。此外，利用一副三角板，还可以画出已知直线的平行线或垂直线。

二、常用绘图仪器及使用

1. 圆规

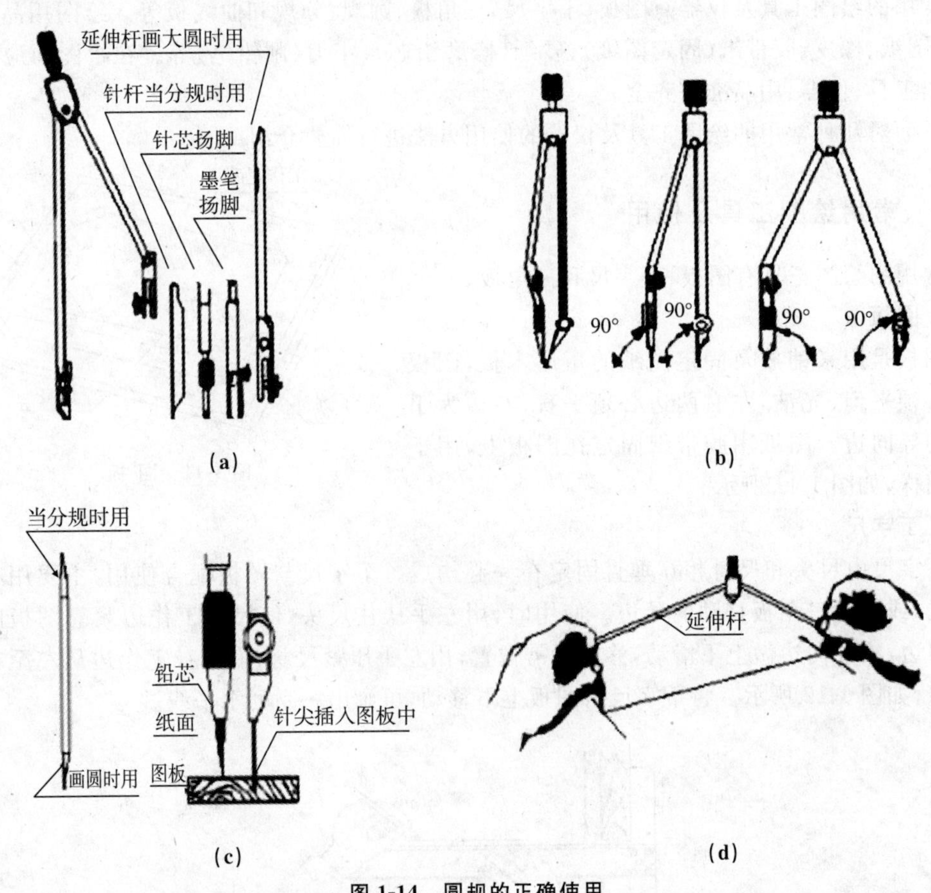

图1-14 圆规的正确使用

圆规是用来画圆或圆弧的仪器，常用圆规有大圆规、弹簧规和点圆规等，如图1-14(a)所示。大圆规的一条脚装有钢针，另一条脚可装铅笔插脚或鸭嘴插脚。使用前应先调整针脚，钢针选用带台阶的一端，圆规两脚并拢后，针尖应略高于铅芯尖，如图1-14(b)所示。画图时，应将钢针插入图板内，使圆规向前进方向稍微倾斜，并用力均匀，转动平稳，如图1-14(c)所示。当画较大圆时，要用延伸杆，并使圆规两脚垂直于纸面，如图1-14(d)所示。

2. 分规

分规是用来等分线段和量取尺寸的仪器，分规两脚并拢后，两针尖应能对齐。分规的正确使用如图1-15所示。

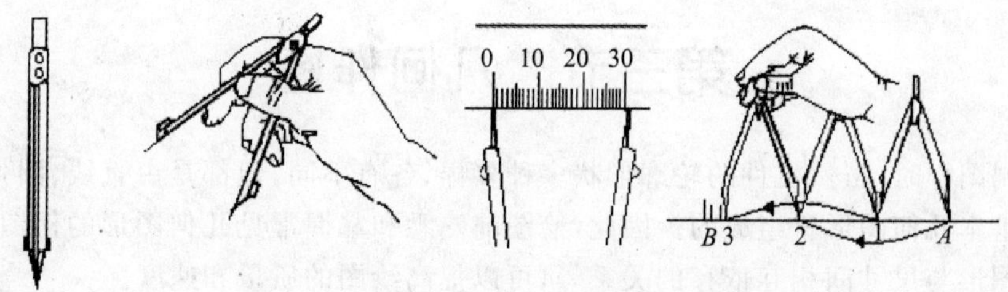

图 1-15　分规的正确使用

3. 曲线板

曲线板是用来画非圆曲线的仪器。如图 1-16(a)所示，已知曲线上的一系列点，用曲线板连成曲线的画法如下。如图 1-16(b)所示，画曲线时，先要用铅笔徒手将曲线上一系列点轻轻地连成曲。接着如图 1-16(c)所示，从一端开始，找出曲线板上与所画曲线吻合的一段，顺次选择曲线板上至少通过 4 个点的曲线段，沿曲线板边缘画出这段曲线。用同样的方法逐段描绘曲线，直到最后一段，如图 1-16(d)所示。

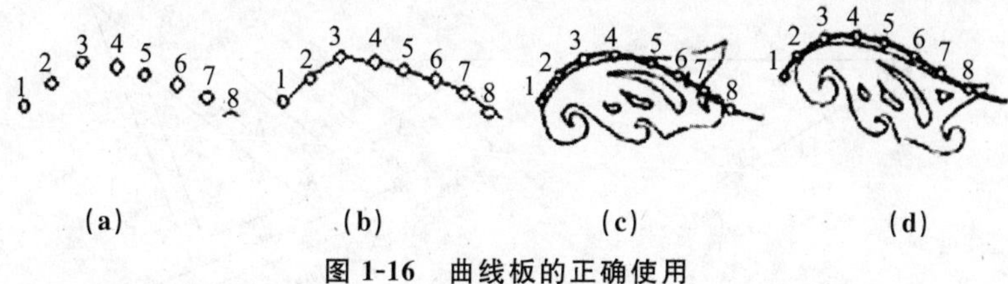

图 1-16　曲线板的正确使用

值得注意的是，画线时应使前两点之间的一段与上次画的线段重合，而将后两点之间的一段留待下次再画，亦即前后描绘的两段曲线应有一小段(不少于 3 个点)是重合的，这样描绘的曲线才能保证光滑。

4. 铅笔

绘图时常用的铅笔分为软、硬和中性 3 种，其中字母 B 表示软铅笔；H 表示硬铅笔；HB 表示中性铅笔，其软硬程度介于 B 和 H 之间。B 前面的数值越大，铅芯越软；H 前面的数值越大，铅芯越硬。

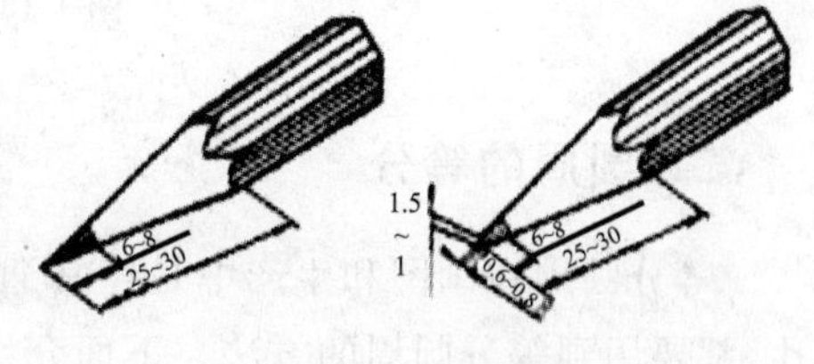

图 1-17　铅笔的削法

绘图时根据不同的使用要求，应备有几种硬度不同的铅笔：通常打底稿或画细线时，选用 H 或 2H 铅笔；写字时，选用 H 或 HB 铅笔；加深时，粗实线常用 B 或 2B 铅笔。一般将画细线和写字用的铅笔削成圆锥状，将描图用的铅笔磨成四棱柱状，如图 1-17 所示。

值得注意的是，加深用的圆规铅芯应比画直线的铅芯软一级。同时，同类型的线条粗细、浓淡应保持一致。

第三节　几何作图

在绘制图样时，虽然机件的轮廓形状多种多样、各有不同，但都是由直线、圆弧和其他一些曲线等基本几何图形所组成的。因此，绘图前熟悉和掌握常见几何图形的作图原理、作图方法以及图形与尺寸间相互依存的关系等，可以提高绘图的质量和速度。

一、线段的等分

平行线法任意等分已知线段的作图方法与步骤如图 1-18 所示。

(1)自已知线段 AB 的端点 A 引一任意直线 AC。

(2)自 A 点开始，在 AC 上用分规截取 N 段等长线段(N 为任意等分数，本例中 $N=6$)，得 1、2、3、4、5、6 点，如图 1-18(a)所示。

(3)连接 $6B$，并作 $6B$ 的平行线，与 AB 相交于 1′、2′、3′、4′、5′点，这些点即为 AB 线段的等分点，如图 1-18(b)所示。

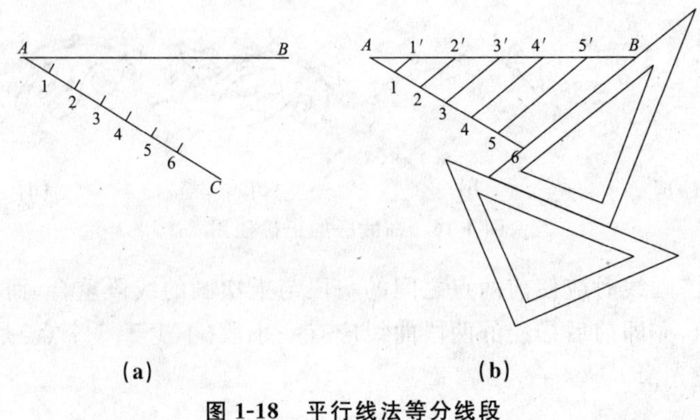

图 1-18　平行线法等分线段

二、圆周的等分

等分圆周在画图和生产中是经常遇到的问题之一，如画六角螺帽或在圆周上画均布的孔，都要用到等分圆周的方法。下面介绍几种等分圆周的常用方法。

1. 六等分圆周和圆内接正六边形的绘制

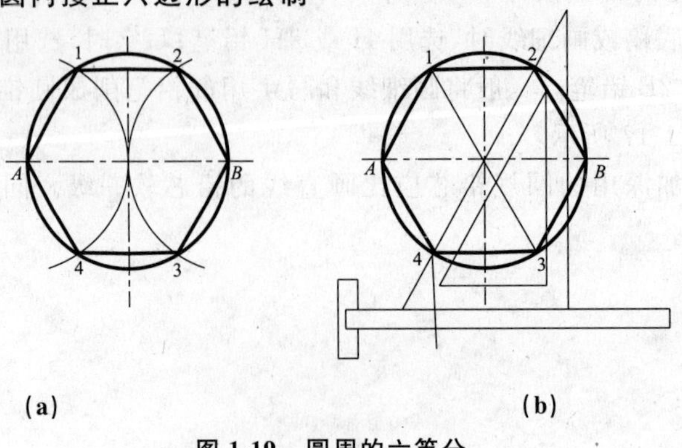

图 1-19　圆周的六等分

因为圆内接正六边形的边长等于它的外接圆半径，所以作圆内接正六边形时，可以任取一直径的两端点 A 或 B 为圆心，用已知圆的半径 R 为半径在圆周上画弧，在圆周上交得 1、2、3、4 点，依次连接各点，即得正六边形，如图 1-19(a)所示。

圆内接正六边形也可用 60°三角板和丁字尺配合作图，用 60°三角板配合丁字尺，通过水平直径的端点作四条边，再以丁字尺作上、下水平边，即可画出圆内接正六边形，如图 1-19(b)所示。

用 45°三角板和丁字尺配合可直接将圆周进行四、八等分；用 30°、60°三角板和丁字尺配合可直接将圆周进行三、六、十二等分。用圆规三、六、十二等分圆周的作图方法如图 1-20(a)、(b)、(c)所示。

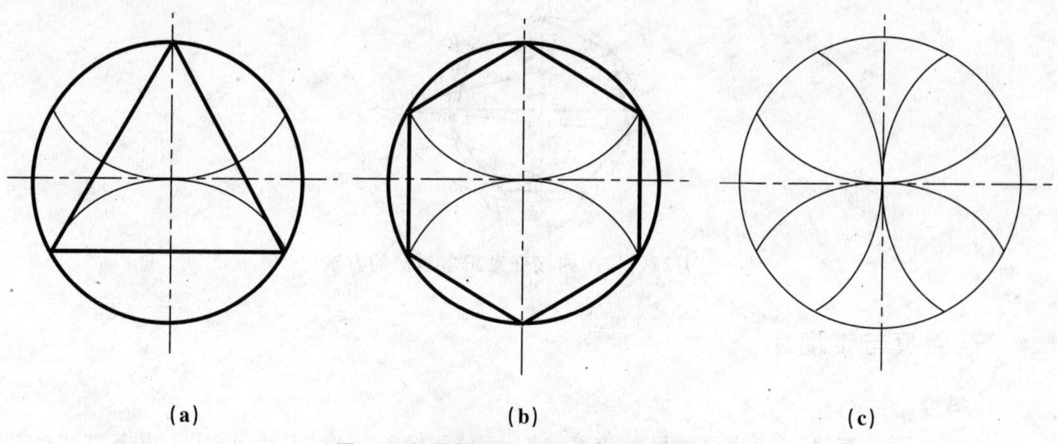

图 1-20　用圆规三、六、十二等分圆周

2. 五等分圆周和圆内接正五边形的绘制

在已知圆内作圆内接正五边形的作图方法与步骤如图 1-21 所示。

(1)平分半径 OB 得点 F，如图 1-21(a)所示。

(2)以点 F 为圆心，FC 为半径画弧，交 OA 于点 E，CE 即为正五边形的边长，如图 1-21(b)所示。

(3)以 CE 的长为弦，在圆周上截取 G、H、I、J 等点，依次连接 C、G、H、I、J 各点，即得正五边形，如图 1-21(c)所示。

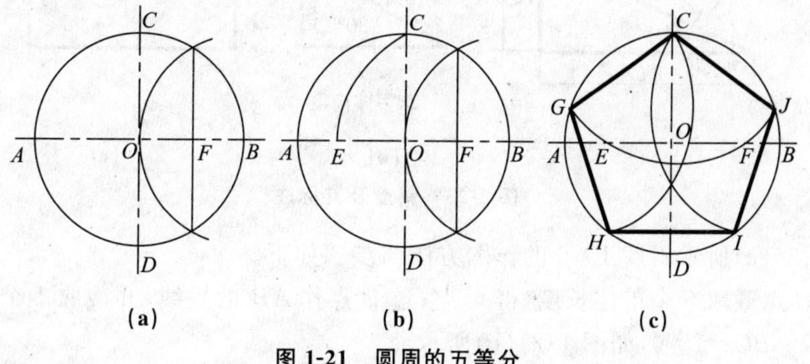

图 1-21　圆周的五等分

3. 任意等分圆周和圆内接任意正多边形的绘制

在已知圆内绘制任意正多边形(近似正多边形)的作图方法与步骤如图 1-22 所示。

(1)将铅垂直径 AK 分成与所求正多边形边数相同的等分(图中为七等分),并按序编号。

(2)以 A 点为圆心,AK 为半径作弧,交水平中心线于点 S。

(3)自点 S 引一系列直线与 AK 上的单数(或双数)等分点相连(图中与双数等分点相连),并延长连线 $S2$、$S4$、$S6$,与圆周相交于点 G、F、E,再作出它们的对称点 B、C、D,相邻两点的距离即为边长,顺次连接 A、B、C、D、E、F、G 各点,即可画出圆内接任意正多边形(图中为圆内接正七边形)。

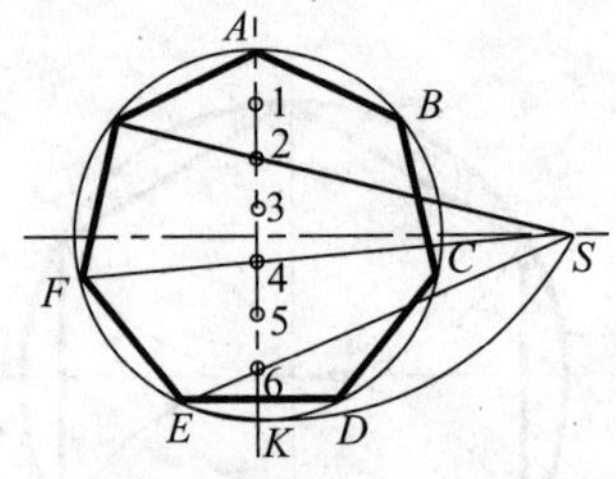

图 1-22 作圆内接任意正多边形的方法

三、斜度与锥度

1. 斜度

斜度是指一直线(或平面)对另一直线(或平面)的倾斜程度,其大小用这两个直线(或平面)间夹角的正切来表示,由图 1-23(a)可知:

$$斜度\ \tan\alpha = H : L = 1 : \frac{L}{H} = 1 : n$$

在图样中斜度常以 $1:n$ 的形式与斜度符号一起标注,斜度符号为"∠",可按图 1-23(b)绘制。标注时,斜度符号"∠"的方向应与所标斜度的方向一致,其特点是单向分布,如图 1-23(c)所示。

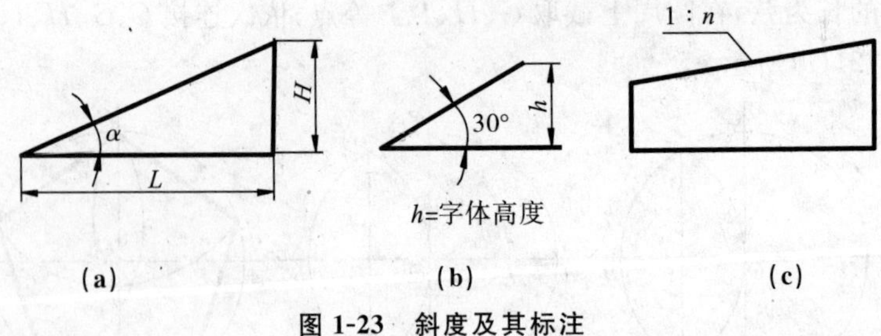

图 1-23 斜度及其标注

如图 1-24(a)所示斜度 1∶6 的作图方法与步骤如下。

(1)过 B 点截取 6 个单位长度,得 C 点;过 B 点作 AB 的垂线,并截取 1 个单位长度,得 D 点,则 $BD : BC = 1 : 6$,如图 1-24(b)所示。

(2)按尺寸定出 E 点,过点 E 作 CD 的平行线,与 BD 的延长线交于点 F,EF 即为所求,如图 1-24(c)所示。

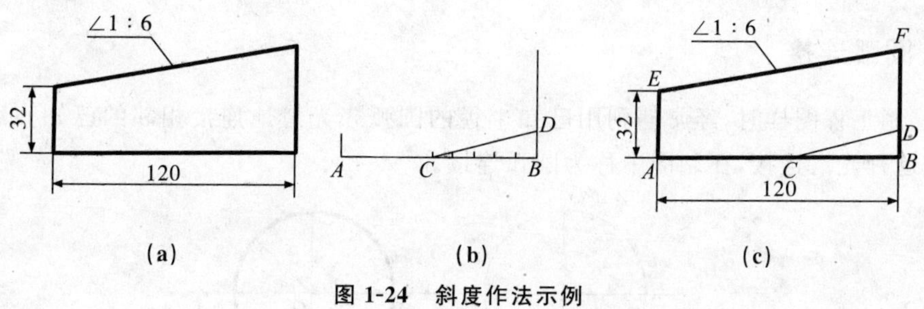

图 1-24　斜度作法示例

2. 锥度

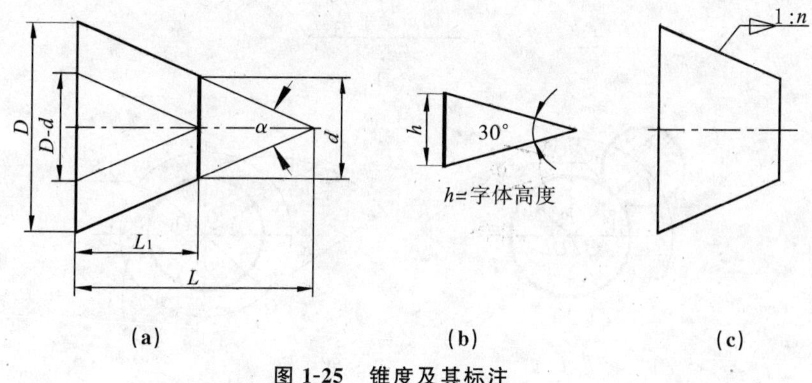

图 1-25　锥度及其标注

锥度是指正圆锥体底圆直径与锥高之比。对圆台而言，锥度为正圆锥台两底圆直径之差与其台高之比，由图 1-25(a)可知：

$$锥度=\frac{D}{L}=\frac{D-d}{L_1}=2\tan\frac{\alpha}{2}=1:n$$

同样，在图样中锥度也常以 1∶n 的形式与锥度符号一起标注，锥度符号为“▷”，可按图 1-25(b)绘制。标注时，锥度符号“▷”的方向应与所标锥度的方向一致，其特点是单向分布，如图 1-25(c)所示。

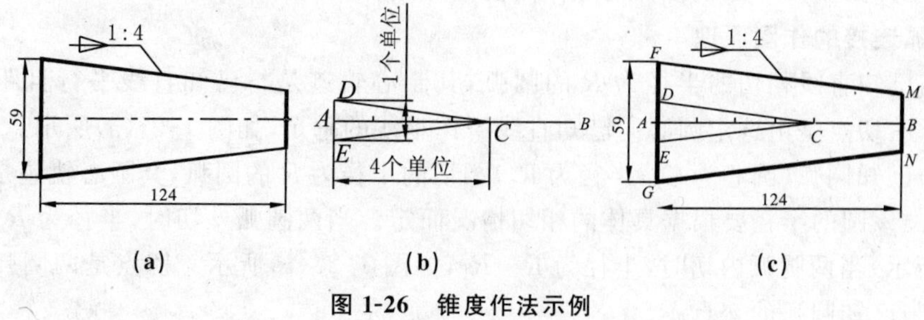

图 1-26　锥度作法示例

如图 1-26(a)所示锥度 1∶4 的作图方法与步骤如下：

(1)过点 A 截取 4 个单位长度，得点 C；过点 A 作 AB 的垂线，并分别向上和向下截取半个单位长度，得点 D 和点 E，则 $DE:AC=1:4$，如图 1-26(b)所示。

(2)按尺寸定出点 F 和点 G，过点 F 和点 G 分别作 CD 和 CE 的平行线，与过点 B 所作的 AB 的垂线分别相交于点 M 和点 N，此即为所求 1∶4 的锥度，如图 1-26(c)所示。

四、圆弧连接

在绘制工程图样时，经常遇到用已知半径的圆弧来光滑地连接相邻的已知直线或圆弧的情况，这种光滑连接，在制图中称为圆弧连接。

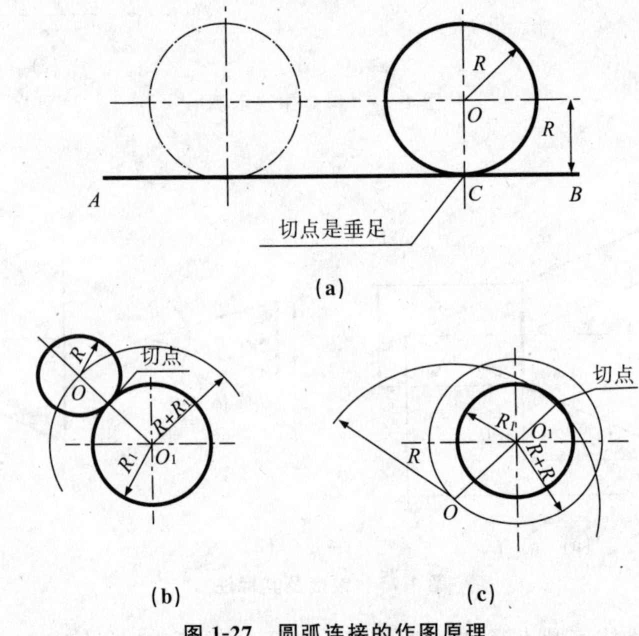

图 1-27 圆弧连接的作图原理

所谓“光滑连接”，也就是在连接点处相切。圆弧连接时，连接弧的半径是已知的，进行线段连接时，为了保证光滑连接(即相切)，在作图时就必须准确地作出连接圆弧的圆心和连接点(切点)。

常见的圆弧连接有 3 种情况：用已知半径为 R 的圆弧连接两条已知直线；用已知半径为 R 的圆弧连接两已知圆弧，其中有外连接和内连接之分；用已知半径为 R 的圆弧连接一已知直线和一已知圆弧。下面就各种情况作简要地介绍。

1. 圆弧连接的作图原理

(1)与已知直线相切的半径为 R 的圆弧，其圆心轨迹是与已知直线平行且距离等于 R 的两条直线，切点是由选定圆心向已知直线所作垂线的垂足，如图 1-27(a)所示。

(2)与已知圆弧(圆心为 O_1，半径为 R_1)相切的半径为 R 的圆弧，其圆心轨迹是已知圆弧的同心圆。该圆的半径要根据具体的相切情况而定。当两圆弧外切时，半径为 $R+R_1$，如图 1-27(b)所示；当两圆弧内切时，半径为 $R-R_1$，如图 1-27(c)所示。切点是两圆弧连心线或其延长线与已知圆弧的交点。

2. 圆弧连接的应用示例

(1)两直线间的圆弧连接。如图 1-28(a)所示，用已知半径为 R 的圆弧连接两直线Ⅰ、Ⅱ，其作图方法和步骤如下。

①分别作距离两直线Ⅰ和Ⅱ为 R 的平行线，相交于点 O，O 点即为连接圆弧的圆心，如图 1-28(b)所示。

②过 O 点分别向直线Ⅰ和Ⅱ作垂线，得垂足 A 和 B，点 A 和 B 即为连接圆弧与直线的

连接点(即切点),如图 1-28(c)所示。

③以 O 点为圆心,R 为半径,在点 A 和 B 之间作连接弧 AB,此即用圆弧将两直线光滑地进行连接,如图 1-28(d)所示。

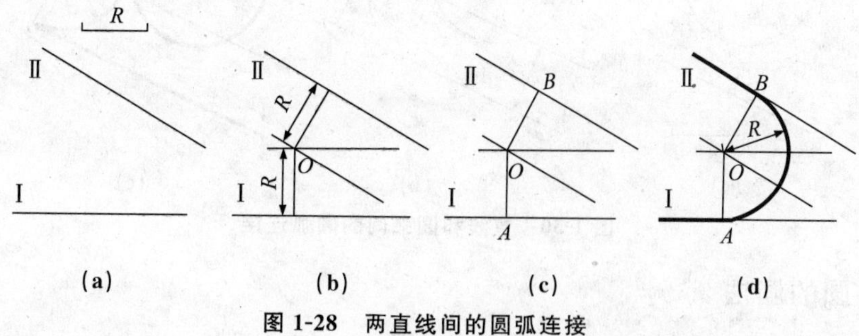

图 1-28　两直线间的圆弧连接

(2)两圆弧间的圆弧连接。用已知半径为 R 的圆弧连接两圆弧,有外连接、内连接和混合连接 3 种情况,现以混合连接为例介绍如下。

如图 1-29(a)所示,用已知半径为 R 的圆弧混合连接两圆弧,即外连接半径为 R_1、圆心为 O_1 的圆弧和内连接半径为 R_2、圆心为 O_2 的圆弧,其作图方法和步骤如下。

①分别以 R_1+R 和 R_2-R 为半径,O_1 和 O_2 为圆心,画弧,相交于点 O。

②连接 OO_1,交已知圆弧于点 A,连接 OO_2 并延长,交已知圆弧于点 B,点 A 和点 B 即为连接圆弧与两圆弧的连接点,(即切点)如图 1-29(b)所示。

③以 O 点为圆心,R 为半径,在点 A 和 B 之间作连接弧 AB,此圆弧即为所求连接圆弧,如图 1-29(c)所示。

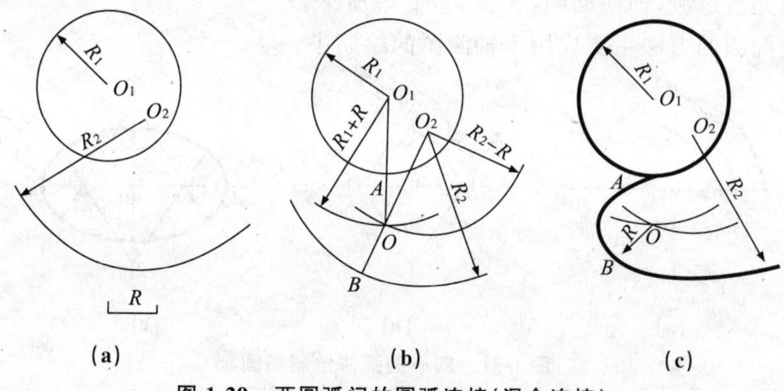

图 1-29　两圆弧间的圆弧连接(混合连接)

(3)直线和圆弧间的圆弧连接。如图 1-30(a)所示,用已知半径为 R 的圆弧连接直线Ⅰ和外连接半径为 R_1、圆心为 O_1 的圆弧,其作图方法和步骤如下。

①作距离直线Ⅰ为 R 的平行线;再作以 R_1+R 为半径、O_1 为圆心的同心圆,与所作平行线相交于点 O。

②过 O 点向直线Ⅰ作垂线,得垂足 A;连接 OO_1,交已知圆弧于点 B,点 A 和点 B 即分别为连接圆弧与直线和已知圆弧的连接点(即切点),如图 1-30(b)所示。

③以 O 点为圆心,R 为半径,在点 A 和 B 之间作连接弧 AB,此圆弧即为所求连接圆弧,如图 1-30(c)所示。

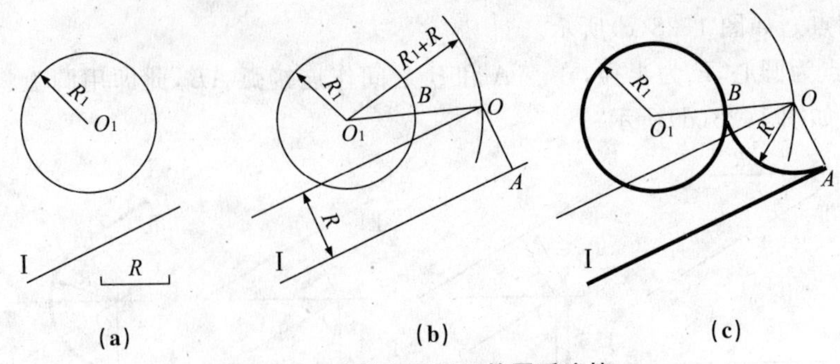

图 1-30　直线和圆弧间的圆弧连接

五、椭圆的画法

绘图时，除了直线和圆弧外，也会遇到一些非圆曲线。椭圆的常用画法有同心圆法和四心圆弧法。限于篇幅这里仅简单介绍四心圆弧法。

(1)四心圆弧法。如图 1-31 所示，已知椭圆的长、短轴分别为 AB 和 CD，用四心圆弧近似法绘制椭圆的方法和步骤如下。

①连接 AC，取 $CE=OA-OC$，如图 1-31(a)所示。

②作 AE 的垂直平分线，分别交长、短轴 AB 和 CD 于 1、2 两点，再定出 1、2 两点对圆心 O 的对称点 3、4。过 2 和 3、3 和 4、4 和 1 各点分别作连线，如图 1-31(b)所示。

③分别以 2 和 4 为圆心，$2C$ 为半径画两弧；再分别以 1 和 3 为圆心，$1A$ 为半径画两弧，使所画四弧的接点，分别位于 21、23、41、43 的延长线上。这四段圆弧就近似地代替了椭圆，将这四段圆弧光滑过渡，即得椭圆，如图 1-31(c)所示。

这种绘制椭圆的方法主要应用于轴测图的绘制中。

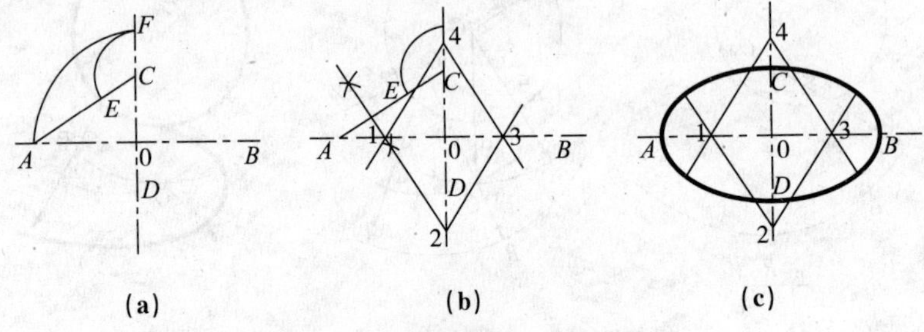

图 1-31　四心圆弧法绘制椭圆

六、平面图形的画法

平面图形通常是由直线、圆和圆弧组成的一个或数个封闭线框。在绘图时应首先分析平面图形的构成，根据所注尺寸分析各线段的性质以及线段之间的相互连接关系，才能明确平面图形的作图步骤，正确标注尺寸。

1. 平面图形的尺寸分析

尺寸按其在平面图形中所起的作用，可分为定形尺寸和定位尺寸 2 类。要想确定平面图形中线段之间上下、左右的相对位置，必须引入基准的概念。

(1)基准。确定平面图形的尺寸位置的几何元素(点或线)称为基准。通常将平面图形中对称图形的对称线、较大圆的中心线、圆心和重要的轮廓线等作为基准。基准是标注尺寸的起点，一个平面图形往往需要两个方向的尺寸基准，如图 1-32 所示的手柄平面图形中，即是以水平的对称线 A 和轮廓线 B 作为基准线的。

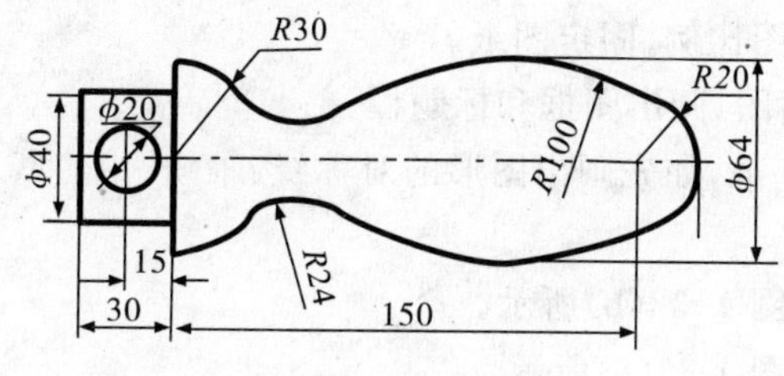

图 1-32　手柄的平面图形

(2)定形尺寸。确定平面图形中各部分线段形状大小的尺寸称为定形尺寸。如线段的长度、圆及圆弧的直径或半径以及角度的大小等。如图 1-32 所示的手柄平面图形中的“30”、“$R20$”、“$R30$”、“$R24$”、“$R100$”、“$\phi40$”、“$\phi20$”、“$\phi64$”等均为定形尺寸。

(3)定位尺寸。确定平面图形中各部分线段或线框之间相对位置的尺寸称为定位尺寸。如图 1-32 所示的手柄平面图形中的“15”是确定小圆 $\phi20$ 圆心位置的定位尺寸，“150”则间接地确定了右端小圆弧 $R20$ 的圆心位置，亦为定位尺寸，同时也是手柄长度的定形尺寸。

2. 平面图形的线段分析

平面图形中各线段的绘图顺序与线段的性质有关。确定平面图形中的任一线段，一般需要 3 个条件(2 个定位条件，1 个定形条件)，如绘制任意一个圆，需要知道圆心的两个坐标和圆的直径。

平面图形中的线段(直线或圆弧)按给定尺寸和线段间的连接关系，根据其定位尺寸的完整与否，分为 3 类：已知线段、中间线段和连接线段。

(1)已知线段。具有定形尺寸和齐全的定位尺寸的线段称为已知线段。如图 1-32 所示的手柄平面图形中的左端尺寸“30”、“$\phi40$”、“$\phi20$”、“$R30$”和右端尺寸“$R20$”等均为已知线段，它们可由给定的尺寸直接画出。

(2)中间线段。具有定形尺寸和不齐全的(即一个方向的)定位尺寸，并有一个连接关系的线段称为中间线段。如图 1-32 所示的手柄平面图形中的右端尺寸“$R100$”，只知其半径和圆心的一个定位尺寸(这个定位尺寸由“$\phi64$”确定)，需根据与其相邻一线段相切的几何连接关系才能画出。

(3)连接线段。只有定形尺寸没有定位尺寸，并有两个连接关系的线段称为连接线段。如图 1-32 所示的手柄平面图形中的左端尺寸“$R24$”，只知其半径，不知其圆心位置，需根据与其相邻两线段相切的几何连接关系，定出圆心后才能画出。

具有圆弧半径或直径大小和圆心的两个定位尺寸的圆弧称为已知圆弧；具有圆弧半径或直径大小和圆心的一个定位尺寸的圆弧称为中间圆弧；只有圆弧半径或直径大小没有圆心定位尺寸的圆弧称为连接圆弧。

作图时，由于已知圆弧有两个定位尺寸，故可直接画出；中间圆弧虽然缺少一个定位尺寸，但它总是和一个已知线段相连接，利用相切的条件便可画出；连接圆弧则由于缺少两个定位尺寸，因此，唯有借助于它和已经画出的两条线段的相切条件才能画出。因此，画图时应先画已知线段、已知圆弧，再画中间线段、中间圆弧，最后画连接线段、连接圆弧。

3. 平面图形的绘图方法与步骤

以图 1-32 所示的手柄为例，在绘制平面图形前，应先分析平面图形的构成，分析各线段的尺寸，分清已知线段、中间线段和连接线段。其具体绘图方法与步骤如下。

①选定图幅，确定作图比例，固定图纸。

②用 2H 铅笔作底稿图，画出图框和标题栏。

③确定全图的作图基准，如先画出图形的对称线、轴线、中心线等基准线，如图 1-33(a)所示。

④画出已知线段，如图 1-33(b)所示。

⑤画出中间线段，如图 1-33(c)所示。

⑥画出连接线段，如图 1-33(d)所示。

⑦整理并检查全图后，擦去多余线，加深、加粗相关图线，完成全图。

⑧标注尺寸，最终成图，如图 1-33(e)所示。

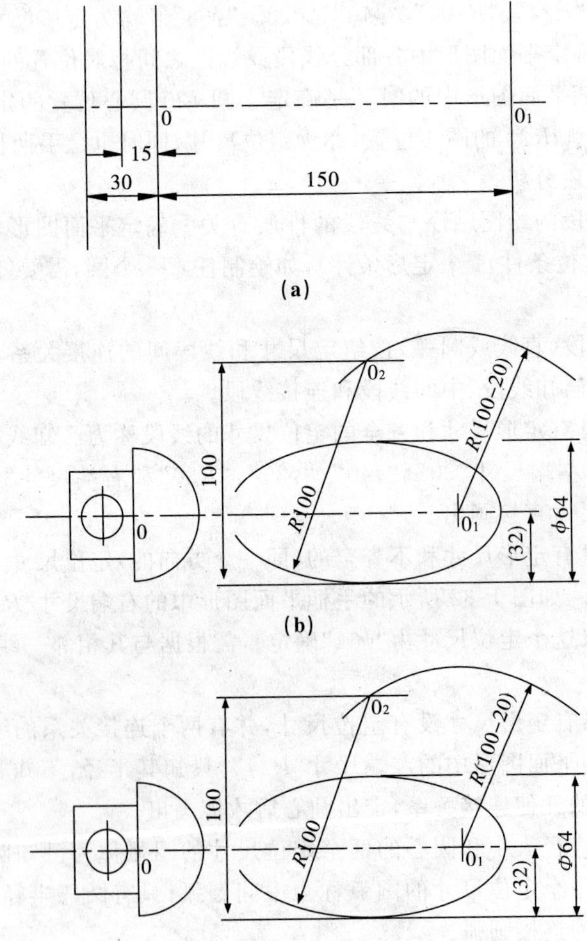

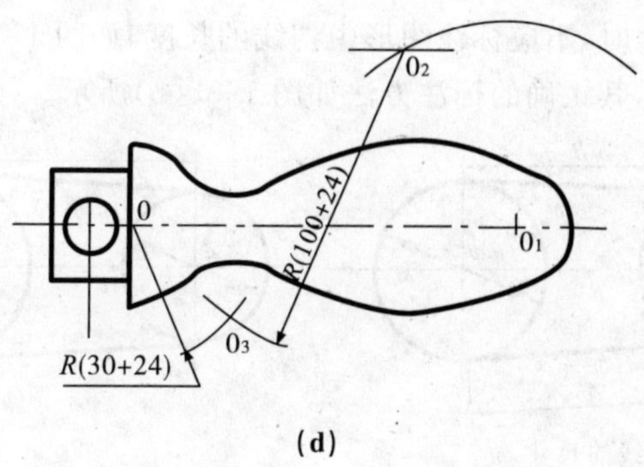

(d)

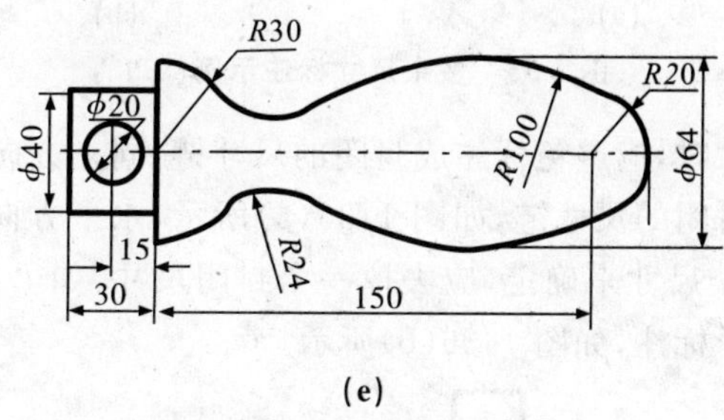

(e)

图 1-33　平面图形的绘制

4. 平面图形的尺寸标注

标注平面图形的尺寸时，要求做到：正确、完整、清晰。“正确”是指按国家标准的规定标注尺寸；“完整”是指尺寸要齐全，不遗漏、不多余、不重复；“清晰”是指尺寸标注在反映结构形状最明显的图形上，尺寸配置在图形恰当处，布局整齐，安排有序，标注清晰，书写清楚。

标注尺寸时，首先要分析图形，选择基准；然后分析组成平面图形的各线段，以确定它们的类型；接下来就可按类型逐个标注各线段的定形尺寸及相关的定位尺寸；最后再进行检查和调整。

进行尺寸标注时应注意以下问题：

(1)不标注多余尺寸。标注平面图形的尺寸时，不应标注作图自然得出的尺寸，如图 1-34(a)中的 B 和 C，即为作图自然得出的尺寸，应不予标注，其正确的标注方法如图 1-34(b)中所示。

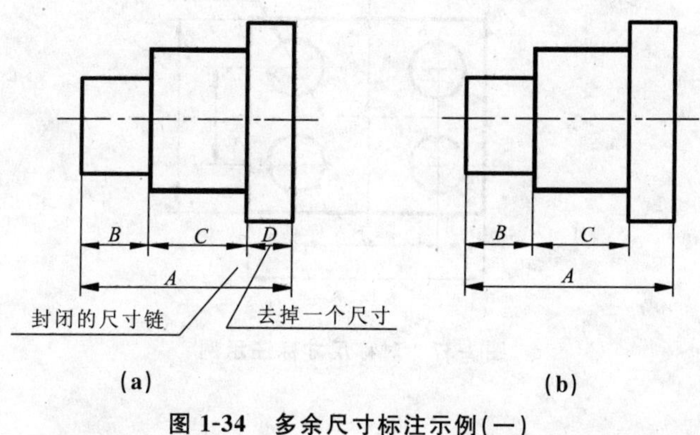

图 1-34　多余尺寸标注示例(一)

标注平面图形的尺寸时，不应标注图形中切线的长度，如图 1-35(a)中的 A，即为图形中切线的尺寸，应不予标注，其正确的标注方法如图 1-35(b)所示。

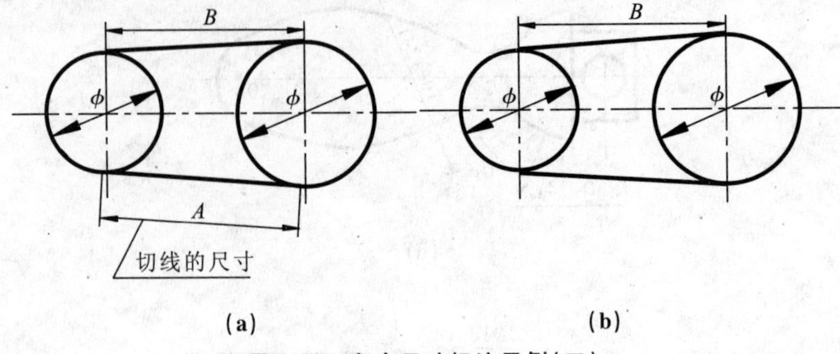

图 1-35　多余尺寸标注示例(二)

标注平面图形的尺寸时，应避免标注成封闭的尺寸链，同一方向上一组首尾相接的尺寸线形成的封闭形状称为封闭的尺寸链，如图 1-36(a)所示，水平方向的 A、B、C、D 尺寸中的任一尺寸都可由其他 3 个尺寸来确定，应去掉一个封闭尺寸，如 D，即在封闭的尺寸链中应选择一个次要的尺寸不予标注，如图 1-36(b)所示。

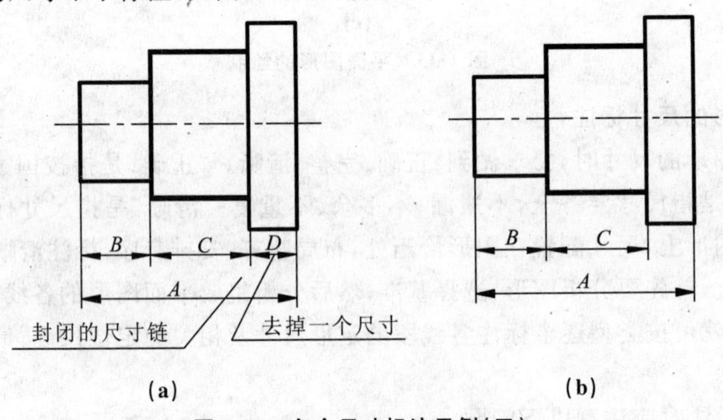

图 1-36　多余尺寸标注示例(三)

(2)对称尺寸的标注。对称图形中的对称尺寸应对称标注，如图 1-37 中所示的对称尺寸 A、B、C、D。

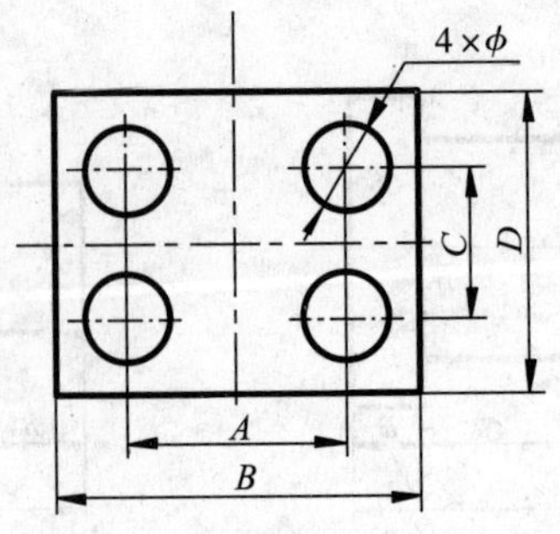

图 1-37　对称尺寸标注示例

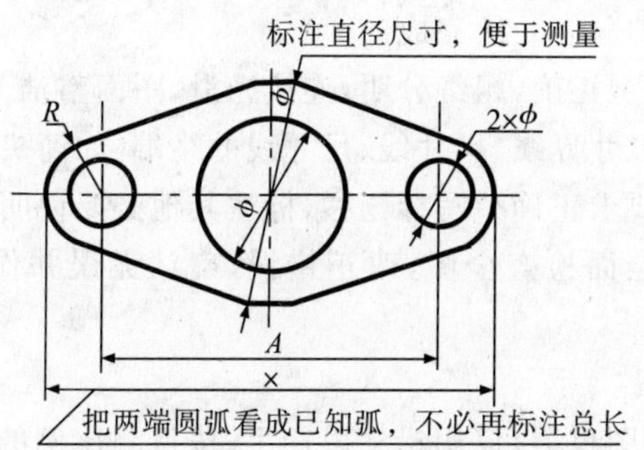

图 1-38　总体尺寸标注示例

(3)总体尺寸的标注。一般情况下，需要分别标注平面图形在长和宽两个方向上的总体尺寸，如上图 1-37 所示的总长和总宽尺寸 B、D。但当平面图形的端部为圆弧时，该方向上的总体尺寸可不予标注，如图 1-38 所示。

七、绘图的一般方法

1. 仪器绘图

为了保证图样的质量和提高绘图速度，除了应认真贯彻制图标准、正确使用绘图仪器和绘图工具，熟练掌握几何作图方法外，还必须掌握正确的绘图程序，注意每一个绘图步骤的基本要领。

(1)绘图前的准备工作。绘图前应首先准备好绘图用的图板、丁字尺和三角板等绘图仪器及其他工具，再按要求磨削好铅笔及圆规铅芯，并试画以观察线宽是否合适。仪器、工具和绘图用其他用品应擦拭干净，置于桌面右上边，且不影响丁字尺的上下移动。

(2)选择图幅、固定图纸。了解画图的内容，根据图样的大小和比例选择合适的图纸幅面，并在鉴别图纸的正反面，用丁字尺找正后，再用胶带纸将图纸的正面朝上固定在图板上，并应使图纸的左边距离图板左边缘 30～50mm，底边与图板底边的距离应大于丁字尺的宽度。

(3)画图框和标题栏。按国家标准的规定用细实线画出图框和标题栏框格。

(4)图形布局。根据所画图形的大小、数量和每个图形的长宽尺寸，恰当合理地布置图形的位置，并应留有标注尺寸的位置。布局应做到匀称适中，不偏置或过于集中。位置确定后，通过画出图形的基础线和对称中心线等使图形定位。

(5)画底稿。画底稿应视为画仪器图的必经步骤。底稿线一定要用较硬的尖铅笔轻轻地画，保证细、轻、准。画底稿时，先画定好的图形基准线(如定位线、中心线、轴线等)，接着按尺寸画出主要轮廓线，最后画细节部分。按照由大到小、由整体到局部的顺序，画出所有轮廓线。图形中的尺寸线、剖面线等，底稿中可不画或只画一部分，待加深时全部完成。完成底稿后，再仔细检查、修改和清理底稿。

(6)描深图线。描深时，按线型选用铅笔，描圆及圆弧所用的铅笔应比同类直线的铅芯软 1 号。加深图线时，按先曲线后直线，先加深细点画线、细实线、细虚线，然后再加深粗实线的顺序按标准线型描深。

同类图线应保持粗细、深浅一致。加深直线的顺序应是先横后竖再斜，按水平方向从左到右、竖直方向从上到下的顺序一次完成。

画出的图线应做到线型正确，粗细分明，连接光滑，图面整洁。

(7)标注尺寸。画出尺寸界线、尺寸线、尺寸线的终端(如箭头)，填写尺寸数字。

(8)填写标题栏。按要求正确填写标题栏，标注其他必要说明(如技术要求等)。

(9)全面检查。再次全面检查全图，改正错误，确认无误并作必要的修饰后，完成全部作图。

2. 草图的绘制

草图是一种不借助绘图仪器，仅用铅笔以徒手、按目测比例的方法绘制出的图样。由于绘制草图迅速简便，有很大的实用价值，这类图常用于现场测绘、设计方案讨论和技术交流中，它是绘制仪器图的依据。因此，工程技术人员必须具备徒手绘图的能力。

(1)草图的要求。草图不要求按照国家标准规定的比例绘制，但要求正确目测实物形状及大小，基本上把握住形体各部分之间的比例关系。判断形体之间的比例要从整体到局部，再由局部返回整体，相互比较。如一个物体的长、宽、高之比为4:3:2，画此物体时，就要尽量保持物体自身的这种比例。

草图并不是潦草的图，除比例一项外，其余必须遵守国家标准的规定，绘图时应做到：表达合理、投影正确、图线清晰、粗细分明、字迹工整、比例匀称等。为了便于控制尺寸大小，一般选用削成圆锥状的 HB 或 B 型铅笔将草图徒手绘制在浅色网格纸上，绘图时，网格起定位和导航的作用。网格纸不要求固定在图板上，为了作图方便可任意转动或移动，以便于调整到作图方便的任意位置。

在画各种图线时，手指应握在铅笔上离笔尖约 35mm 处，手腕要悬空，并以小指轻触纸面，以防手抖。运笔力求自然，画线要稳，图线要清晰。画较长的直线时，手腕不宜靠在图纸上。目测尺寸要准，各部分比例要匀称，最好在网格纸上练习，以便控制图线的平直和图形的大小。绘图速度要快，标注尺寸无误。

(2)草图的绘制。

①草图中直线的绘制。画水平直线时，为了方便运笔，可将图纸微微左倾，眼视终点，小指压住纸面，手腕随线移动，自左向右画线，如图 1-39(a)所示；画铅垂直线时，应自上向下画线，如图 1-39(b)所示；画斜线时，应使所画的斜线正好处于顺手方向，如图 1-39(c)、1-39(d)所示。

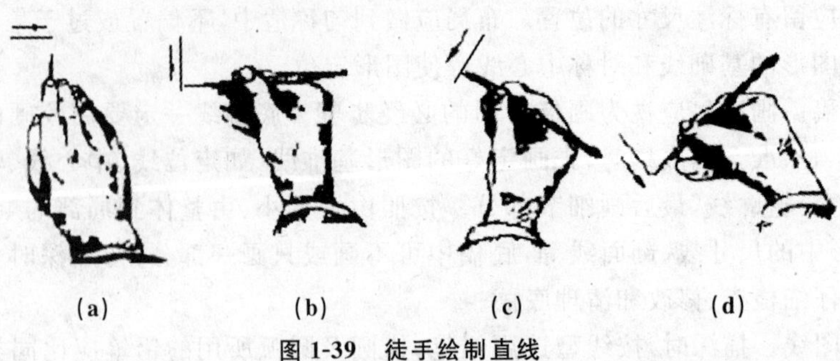

图 1-39 徒手绘制直线

画水平直线和铅垂直线时，要充分利用网格纸的网格线；画 45°斜线时，应充分利用网格的对角线方向。

②草图中圆的绘制。徒手画圆时，应先画出两条互相垂直的点画线作为中心线，以确定圆心。

当画小圆时，在中心线上按半径目测定出四个端点，然后徒手连点成圆，如图 1-40(a)所示；当画大圆时，过圆心再增画两条 45°的斜线，在对角线上再定出四个等半径点，然后通过这 8 个点徒手连点，进行描绘，最后完成所画的圆，如图 1-40(b)所示。

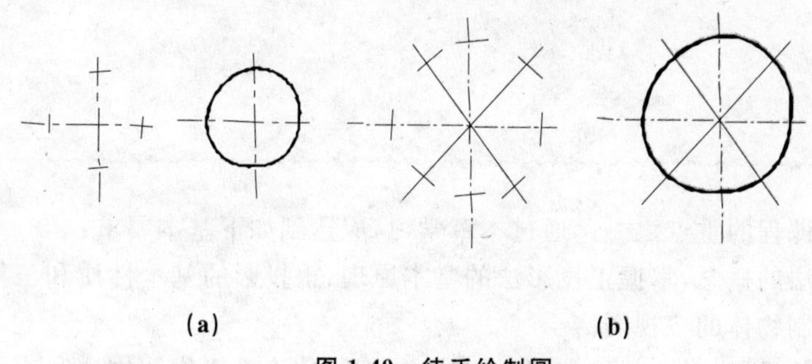

(a)　(b)

图 1-40　徒手绘制圆

③草图中椭圆的绘制。如图 1-41 所示，画草图中的椭圆时，若已知椭圆的长、短轴，可过轴的四个端点作矩形，然后作与矩形相切的椭圆即可。

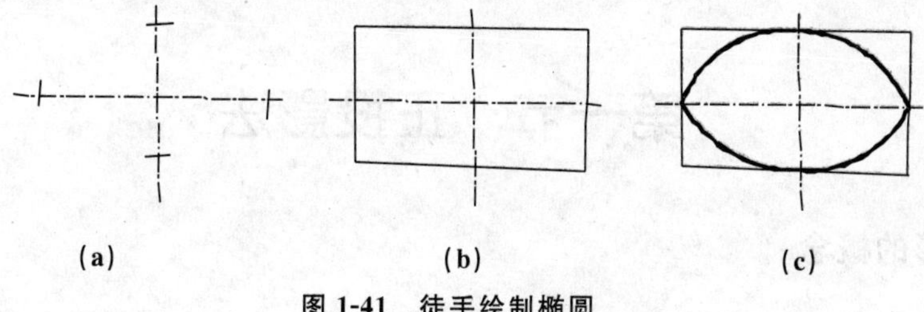

(a)　(b)　(c)

图 1-41　徒手绘制椭圆

第二章　投影基础知识

学习提示：

本章是本门课程的重点之一。通过本章学习，应达到如下基本要求：

①掌握投影法的概念，掌握正投影法的基本原理、正投影的基本性质和三等规律，并能运用正投影法绘制物体的三视图。

②掌握立体的投影特性，熟练掌握平面体、曲面体的正投影作图方法和表面取点、线的方法，能根据视图想象出组合体的空间形状，具备补画第三视图的能力。

③了解轴测图的基本知识，基本掌握正等轴测图的绘图方法。

第一节　正投影法

一、投影的概念

影子是怎么产生的？物体在阳光或灯光的照射下，会在墙上或地面上产生灰黑色的影子，如图 2-1 所示。人们经过科学抽象，便形成了用二维平面图形表达三维空间物体的方法——投影法。所谓“投影法”，就是投射线通过物体，向选定的面投射，并在该面上得到图形的方法；在投影法中，把光线称为投射线，物体的影子称为投影，影子所在的墙面或地面称为投影面。

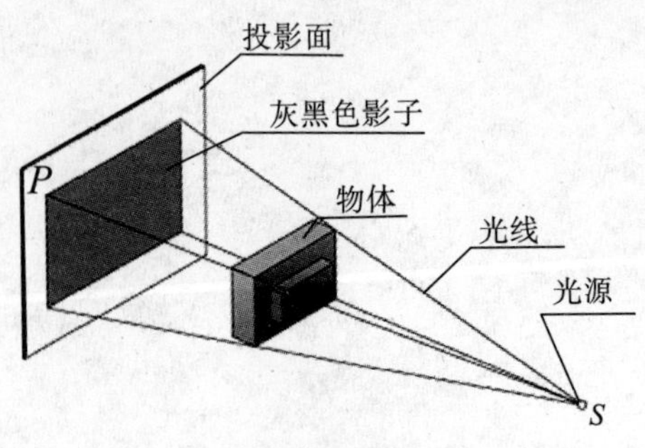

图 2-1　物体影子的形成

二、投影法的分类

根据投射线的类型(平行或汇交)，投影法分为 2 类。

1. 中心投影法

中心投影法:投射线汇交于一点(图 2-2)。

投影特点是投射中心、物体、投影面三者之间的相对距离对投影的大小有影响,度量性较差,作图复杂,在工程图中较少采用。但立体感强,常用于绘制建筑效果图(透视图)。

2. 平行投影法

假设将投射中心移至无穷远处,这时的投射线可视作是互相平行的。由互相平行的投射线在投影面上做出形体投影的方法称为平行投影法。在平行投影法中,投射线是相互平行的,若改变形体与投影面的距离,投影的形状和大小不变。

平行投影法按投射线是否垂直于投影面,又分为斜投影法和正投影法。

斜投影法:投射线与投影面倾斜,如图 2-3(a)所示。

正投影法:投射线相互平行且与投影面垂直,如图 2-3(b)所示。由于正投影法能真实地反映物体的形状和大小,不仅度量性好,而且作图简便,因此,它是绘制工程图样的主要方法。

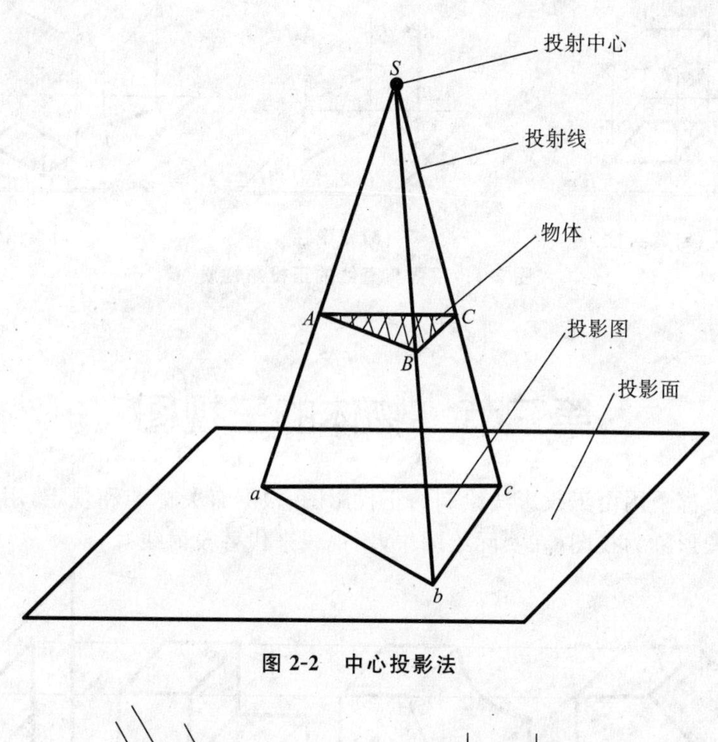

图 2-2　中心投影法

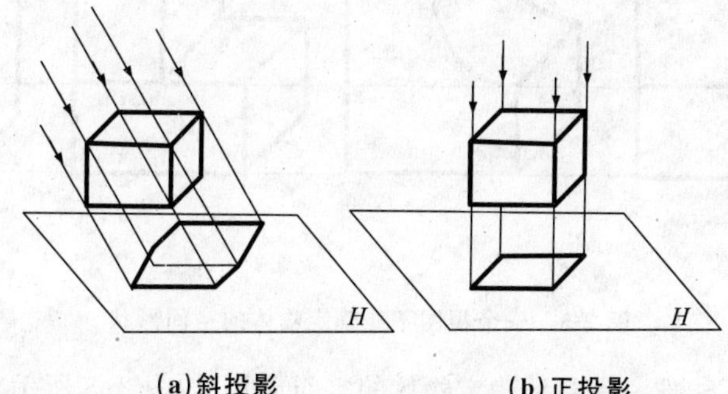

图 2-3　平行投影法

三、正投影的基本性质

正投影具有如下基本特性：

1. **真实性**

当平面或直线平行于投影面时，其投影反映平面的实形或直线段的实长，如图 2-4(a)所示。它体现了正投影具有度量性好的优点，便于画图、读图、标注尺寸。

2. **积聚性**

当平面或直线垂直于投影面时，平面的投影积聚成直线，而直线的投影积聚成一点，如图 2-4(b)所示。

3. **类似性**

当平面或直线倾斜于投影面时，平面的投影为小于原形的类似形，直线的投影变短，如图 2-4(c)所示。

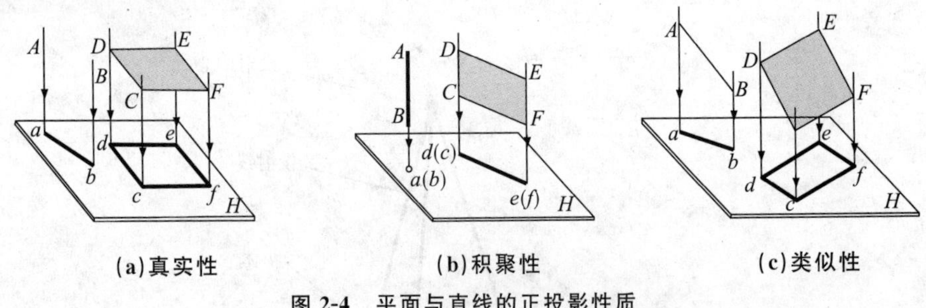

(a)真实性　(b)积聚性　(c)类似性

图 2-4　平面与直线的正投影性质

第二节　物体的三视图

一般工程图样大都采用由正投影法绘制的正投影图，根据有关标准和规定，用正投影法所绘制出的物体的图形称为视图(在实际绘图中，用视线来代替投射线)。

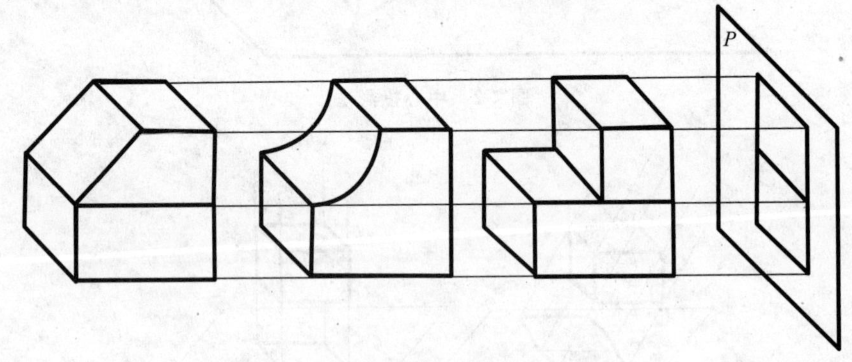

图 2-5　一个视图不能确定物体的空间形状

通常一个视图不能唯一完整地确定物体的空间形状，如图 2-5 所示，因此在工程图中常采用多面正投影的表达方法。

一、三视图的形成

将物体置于三个相互垂直的投影面体系内，如图 2-7 所示，然后从物体的单个方向进行观察(投射)，就可以在三个投影面上得出三个视图，即：

主视图——由前向后投射在正立面所得的视图。

俯视图——由上向下投射在水平面所得的视图。

左视图——由左向右投射在侧平面所得的视图。

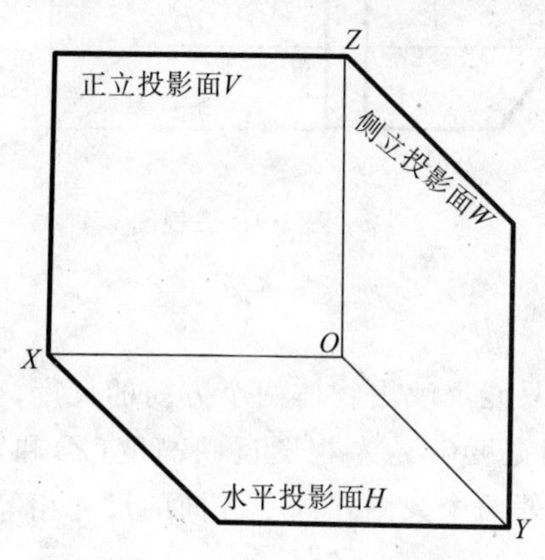

图 2-6 三投影面体系

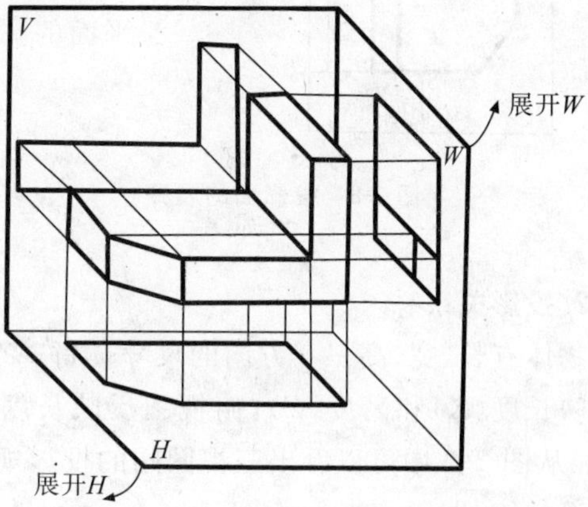

图 2-7 三视图的形成

三投影面体系由三个相互垂直的投影面组成，三个投影面(图 2-6)分别为：

正立投影面，简称正立面，用 V 表示。

水平投影面，简称水平面，用 H 表示。

侧立投影面，简称侧立面，用 W 表示。

相互垂直的投影面之间的交线，称为投影轴，它们分别是：

OX 轴，简称 X 轴，是 V 面与 H 面的交线，它代表长度方向。

OY 轴，简称 Y 轴，是 W 面与 H 面的交线，它代表宽度方向。

OZ 轴，简称 Z 轴，是 V 面与 W 面的交线，它代表高度方向。

三根坐标轴相互垂直，其交点称为坐标原点，用 O 表示。

为了在同一张图纸上画出三个视图，需将三个投影面展开在一个平面上，展开方法如图 2-7 所示。规定 V 面保持不动，将 H 面绕 OX 轴向下旋转 $90°$，将 W 面绕 OZ 轴向右旋转 $90°$，转到与 V 面处于同一平面上，如图 2-8 所示。由于视图所表达的物体形状与投影面的大小、投影面之间的距离无关，所以图样上可以不用画出投影面的边界和投影轴，如图 2-9 所示。

二、三视图之间的对应关系

1. 位置关系

三视图之间的相对位置是固定的，即俯视图配置在主视图的正下方，左视图配置在主视图的正右方，如图 2-9 所示。

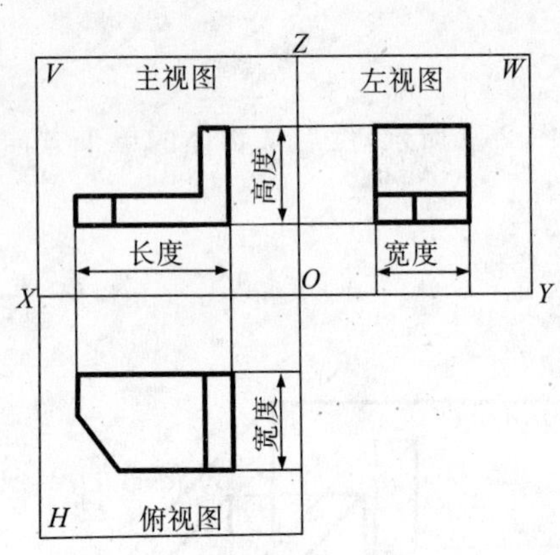

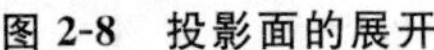
图 2-8 投影面的展开

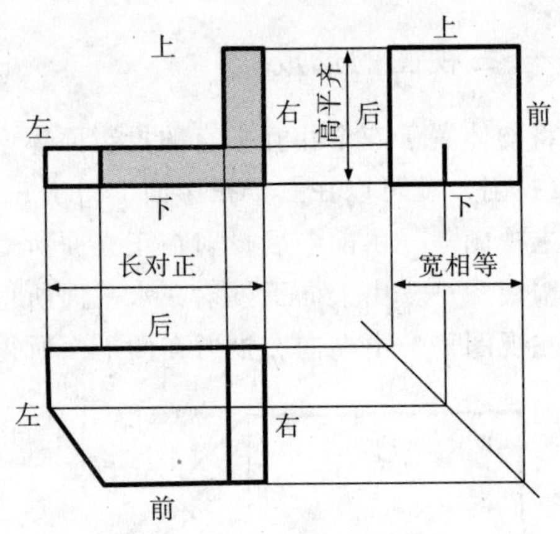

图 2-9 三视图

2. 投影关系

物体有长、宽、高三个方向的尺寸。每一个视图只能反映出物体两个方向的尺度，主视图反映长度（X）和高度（Z），俯视图反映长度（X）和宽度（Y），左视图反映高度（Z）和宽度（Y）。从图 2-9 中可以看出三视图间的投影规律，相邻两个视图在同一方向的尺寸相等，简称三等规律，即：

主、俯视图长对正。

主、左视图高平齐。

俯、左视图宽相等。

三等规律不仅反映在物体的整体上，也反映在物体的任意一个局部结构上。这一规律是绘图和读图的依据，必须熟练掌握和运用。

3. 方位关系

物体有左右、前后、上下六个方位，如图 2-9 所示。每一个视图只能反映出物体四个方位：

主视图反映左、右和上、下关系。

俯视图反映左、右和前、后关系。

左视图反映上、下和前、后关系。

绘图与读图时，要特别注意俯视图和左视图的前、后对应关系，即俯、左视图远离主视图的一边，表示物体的前面；靠近主视图的一边，表示物体的后面。

三、三视图的作图方法和步骤

画图前，应根据所画形体的形状进行认真地观察分析，将形体放正，使其主要平面与投影面平行，然后从三个不同方向对形体进行正投影。为了便于想像，可把每一个视图视作是垂直于相应投影面的视线所看到的形体的真实图像。如要得到形体的主视图，观察者应设想自己置身于形体的正前方观察形体，视线垂直于正立投影面。为了获得俯视图，形体保持不动，观察者应自上而下俯视形体。左视图也可用同样的方法得到，如图 2-10(a)所示。

三视图的画图步骤如下：

(1)选择主视图。将形体放正,把最能够反映形体形状特征的一面作为主视图的方向,同时尽可能使其余两视图简明好画,虚线少,如图 2-10(a)所示。

(2)画基准线。先选定形体长、宽、高三个方向上的作图基准,分别画出它们在三个视图中的投影。通常选形体的对称中心线、底面、端面作为基准,如图 2-10(b)所示。

(3)一般先画主视图,根据长、高方向的尺寸决定大小,如图 2-10(c)所示。

(4)作俯视图。过主视图引垂直线,确保主视图和俯视图"长对正"以及宽度方向的尺寸,如图 2-10(d)所示。

(5)画左视图。过主视图引水平线,确保主视图和左视图"高平齐",借分规或 45°辅助线实现俯视图和左视图"宽相等",如图 2-10(e)所示。

(6)检查、加深图线,完成三视图,如图 2-10(f)所示。

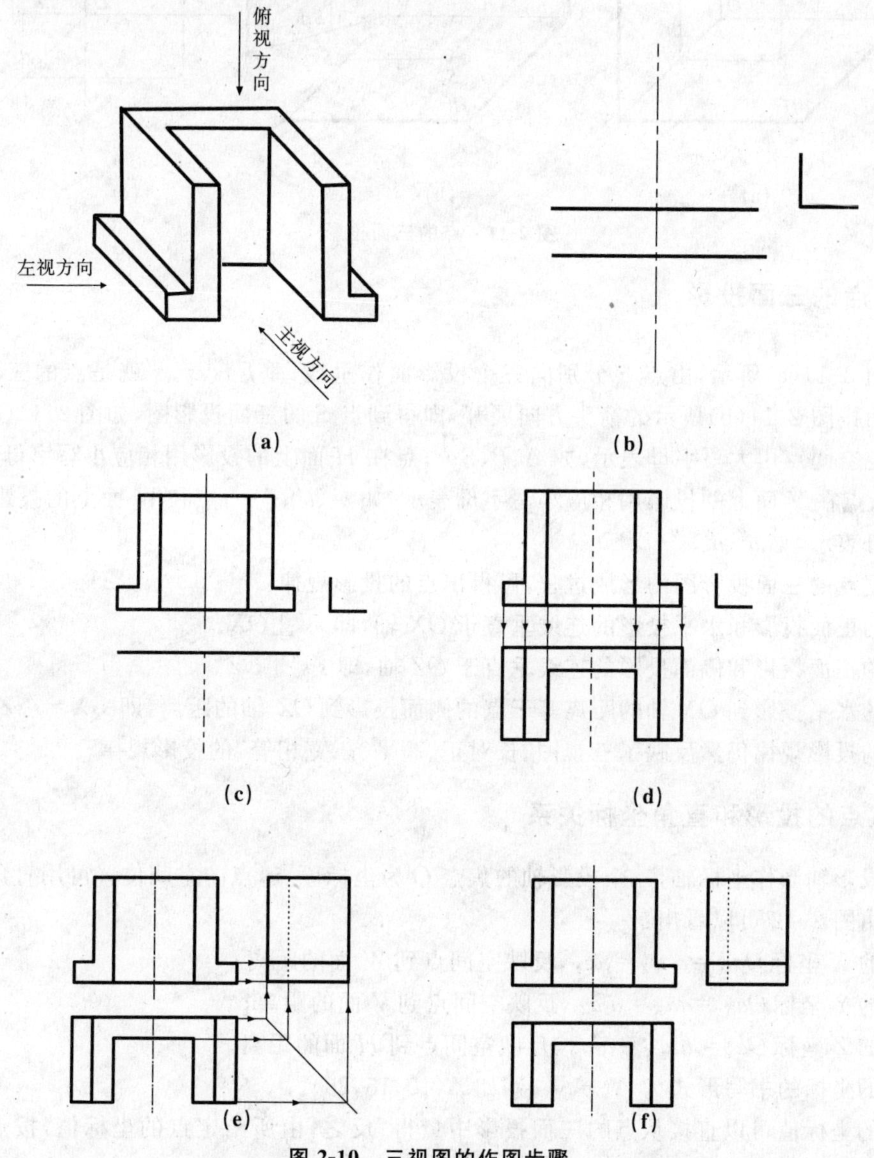

图 2-10　三视图的作图步骤

第三节 点的投影

点、直线和平面是构成形体的几何元素，而点又是最基本的几何元素。一切几何形体都可以看作是某些点的集合，下面讨论点的正投影规律。

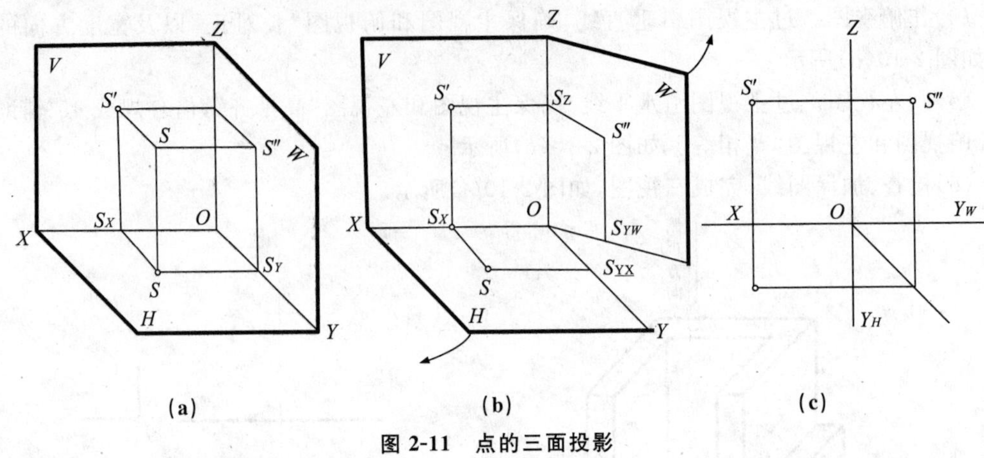

图 2-11 点的三面投影

一、点的三面投影

如图 2-11(a)所示，由点 S 分别向三个投影面作垂线，垂足 s、s'、s''就是点的三面投影。将投影面按图 2-11(b)所示的箭头方向展开，即得到点 S 的三面投影图，如图 2-11(c)所示。

规定空间点用大写字母表示，如 A、B、S…；点在 H 面上的投影用相应小写字母表示，如 a、b、s…；点在 V 面上的投影用相应小写字母表示，如 a'、b'、s'…；点在 W 面上的投影用相应小写字母表示，如 a''、b''、s''…。

根据点的三面投影图的形成过程，可得出点的投影规律：

点的正面投影和水平投影的连线垂直于 OX 轴，即 $ss' \perp OX$。

点的正面投影和侧面投影的连线垂直于 OZ 轴，即 $s's'' \perp OZ$。

点的水平投影到 OX 轴的距离等于点的侧面投影到 OZ 轴的距离，即 $ssX = s''sZ$。

点的投影规律仍然反映了三视图“长对正、高平齐、宽相等”的投影规律。

二、点的投影和直角坐标关系

将投影轴当作坐标轴，三个投影轴的焦点 O 为坐标原点，点的空间位置可用直角坐标来表示。由图 2-12 可以看出：

点的 X 坐标 $Oa_X = a'a_Z = aa_Y$，反映空间点到 W 面的距离；

点的 Y 坐标 $Oa_Y = aa_X = a''a_Z$，反映空间点到 V 面的距离；

点的 Z 坐标 $Oa_Z = a'a_X = a''a_Y$，反映空间点到 H 面的距离。

点的坐标的书写形式为 $A(x, y, z)$，如 $A(10,15,20)$。

点的坐标值可以直接从点的三面投影中量得；反之，由所给定点的坐标值，按点的投影规律可画出其三面投影图。

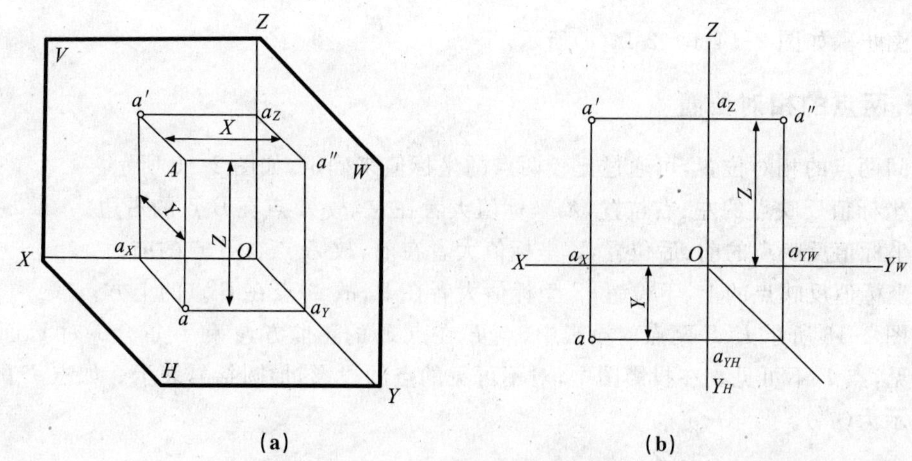

图 2-12　点的投影和直角坐标关系

例题 2-1　如图 2-13(a)所示，已知各点的两面投影图，求作其第三面投影，并判断点对投影面的相对位置。

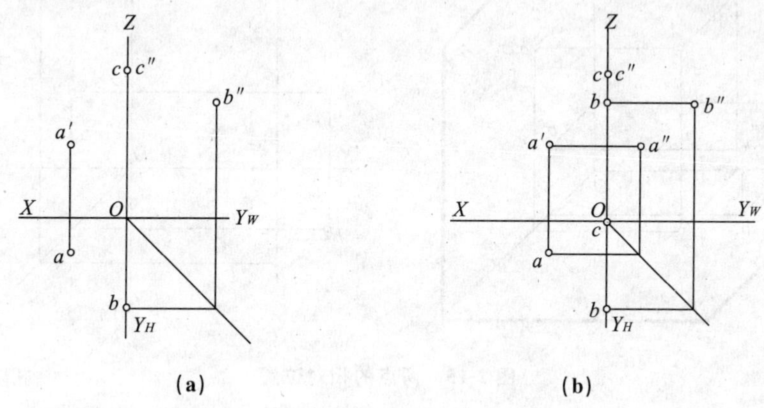

图 2-13　由点的两面投影作点的第三面投影

解：(1)根据点的投影规律可作出各点的第三面投影，如图 2-13(b)所示。

(2)根据点的坐标判断点对投影面的相对位置。点 A 的三个坐标值均不等于 0，故点 A 为一般位置点；B 的 X 坐标为 0，故点 B 为 W 面内的点；点 C 的 X、Y 坐标为 0，故点 C 在 OZ 轴上。

例题 2-2　已知点 $A(15,16,20)$，求 A 点的三面投影图(图 2-14a)。

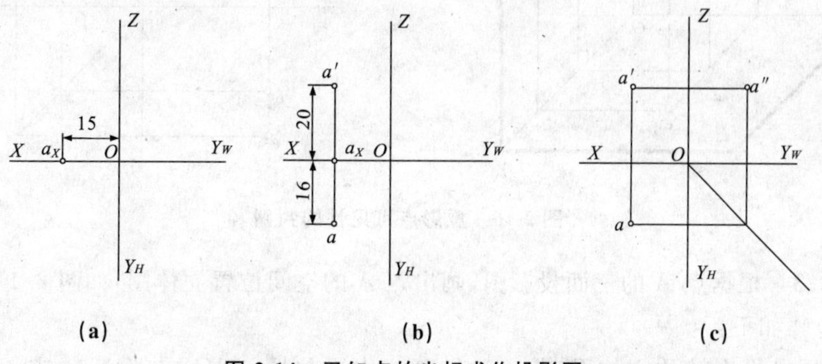

图 2-14　已知点的坐标求作投影图

作图步骤如图 2-14(b)、2-14(c)所示。

三、两点的相对位置

空间两点的相对位置，可通过比较两点的坐标值来确定，如图 2-15 所示。

X 坐标值反映点的左、右位置，X 坐标值大者在左，故 A 点在 B 点的右边。

Y 坐标值反映点的前、后位置，Y 坐标值大者在前，故 A 点在 B 点的前面。

Z 坐标值反映点的上、下位置，Z 坐标值大者在上，故 A 点在 B 点的上方。

在图 2-16 所示 E、F 两点的投影中，点 E 在点 F 的正前方，e' 和 f' 重合。对 V 面来说，E 点可见，点 F 不可见。在投影图中，对不可见的点的投影，加圆括号表示。如点 F 的 V 面投影表示为(f')。

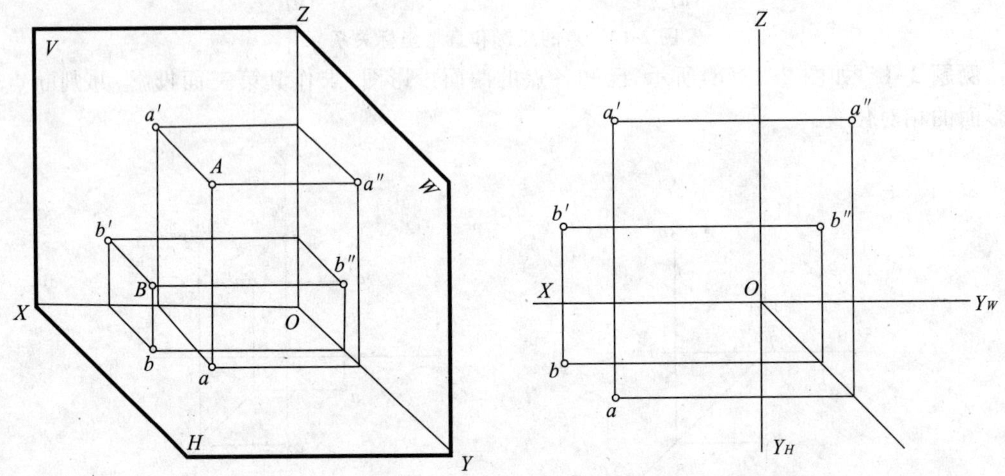

图 2-15　两点的相对位置

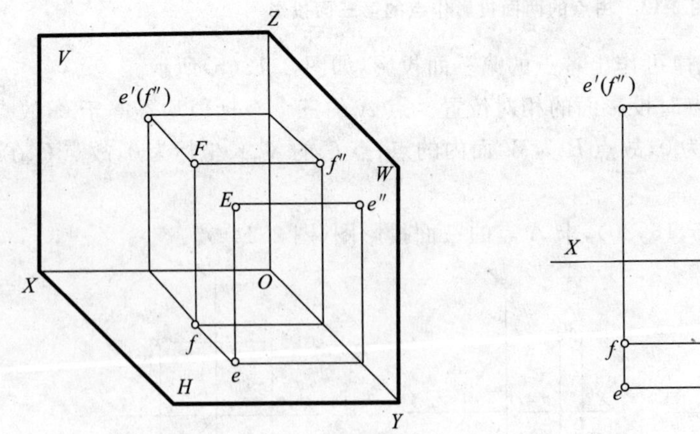

图 2-16　重影点可见性的判别

例题 2-3　根据点 A 的三面投影图，画出点 A 的空间位置立体图，如图 2-17(a)所示。

作图步骤如下：

(1)先画出投影轴的立体图，将 OX 轴画成水平位置，OY 轴与 OX 轴成 45°，OZ 轴与

OX 轴垂直，投影面的边框线与相应的投影轴平行，如图 2-17(b)所示。

(2)在 OX 轴上截取 $Oa_x=x$，由 a_x 作 OY 轴的平行线，使 $a_xa=y$，由 a 引 OZ 轴的平行线，向上截取 $aA=z$，这样就作出了空间点 A 的位置，如图 2-17(c)所示。

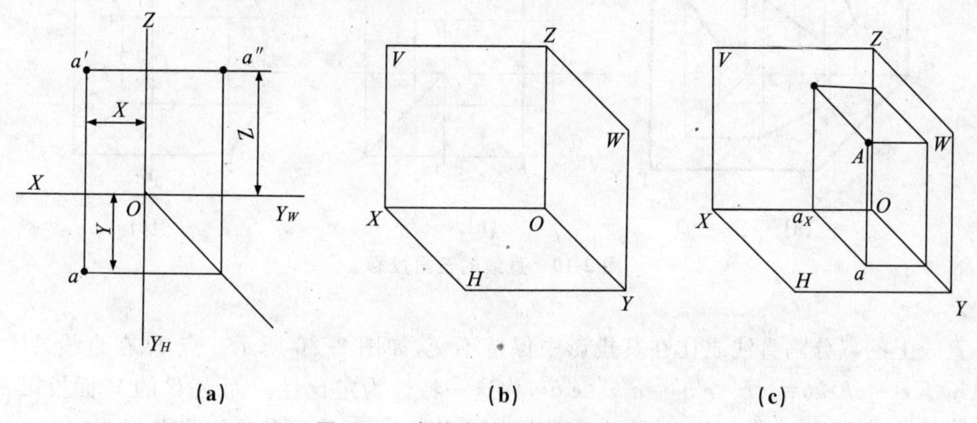

图 2-17　点的空间位置立体图画法

第四节　直线的投影

一、直线和直线上点的投影特性

1. 直线的投影一般仍为直线

如图 2-18 所示，在平行投影法中，如果直线与投射线不平行，直线的投影仍是直线。如果直线与投射线平行，直线的投影为一点。

2. 直线的投影可由直线上两点的同面投影来确定

图 2-19 所示为线段的两端点 A、B 的三面投影，连接 ab、$a'b'$、$a''b''$，就是直线 AB 的三面投影，如图 2-19(c)所示。

3. 直线上点的投影特征

直线上点的投影必在该直线的同面投影上，且符合点的投影规律，称其为从属性。反之，若点的各投影均在直线的同面投影上，且符合点的投影规律，则点必在该直线上。

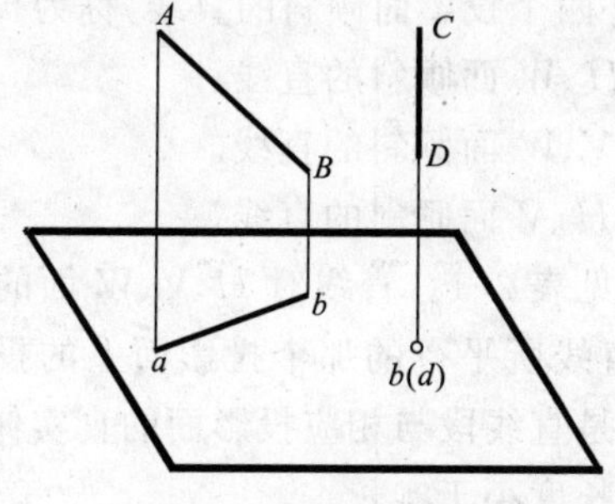

图 2-18　直线的投影

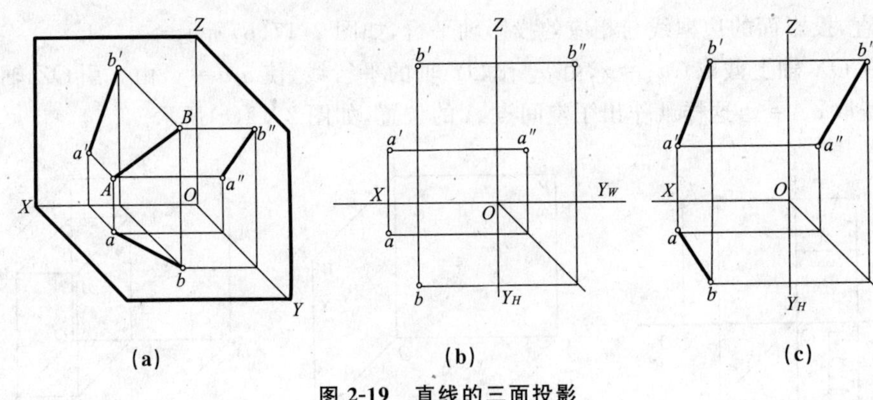

图 2-19　直线的三面投影

直线上的点分割直线之比在其投影中保持不变，如图 2-20 所示。点 K 在直线 AB 上，则 $AK:KB=ak:kb=a'k':k'b'=a''k'':k''b''$，称这一特性为定比性。而点 C 的 V 面投影 c'' 不在直线的 V 面投影 $a''b''$ 上，因此点 C 并不在直线 AB 上，而是在直线的前方、上方。

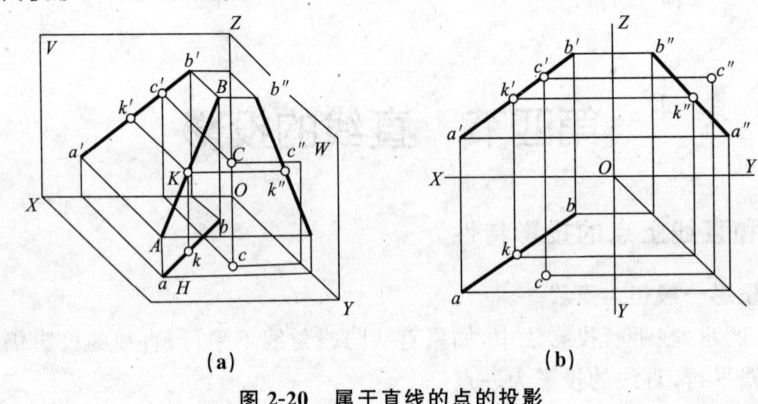

图 2-20　属于直线的点的投影

二、各种位置直线的投影

在三投影体系中，直线对投影面的相对位置可以分为 3 种：投影面平行线、投影面垂直线、投影面倾斜线。前两种又称为特殊位置直线，后一种称为一般位置直线。

1. 投影面平行线

平行于一个投影面，与另外两个投影面倾斜的直线，称为投影面平行线。

正平线：平行于 V 面并与 H、W 面倾斜的直线。

水平线：平行于 H 面并与 V、W 面倾斜的直线。

侧平线：平行于 W 面并与 H、V 面倾斜的直线。

投影面平行线的投影特性见表 2-1。直线对 H、V、W 面的倾角分别用 α、β、γ 表示。

投影面平行线的特性：在直线所平行的那个投影面上的投影反映线段的实长。反映实长的那个投影与投影轴的夹角是直线段与相应投影面的真实倾角。在另外两个投影面上的投影，平行于相应的投影轴，且长度小于实长。

2. 投影面垂直线

垂直于一个投影面，与另外两个投影面平行的直线，称为投影面垂直线。

正垂线。垂直于 V 面并与 H、W 面平行的直线。

铅垂线。垂直于 H 面并与 V、W 面平行的直线。

侧垂线。垂直于 W 面并与 H、V 面平行的直线。

投影面垂直线的投影特性见表 2-2。

投影面垂直线的投影特性:在直线所垂直的那个投影面上的投影积聚为一点。在另外两个投影面上的投影垂直于相应的投影轴,且反映线段的真实长度。

表 2-1　投影面平行线

名称	水平线($/\!/H$,对 V、W)倾斜	正平线($/\!/H$,对 V、W)倾斜	侧平线($/\!/H$,对 V、W)倾斜
直观图	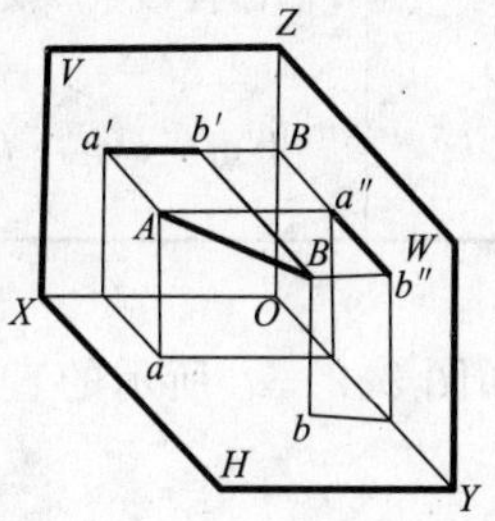	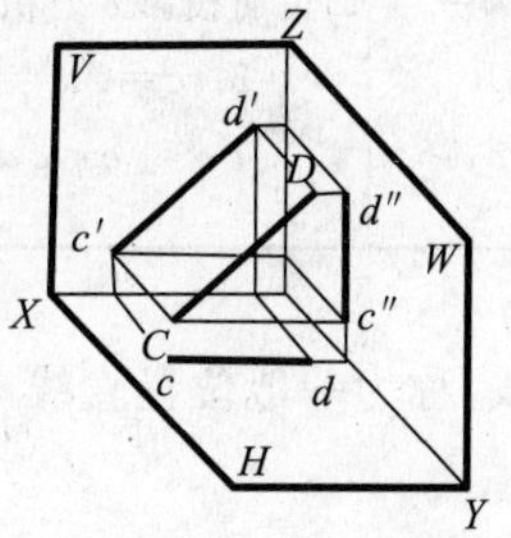	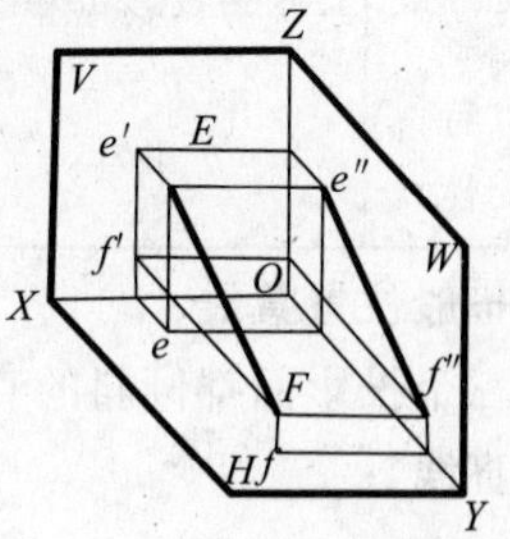
投影图	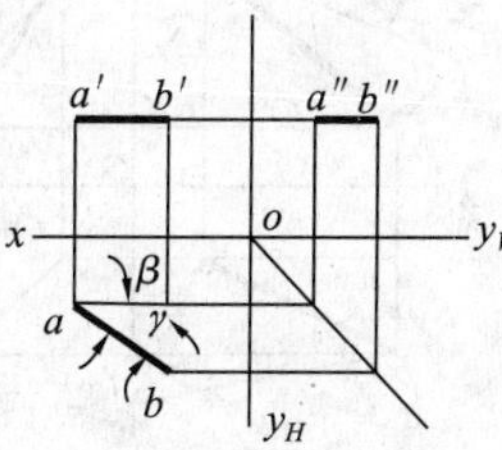	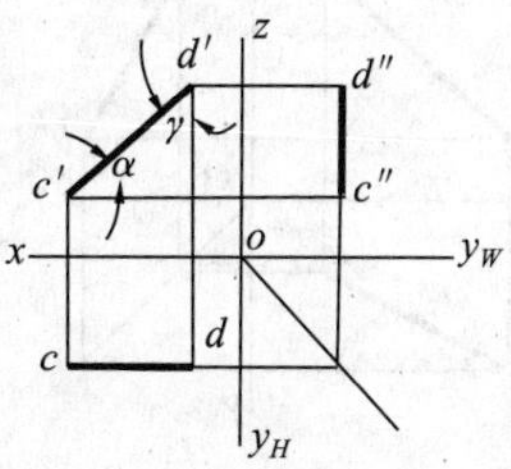	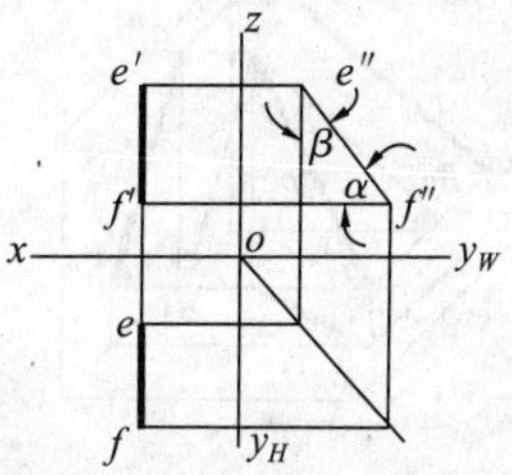
投影特性	1. 水平投影 $ab=AB$ 2. 正面投影 $a'b' /\!/ OX$,侧面投影 $a'b' /\!/ OY$ 3. ab 与 ox、oy_H 的夹角 α、γ 等于 AB 对 V、W 面的倾角	1. 正面投影 $c'd'=CD$ 2. 水平投影 $cd /\!/ ox$,侧面投影 $c''d'' /\!/ OZ$ 3. $e''f''$ 与 oyw、oz 的夹角 α、β 等于 EF 对 H、V 面的倾角	1. 侧面投影 $e'f'=EF$ 2. 水平投影 $ef /\!/ oy_H$,正面投影 $e'f' /\!/ oz$ 3. $e''f$ 与 oy_W、oz 的夹角 α、β 等于 EF 对 H、V 面的倾角

表 2-2　投影面垂直线

名称	铅垂线($\perp H$,$/\!/$和 W)	正平线($\perp V$,$/\!/V$ 和 W)	侧平线($\perp W$,$/\!/H$ 和 W)
直观图	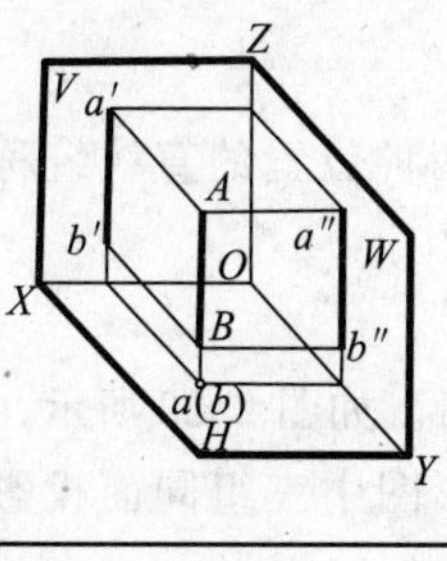	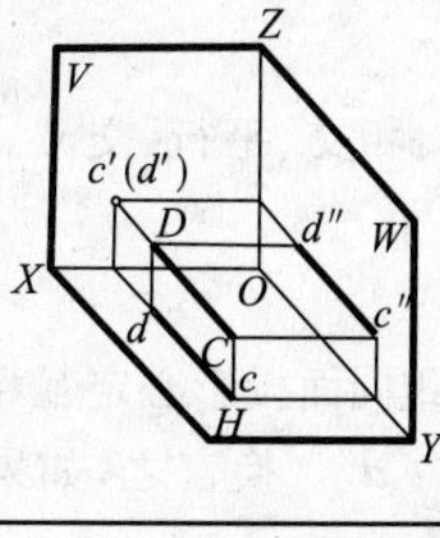	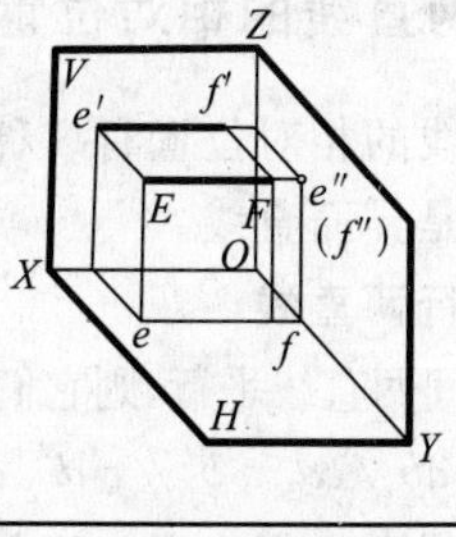

续表

名称	铅垂线($\perp H$,$/\!/$和 W)	正平线($\perp V$,$/\!/V$ 和 W)	侧平线($\perp W$,$/\!/H$ 和 W)
投影图			
投影特性	1. 水平投影 ab 积聚为一点 2. $a'b'=a''b''=AB$ 3. $a'b'\perp ox$,$a''b''\perp oy_W$	1. 正面投影 $c'd'$ 积聚为一点 2. $cd=c''d''=CD$ 3. $c'd'\perp ox$,$c''d''\perp oz$	1. 侧面投影 $e''f''$ 积聚为一点 2. $ef=e'f'=EF$ 3. $ef\perp oy_H$,$e'f'\perp oz$

3. 一般位置直线

与三个投影面都倾斜的直线，称为一般位置直线。如图 2-21(a)所示的直线 AB 即为一般位置直线。

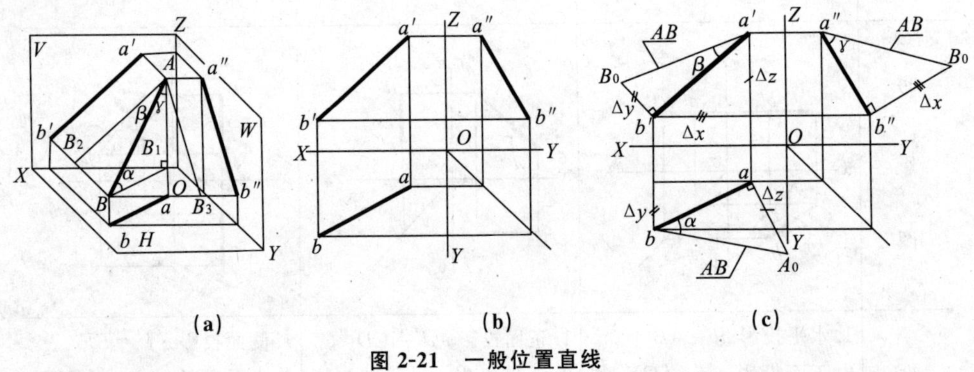

图 2-21 一般位置直线

一般位置直线的投影特征为：

(1)一般位置直线的三面投影都是直线，且均倾斜于投影轴，它们与投影轴的夹角均不反映直线对投影面的倾角，如图 2-21(b)所示。

(2)一般位置直线三面投影的长度都短于实长，其投影长度与直线对各投影面的倾角有关，即 $ab=AB\cos\alpha$,$a'b'=AB\cos\beta$,$a''b''=AB\cos\gamma$。

借助上述投影特性，如果已知直线的两个投影且均与投影轴倾斜，就可判断其为一般位置直线。

三、两直线的相对位置

两直线的相对位置有 3 种情况：相交、平行、交叉。前两种位置的直线统称为共面直线，交叉直线是异面直线。

1. 平行两直线

若空间两直线平行，则它们的各组同面投影必定互相平行。如图 2-22 所示，由于 $AB/\!/CD$，则必定有 $ab/\!/cd$、$a'b'/\!/c'd'$、$a''b''/\!/c''d''$。换言之，如果投影图中三组同面投影都互相平行，则此两直线在空间也必定互相平行。

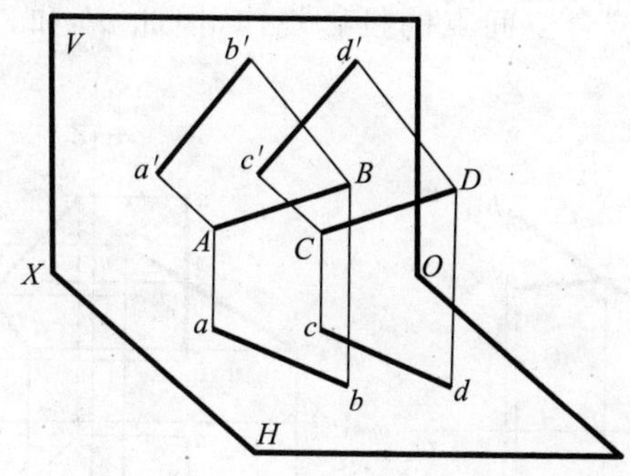

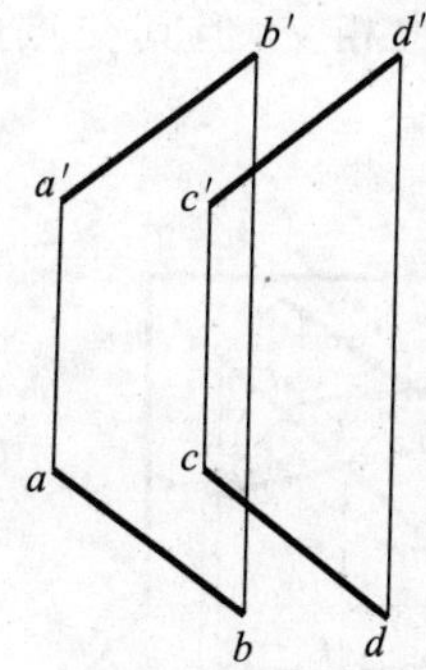

图 2-22　平行两直线的投影

对于一般位置直线而言，它们的两组同面投影平行就足以判定它们在空间是平行的。如果是特殊位置直线，并且反映实长的一组同名投影互相平行，也足以证明两直线在空间是互相平行的。但是如果特殊位置直线不反映实长的那组投影并未画出时，就要慎重判断直线是否平行。如图 2-23 所示，虽然直线 AB 和 CD 在 V 面和 H 面上的同面投影都互相平行，但不反映实长，故不能就此判定两直线平行，应当检查其第三组投影是否平行。如果补画出其 W 面投影，就可看出它们是不平行的两条侧平线。

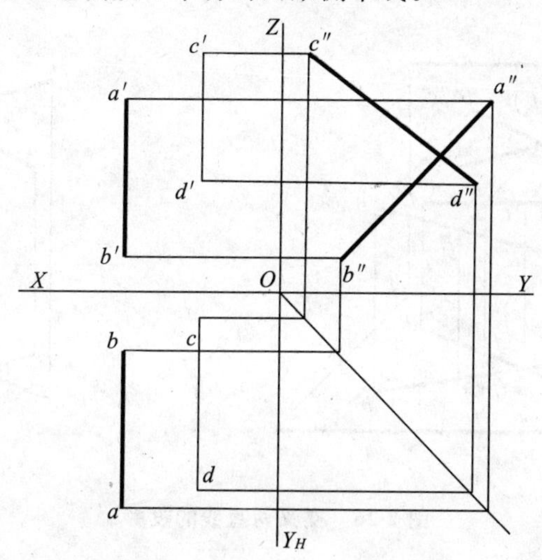

图 2-23　直线 AB 和 CD 不平行

2. 相交两直线

相交两直线的各组同面投影也必定相交，而且交点的投影符合空间点的投影规律。

反之，若投影图中两直线在三个投影面上的同面投影都相交，并且交点的投影符合空间点的投影规律，则此两直线在空间必定相交。

如图 2-24 所示，相交两直线 AB 和 CD，它们的交点为 K，其同面投影 $a'b'$ 与 $c'd'$、ab 与 cd、$a''b''$ 与 $c''d''$ 均相交，其交点 k'、k、k'' 为 AB 与 CD 的交点的三面投影，并且 K 点的三面投影 k、k'、k'' 符合空间点的投影规律。

判断一般位置直线是否相交，一般根据两组同面投影就能作出正确的判断，但是，在图 2-25 中，ab 为侧平线，所以还要看该直线在所平行的投影面上的投影情况，在 W 面上虽然它们的投影也相交，但其交点的投影不符合空间点的投影规律，因此 ab 和 cd 在空间不相交。

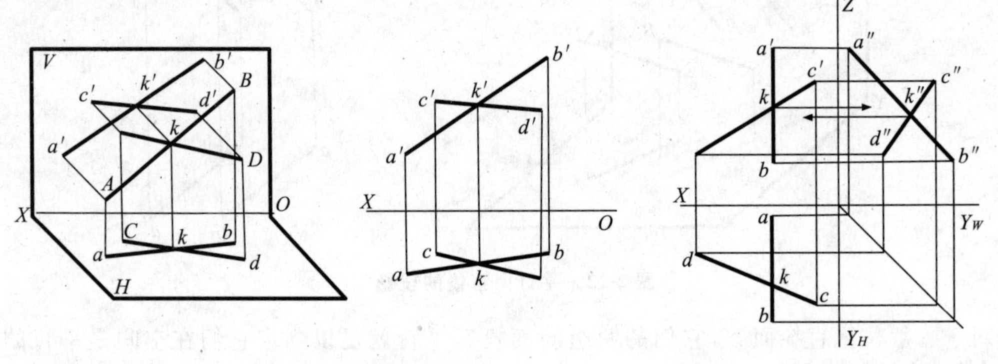

图 2-24　两直线相交　　图 2-25　直线 ***AB*** 和 ***CD*** 不相交

3. 交叉两直线

两条既不平行又不相交的直线叫作交叉两直线。交叉两直线的各面投影既不符合平行两直线的投影特性，也不符合相交两直线的投影特性。交叉两直线的同名投影也可能相交，如图 2-26 所示，AB 和 CD 两直线的同面投影都相交，但交点不符合空间点的投影规律，不是两直线共有点的投影。

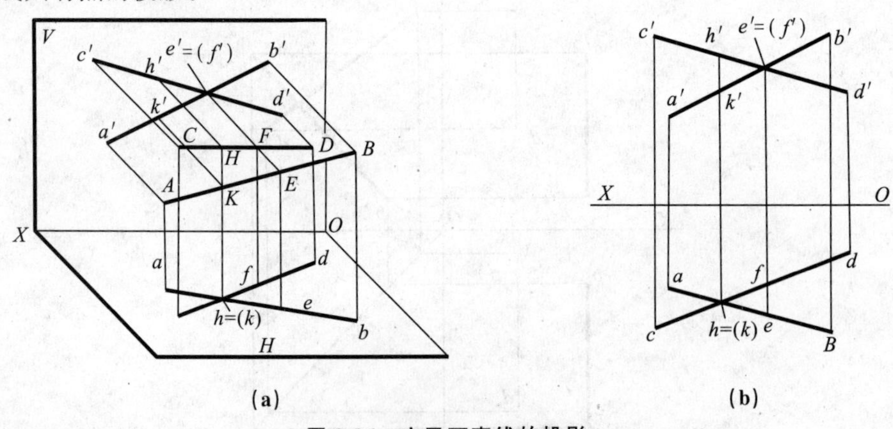

(a)　　(b)

图 2-26　交叉两直线的投影

如图 2-26(b)所示，从 ab 与 cd 的交点 $h\equiv(k)$ 作投影轴的垂线，分别与 $a'b'$ 和 $c'd'$ 交于两个点 k' 和 h'，可见 ab 与 cd 的交点 $h\equiv(k)$ 不是空间两直线交点的投影，而实际上是直线 CD 上的点 H 和直线 AB 上的点 K 在水平投影面上的重影点。同理，交点 $e'\equiv(f')$ 是直线 AB 上的点 E 和直线 CD 上的点 F 在正面的重影点。

判别交叉两直线可见性的方法：从重影点画投影轴的垂线到另一投影面，就可把重影点分成两个点，两个点中坐标较大的点为可见点，坐标较小的点为不可见点。

4. 直角投影定理

空间垂直相交的两直线，若其中的一条直线是某一投影面的平行线，则它们在所平行的投影面上的投影仍为直角。反之，若相交两直线在某投影面上的投影为直角，且其中有一直线平行于该投影面时，则该两直线在空间必互相垂直，这就是直角投影定理。

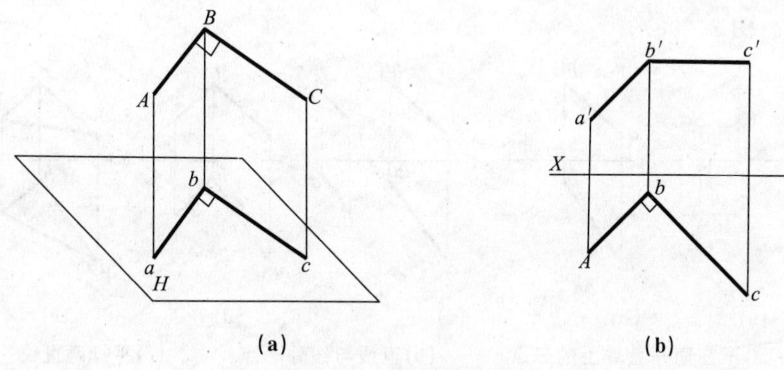

(a)　(b)

图 2-27　直角投影定理

如图 2-27(a)所示，已知空间直线 $AB \perp BC$，BC 是水平线，所以其水平面投影 $ab \perp bc$，如图 2-27(b)所示。

例题 2-4　已知菱形 $ABCD$ 的对角线 BD 的两面投影和另一对角线 AC 一个端点 A 的水平投影 a，如图 2-28(a)所示，求作菱形的两面投影图。

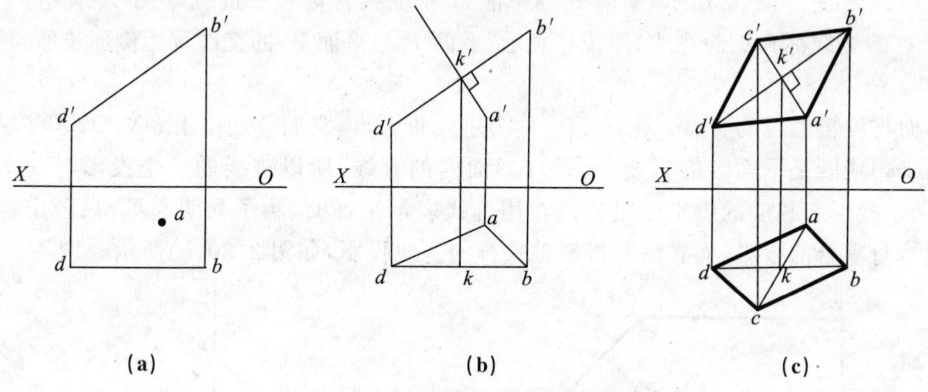

(a)　(b)　(c)

图 2-28　应用直角投影定理做图

作图步骤如下：

(1)根据直角投影定理及菱形的对角线互相垂直平分的性质，先作出 $b'd'$ 的垂直平分线，然后根据点的投影规律定出点 a' 和点 k'，再根据 k' 定出点 k，如图 2-28(b)所示。

(2)根据菱形的对角线互相垂直平分的性质，定出点 c 和点 c'，完成全图，如图 2-28(c)所示。

第五节　平面的投影

一、平面的表示法

1. 用几何元素表示平面

平面投影一般仍为平面。只有当平面垂直于某一投影面时，它的投影才积聚为直线，称这种性质为积聚性。由初等几何学可知，一个平面可由不在同一直线上的三点或其他几何元素来表示，如图 2-29 所示。但由于物体上的平面多为平面图形，通常采用平面图形的方式来表示平面(图 2-29e)。

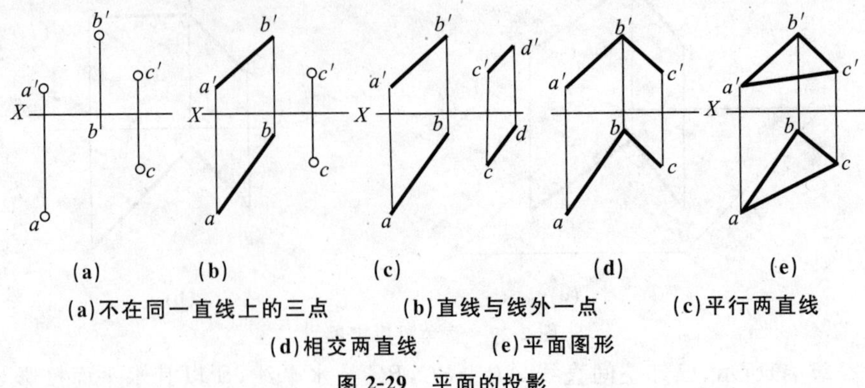

(a)不在同一直线上的三点　(b)直线与线外一点　(c)平行两直线

(d)相交两直线　(e)平面图形

图 2-29　平面的投影

2. 用迹线表示平面

平面与投影面的交线称为平面的迹线。平面可以用迹线表示,用迹线表示的平面称为迹线平面。如图 2-30(a)所示,平面 P 与平面 H 的交线称为水平迹线,用 PH 表示;平面 P 与平面 V 的交线称为正面迹线,用 PV 表示;平面 P 与平面 W 的交线称为侧面迹线,用 PW 表示。

P 面与投影轴线的交点 P_X、P_Y、P_Z 称为迹线集合点,它们分别位于 OX、OY、OZ 轴上。

由于迹线既是平面内的直线,又是投影面内的直线,所以迹线的一个投影与其本身重合,另两个投影与相应的投影轴重合。在用迹线表示平面时,为了简明起见,只画出并标注与迹线本身重合的投影,而省略与投影轴重合的迹线投影,如图 2-30(b)所示。

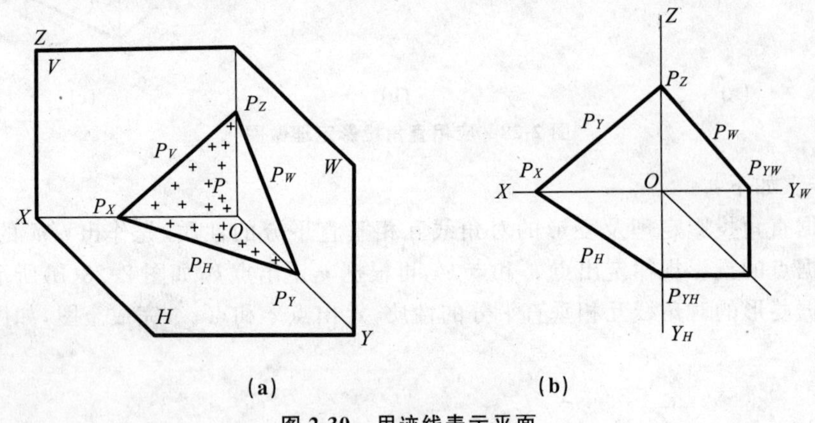

图 2-30　用迹线表示平面

表 2-3　投影面平行面

名称	水平线($/\!/H,\perp V$ 和 W)	正平面($/\!/V,\perp H$ 和 W)	侧平线($/\!/W,\perp H$、V)
直观图			
投影图			
用迹线表示			
投影特性	1. 水平投影表达实形 2. 正面投影积聚为直线，且 $/\!/ox$ 3. 侧面投影积聚为直线，且 $/\!/oy_W$	1. 正面投影表达实形 2. 水平投影积聚为直线，且 $/\!/ox$ 3. 侧面投影积聚为直线，且 $/\!/oz$	1. 侧面投影表达实形 2. 水平投影积聚为直线，且 $/\!/oy_H$ 3. 正面投影积聚为直线，且 $/\!/oz$

二、各种位置平面的投影特性

平面按空间位置分为 3 类：投影面平行面、投影面垂直面、一般位置平面。前两种又称为特殊位置平面。平面对 H、V、W 面的倾角分别用 α、β、γ 表示。

1. 投影面平行面

平行于一个投影面，与另外两个投影面垂直的平面，称为投影面平行面。由三投影体系可知：一平面平行于一个投影面，必定与另外两个投影面垂直。

正平面：平行于 V 面并与 H、W 面垂直的平面。

水平面：平行于 H 面并与 V、W 面垂直的平面。

侧平面：平行于 W 面并与 H、V 面垂直的平面。

表 2-3 给出了投影面平行面的立体图、投影图和投影特性。

对于投影面平行面，在画图的时候，一般应先画反映实形的投影，然后根据投影关系再画其他两面投影。读图时，只要给出平面图形的一个线框和另一个平行投影轴的积聚投影，就可判断其为投影面平行面，且平行于反映实形的投影面。

表 2-4 投影面垂直面

名称	铅垂面(⊥V,对 V、W 倾斜)	正平面(⊥V,对 H、W 倾斜)	侧垂面(⊥W,对 H、W 倾斜)
直观图	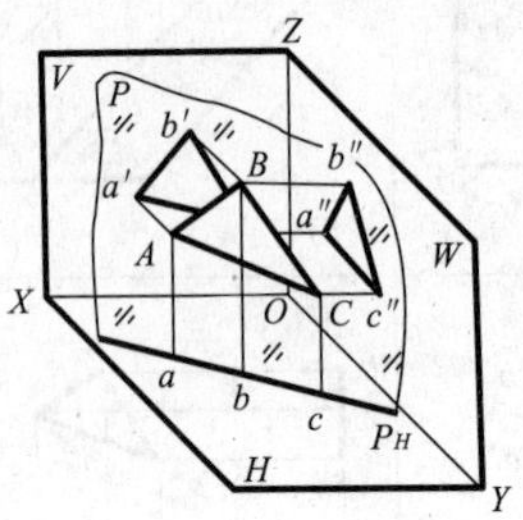	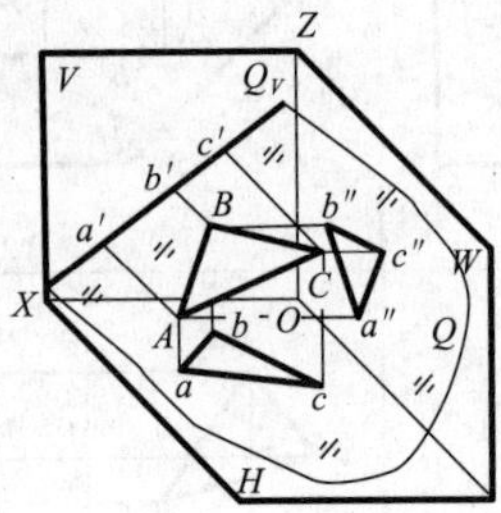	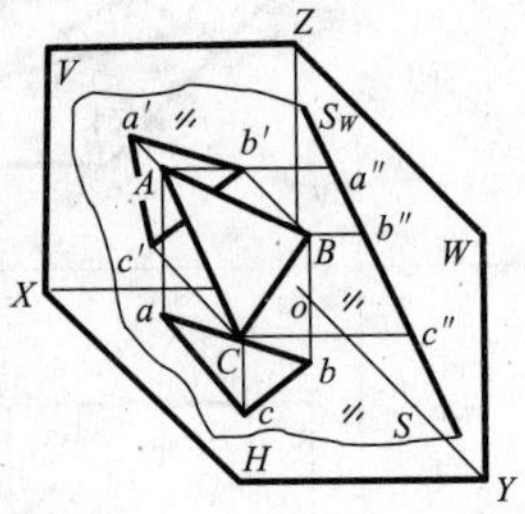
投影图	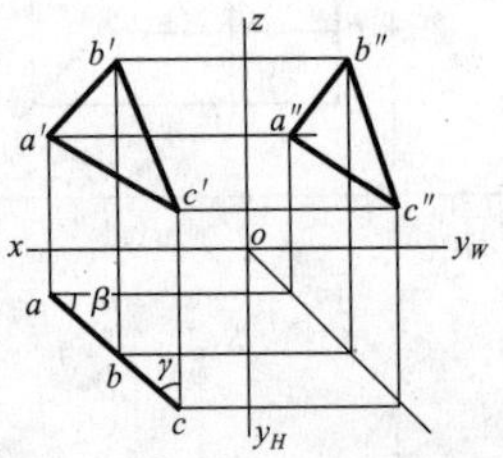	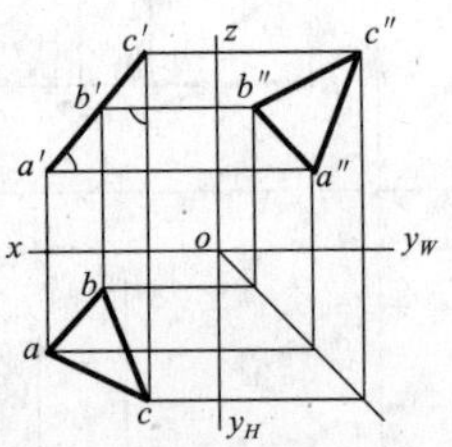	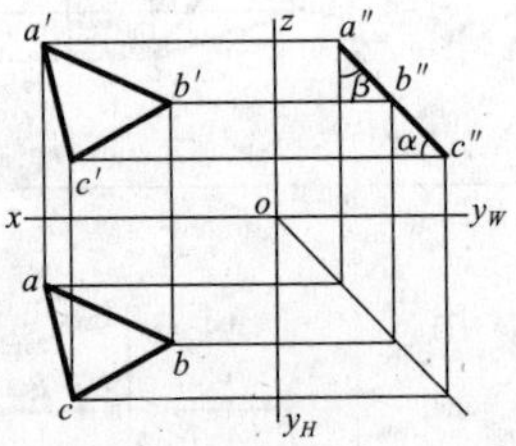
用迹线表示	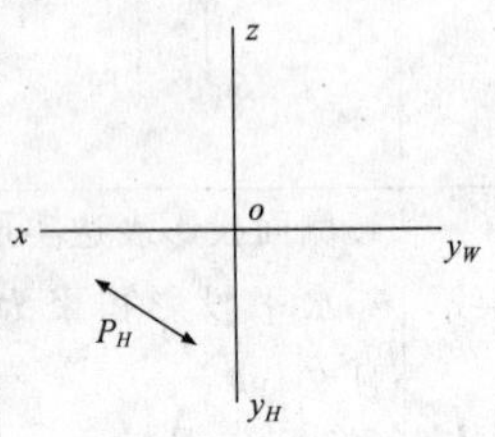	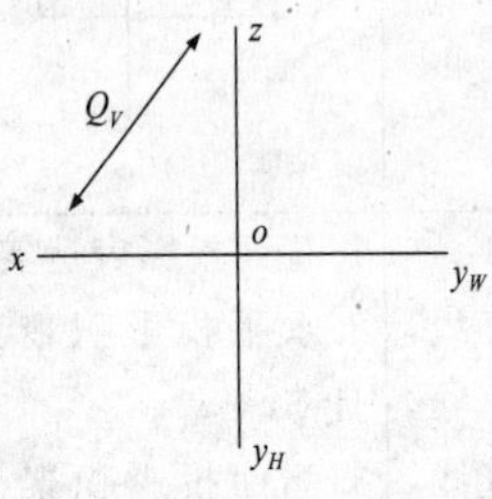	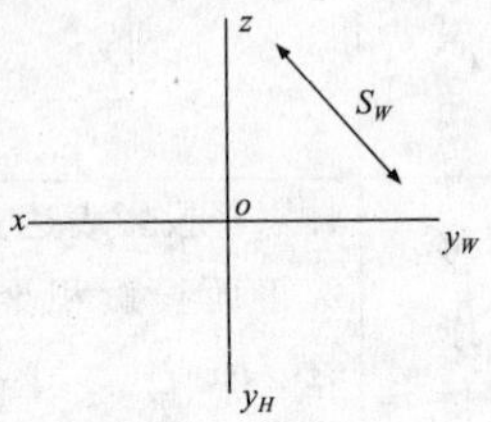
投影特性	1. 水平投影积聚为直线(或水平投影有积聚性) 2. 水平投影与 ox、oy_H 的夹角为 β、γ 3. 正面和侧面投影为类似形	1. 正面投影积聚为直线(或正面投影有积聚性) 2. 正面投影与 ox、oz 的夹角为 α、γ 3. 水平和侧面投影为类似形	1. 侧面投影积聚为直线(或侧面投影有积聚性) 2. 侧面投影与 oy_W、oz 的夹角为 α、β 3. 水平和正面投影为类似形

2. 投影面垂直面

垂直于一个投影面，与另外两个投影面倾斜的平面，称为投影面垂直面。

正垂面：垂直于 V 面并与 H、W 面倾斜的平面。

铅垂面：垂直于 H 面并与 V、W 面倾斜的平面。

侧垂面：垂直于 W 面并与 H、V 面倾斜的平面。

表 2-4 给出了投影面垂直面的立体图、投影图和投影特性。

对于投影面垂直面，在画图的时候，一般应先画有积聚性的那个投影，然后根据投影关系再画出另外两个类似形线框的投影。读图时，只要给出平面形的一个类似形线框的投影和一段斜线的积聚性投影，就可判定该平面形为投影面垂直面，且垂直于斜线所在的投影面。

3. 一般位置平面

与三个投影面都倾斜的平面，称为一般位置平面。如图 2-31(a)所示的平面 ABC 即为一般位置平面。一般位置平面的投影特征为：一般位置平面的三面投影均为缩小了的类似形线框，不反映实形，也不反映该平面对投影面的倾角。

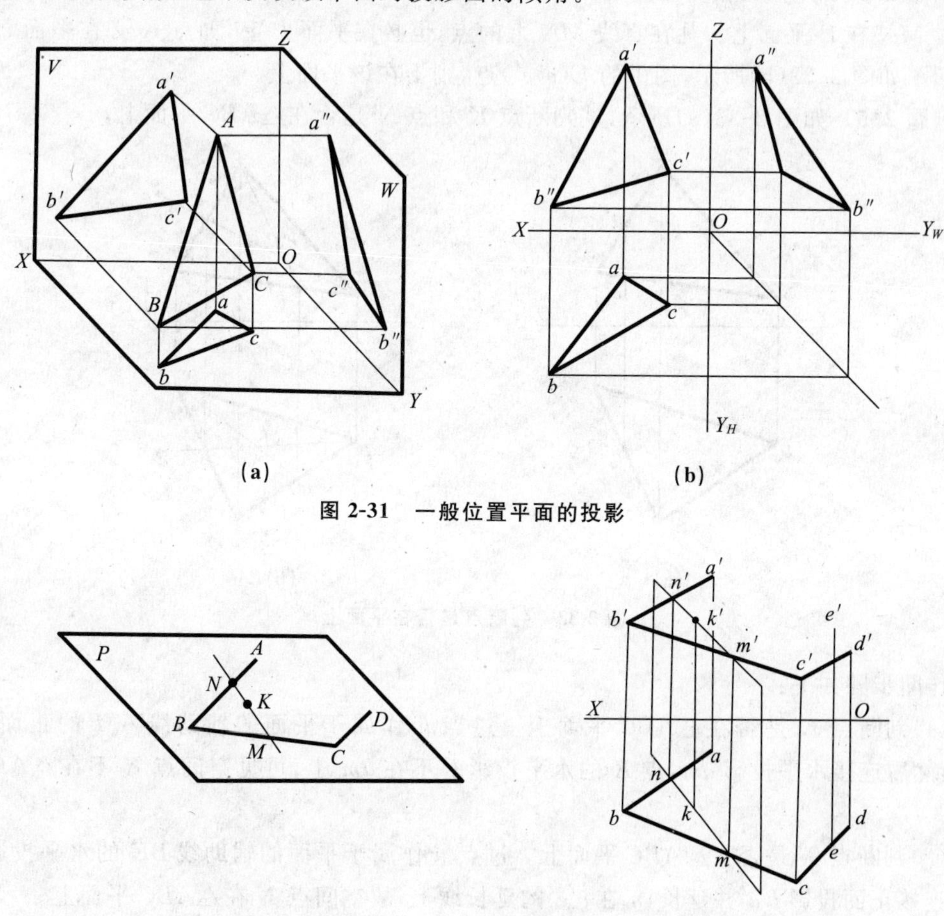

(a)　(b)

图 2-31　一般位置平面的投影

(a)　(b)

图 2-32　平面上的直线和点

三、平面上的直线和点

1. 平面上的直线

直线在平面上的几何条件如下：

(1)若一直线经过平面上的两个点,则此直线必在该平面上。

(2)若一直线经过平面上的一个点,并且平行于平面上的另一条直线,则此直线必在该平面上。

如图 2-32(a)所示,相交两直线 AB、BC 确定一平面 P,在两直线上各取点 N 和点 M,则经过此两点的直线 MN 必在平面 P 上。若过 C 点引一直线 CD 平行于 AB,则 CD 也必在 P 平面上。平面上的直线在投影图中的作图方法如图 2-32(b)所示。

2. 平面上的点

点在平面上的几何条件是:若点在平面内的一直线上,则该点必在平面上。因此在平面上取点,必须先在平面上作一条辅助线,然后再在该直线上取点,这是在平面的投影图上确定点所在位置的依据。

如图 2-32(a)所示,相交两直线 AB、BC 确定一平面 P,直线 MN 经过平面 P 上的两点,则直线 MN 在 P 平面上。凡在直线 MN 上的点,也必在平面 P 上,如点 K 必在平面 P 上,其投影图如图 2-32(b)所示,图中的 $E(e,e')$ 点,则不在该平面上。

例题 2-5 如图 2-33(a)所示,试判断点 K 和点 N 是否在△ABC 平面上。

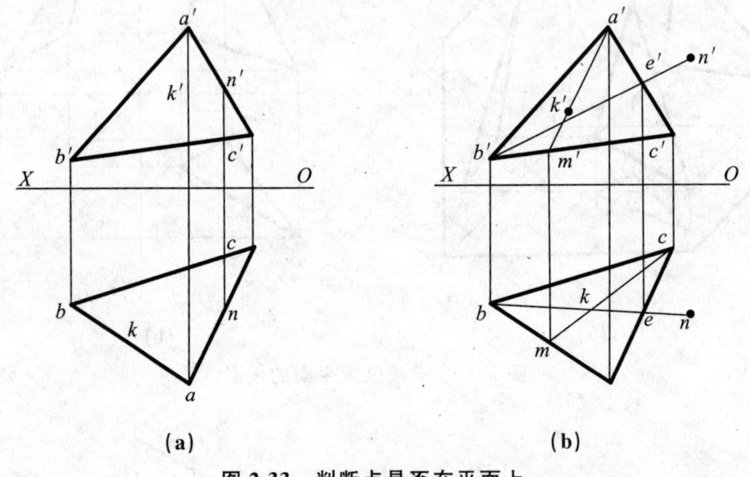

图 2-33 判断点是否在平面上

作图步骤如下:

(1)判断点 K 是否在△ABC 平面上。过点 k' 作属于平面的辅助线 AM 的正面投影 $a'm'$,然后连接水平投影 am,点 K 的水平投影 k 不在 am 上,可见空间点 K 不在△ABC 平面上。

(2)判断点 N 是否在△ABC 平面上。过点 n 作属于平面的辅助线 BE 的水平投影 be,然后连接正面投影 $b'e'$ 并延长,n' 在 $b'e'$ 的延长线上,故空间点 N 在△ABC 平面上。

第六节 基本体的投影

任何复杂的物体都可以看成是由基本几何体按照不同的方式组合而成的。基本几何体是表面规则且单一的几何体。按其表面性质,可以分为平面立体和曲面立体 2 类。常见的圆柱、圆锥、球和圆环体是曲面立体，曲面立体也称为回转体。

一、基本概念与形体分析法

1. 基本体与组合体

基本体：指棱柱、棱锥、圆柱、圆锥、球和圆环等简单立体。

组合体：由基本体经切割或叠加所组成的复杂物体。

2. 相贯线与截交线

相贯线：指两形体相交后产生的表面交线。

截交线：指平面截切形体后所产生的交线。

3. 形体分析法

将物体分解成若干个基本形体，并弄清它们之间的相对位置、组合形式以及表面连接关系，这种分析方法称为形体分析法。它是绘制和识读组合体三视图的主要方法。

二、平面立体

由于平面立体的表面是由若干多边形平面围成的，因此，绘制平面立体的投影可归结为绘制它各表面的投影。平面立体各表面的交线称为棱线。平面立体的各表面是由棱线所围成的，而每条棱线可由其两端点确定，因此绘制平面立体的投影又可归结为绘制各棱线及其各顶点的投影。棱柱、棱锥就是基本平面立体，可以看成是各个平面按其相对位置投影的组合。

1. 棱柱

(1)棱柱的组成。棱柱由两个底面和几个侧棱面组成。侧棱面与侧棱面的交线称为侧棱线，侧棱线相互平行。

(2)棱柱的三视图。图 2-34(a)表示一个正六棱柱的投影。它的顶面和底面为水平面；六个矩形为侧面，前、后面是正平面，左右四个平面为铅垂面；六条侧棱为铅垂线。

画棱柱的三视图时，先画顶面和底面的投影：在水平面投影中，它们均反映实形(正六边形)且重影；其正面和侧面投影都有积聚性，分别为平行于 X 轴和 Y 轴的直线；六条侧棱的水平面投影都有积聚性，为六角形的六个顶点，它们的正面和侧面投影，均平行于 Z 轴且反映了棱柱的高。画完这些面和棱线的投影，即得该棱柱的三视图，如图 2-34(b)所示。

(3)棱柱面上取点。在平面立体表面上取点，其原理和方法与平面上取点相同。由于棱柱的各表面均处于特殊位置，因此可利用平面投影的积聚性来取点，称其为积聚性法。棱柱表面上点的可见性可根据点所在平面的可见性来判别；若平面可见，则该平面上的点为可见，反之为不可见。

在图 2-34 中，已知正六棱柱表面上点 M 的正面投影 m' 和点 N 的水平投影 (n)，可求出它们的其他两个投影。

由于点 m' 是可见的，则 m 必位于左前棱面有积聚性的水平投影 $abcd$ 上；再由 m'、m 求得 m''。由于为可见，故 m'' 也为可见。

由于点 N 的水平投影为不可见，则点 N 必位于正六棱柱的底面上，n 和 n'' 也必位于底面的同面投影上，在积聚性投影上的点不再加括号。

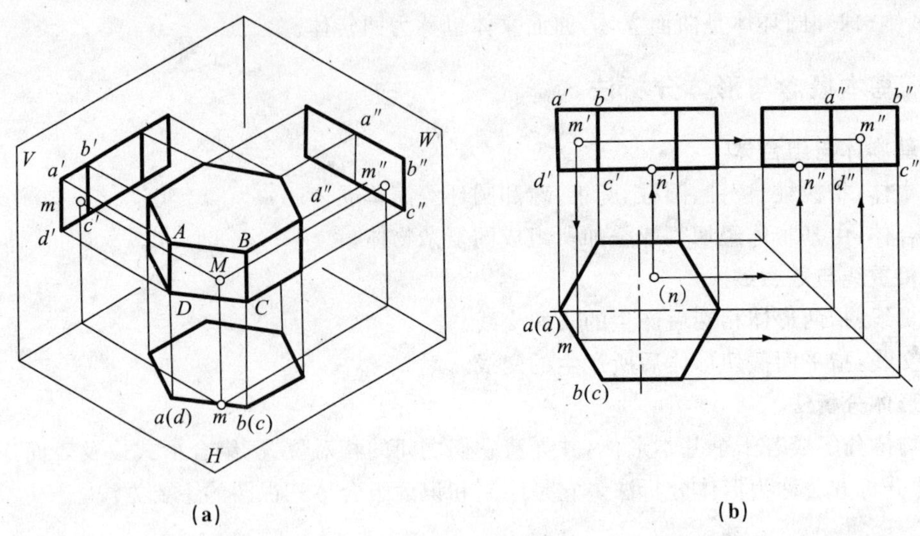

图 2-34　正三棱柱的三视图及其表面上点的求法

三、曲面立体

曲面立体也称为回转体。回转体是由回转面与平面或回转面所围成的立体。回转面是由一动线(或称母线)绕轴线旋转而成的。回转面上任意一位置的母线又称为素线。母线上任一点的运动轨迹皆为垂直于轴线的圆,称其为纬圆。曲面立体在投影时有其自身的特点,将曲面立体向某一投影面投影时,必须在视图上画出曲面的转向轮廓线。转向轮廓线就是在某一投影方向上观察曲面立体时可见与不可见部分的分界线。常见的回转体有圆柱、圆锥、圆球等。

1. 圆柱体

(1)圆柱体的组成。如图 2-35 所示,圆柱由圆柱面和两底面组成,圆柱面是由直线 AB 绕与它平行的轴线 OO_1 旋转而成。直线 AB 称为母线,圆柱面上与轴线平行的任一直线称为圆柱面的素线。

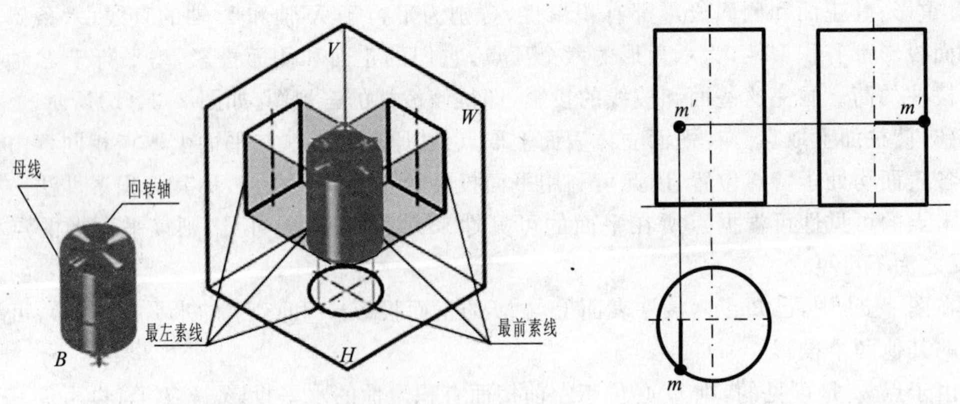

图 2-35　圆柱的形成、视图及其分析　　图 2-36　圆柱表面上点的求法

(2)圆柱体的三视图。圆柱面的俯视图积聚成一个圆,在另两个视图上分别以两个方向的轮廓素线的投影表示。

(3)圆柱面上取点。如图 2-36 所示,已知圆柱面上点 M 的正面投影 m',求另两面投影

m 和 m''。

根据给定的 m' 的位置，可判定点 M 在前半圆柱面的左半部分；因圆柱面的水平投影有积聚性，故 m 必在前半圆周的左侧。根据 m' 和 m，求得 m''。

2. 圆锥

(1)圆锥体的组成。由圆锥面和底面组成，圆锥面是由直线 SA 绕与它相交的轴线 OO_1 旋转而成。S 称为锥顶，直线 SA 称为母线。圆锥面上过锥顶的任一直线称为圆锥面的素线。

(2)圆锥体的三视。图如图 2-37 所示，俯视图为一圆。另两个视图为等腰三角形，三角形的底边为圆锥底面的投影，两腰分别为圆锥面不同方向的两条轮廓素线的投影。

(3)圆锥面上的点。如图 2-38 所示，已知圆锥面上的点 M 的正面投影 m'，求 m 和 m''。根据 M 的位置和可见性，可判定点 M 在前、左圆锥面上，点 M 的三面投影均可见。作图可采用如下两种方法：

辅助直线法：过锥顶 S 和点 M 作一辅助素线 $S1$，即连接 $s'm'$，并延长到与底面的正面投影相交于 $1'$，求得 $s1$ 和 $s''1''$；根据 m'，作出 m 和 m''。

辅助圆法：过点 N 在圆锥面上作垂直于圆锥轴线的水平辅助圆(该圆的正面投影积聚为一直线)，即过 m' 所作的 $2'3'$。它的水平投影为一直径等于 $2'3'$ 的圆，圆心为 s，由 n' 作 X 轴的垂线，与辅助圆的交点即为 n；再根据 n' 和 n，求出 n''。

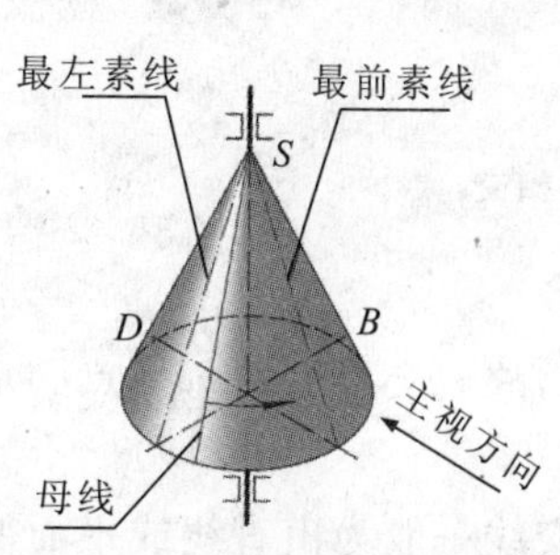

图 2-37　圆锥的形成、视图及其分析

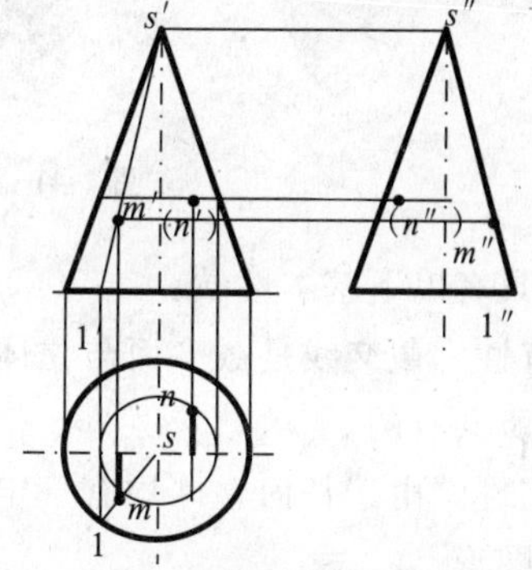

图 2-38　圆锥表面上点的求法

3. 圆球

(1)圆球面的形成。如图 2-39 所示，圆母线是以它的直径为轴旋转而成。

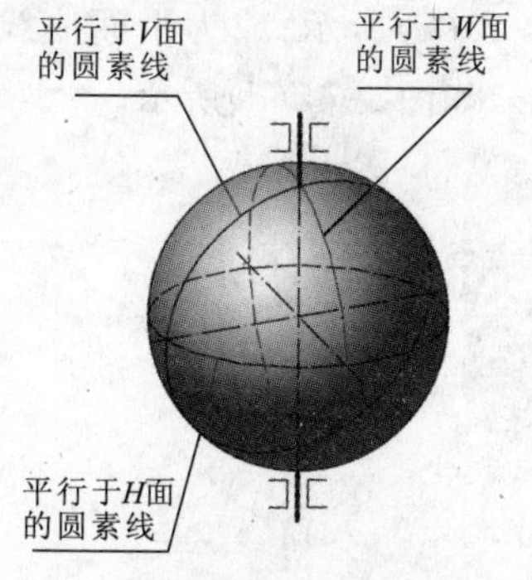

图 2-39 圆球的形成图

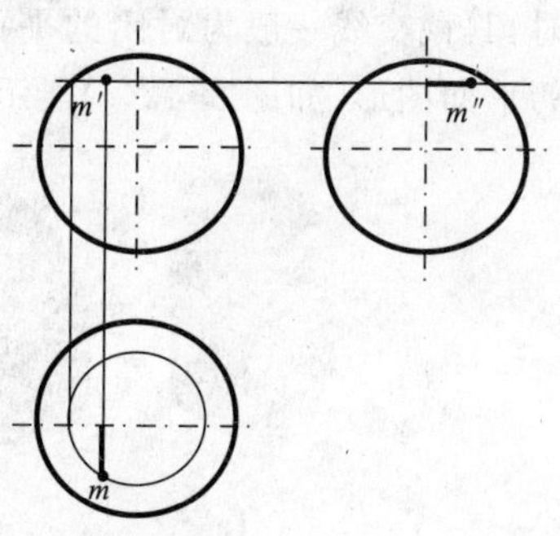

2-40 圆球表面上点的求法

(2)圆球的三视图。三个视图分别为三个和圆球的直径相等的圆,它们分别是圆球三个方向轮廓线的投影。

(3)圆球面上取点。如图 2-40 所示,已知圆球面上点 M 的水平投影 m,求其他两面投影。根据点的位置和可见性,可判定:点 M 在左、前、上半球(点 M 的三面投影均为可见),需采用辅助圆法求 m' 和 m''。

第七节 基本体表面的交线

一、概述

机械零件表面上常见的交线有 2 种,一种是平面与基本体表面的交线,称为截交线;另一种是两基本体组合时表面的交线,称为相贯线。本节介绍前一种交线——截交线。

立体被平面截断后形成的形体称为截断体,该平面称为截平面。平面与立体表面相交后所产生的交线称为截交线,由截交线围成的平面图形称为截断面,如图 2-41 所示。

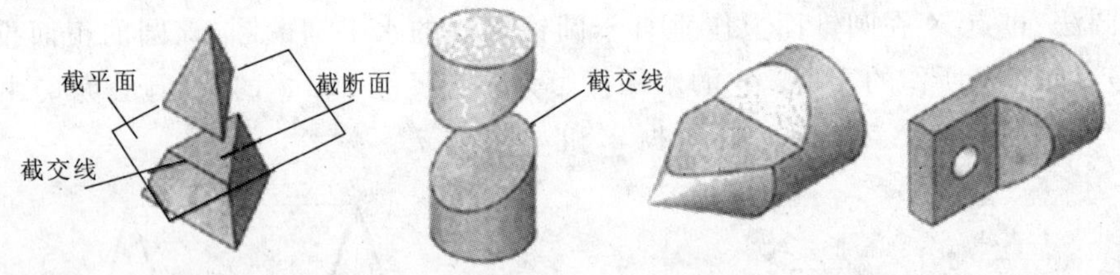

图 2-41 平面与立体表面相交

截交线具有以下基本性质:

(1)共有性。截交线是截平面与立体表面的共有线,故截交线上的每一点必定是截平面与立体表面所共有的。

(2)封闭性。由于任何立体均有一定的范围,故截交线一般为由直线或平面曲线组成的封闭的平面图形。

(3)截交线的形状。截交线的形状取决于立体的几何性质及其与截平面的相对位置,通常由平面折线、平面曲线或平面曲线与直线组成。

当平面与平面立体相交时,其截交线为封闭的平面折线,如图 2-42(a)所示;当平面与回转体相交时,其截交线一般为封闭的平面曲线,如图 2-42(b)所示;或为平面曲线和直线围成的封闭的平面图形,如图 2-42(c)所示;或平面多边形,如图 2-42(d)所示。

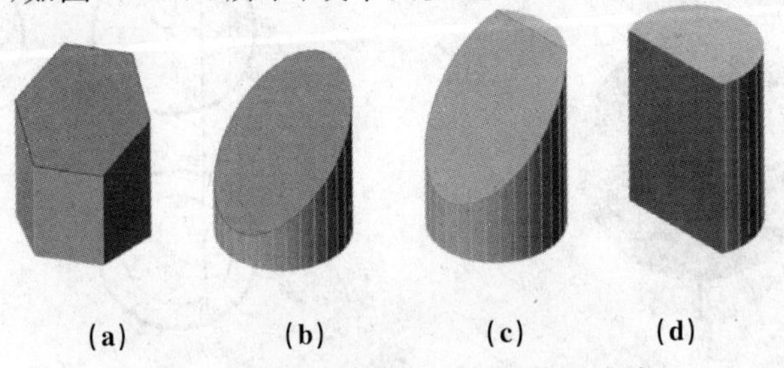

图 2-42 平面与立体表面相交的截交线情况

二、平面与平面基本体相交

平面与平面立体相交的交线是一闭合的多边形。多边形的各边是截平面与各棱面的交线，多边形的顶点是截平面与各棱线的交点。因此，可用两种方法求截交线。

(1)利用面与面交线法：求截平面与立体上相关棱面的交线，再将各交线连成封闭的多边形，即为截交线。

(2)利用线与面交点法：求截平面与立体上相关棱线的交点，然后依次连接各交点，即为截交线。

解题时，可单独使用一种方法，也可两种方法混合使用，以方便作图而定。下面通过例题了解平面与平面基本体相交的作图。

例题 2-6 正六棱柱被正垂面 P 和侧平面 Q 所截切，求其侧面投影，如图 2-43(a)所示。

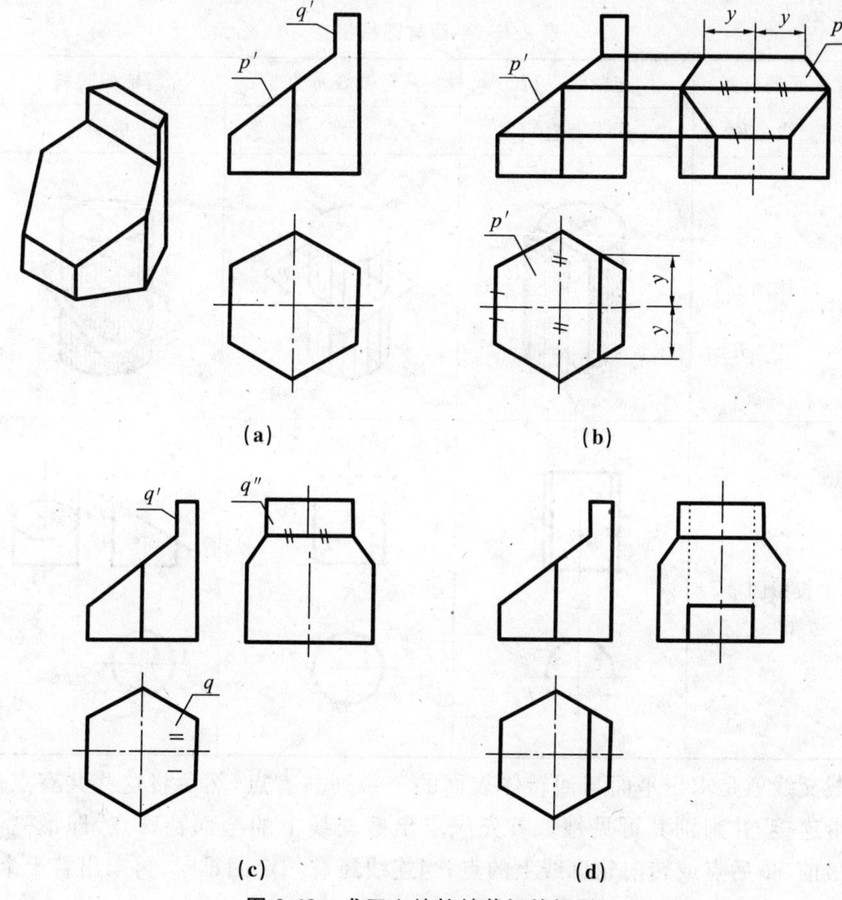

图 2-43 求正六棱柱被截切的投影

分析：截平面 P 为正垂面，它与六棱柱的四条棱线相交，并与 Q 面有交线，截交线应为六边形，其正面投影有积聚性，而水平和侧面投影均为类似形。Q 面为侧平面，其截交线的侧面投影是实形(四边形)，而正面和水平投影有积聚性。

作图：

(1)先求出四条棱线与截平面 P 的交点，再以宽相等求出 P、Q 面的交线，依次连接各交点，得到类似的六边形(图 2-43b)。

(2)求出 Q 面与六棱柱的交线，得到真实的四边形(图 2-43c)。

(3)擦去被截去的部分，并将可见的线条加粗，不可见线条画细虚线，完成全图(图 2-43d)。

注意：P 面为正垂面，可利用 P 和 P'' 的类似性，检查水平和侧面投影。

三、平面与曲面基本体相交

1. 平面与圆柱相交

根据截平面与圆柱轴线相对位置的不同，平面截切圆柱后其截交线有三种不同的形状，如表 2-5 所示。

表 2-5 平面与圆柱相交

截平面的位置	与轴线平行	与轴线垂直	与轴线倾斜
截交线名称	两平行直线	圆	椭圆
立体图	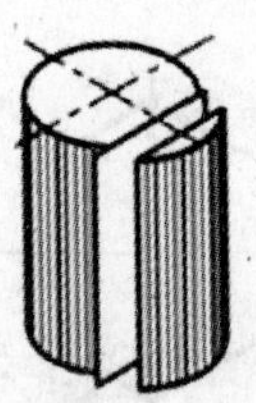 P	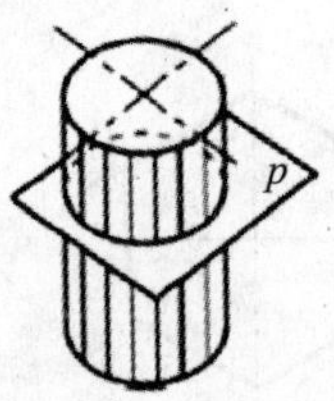 P	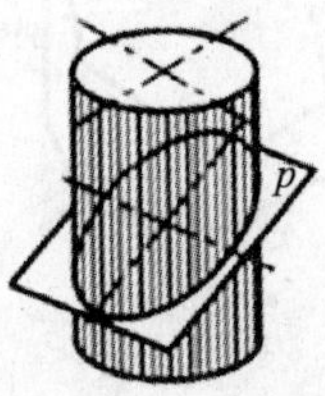 P
投影图	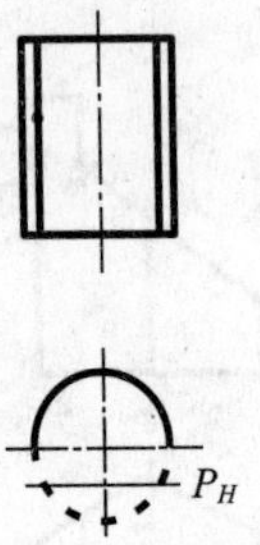 P_H	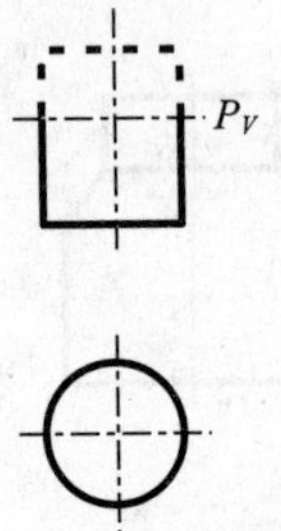 P_V	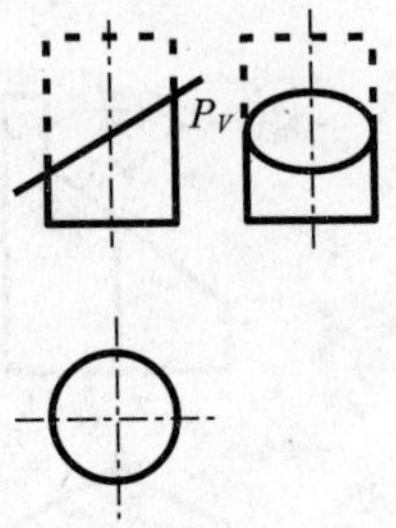 P_V

求作截交线就是求出平面与回转体表面的一系列共有点，然后将这些共有点的同面投影依次光滑连接，并判别其可见性。首先应求出截交线上的全部特殊点，即最高、最低、最左、最右、最前、最后点或转向轮廓线上的点；当连线还有一定困难时，再求出若干个一般点。

例题 2-7 求作圆柱被一正垂面 P 截切后的投影(图 2-44a)。

分析：由于截平面与圆柱轴线倾斜，故其截交线为一椭圆。椭圆的正面投影和水平投影分别与截平面的正面投影和圆柱面的水平投影重合，所以只需求出其侧面投影。

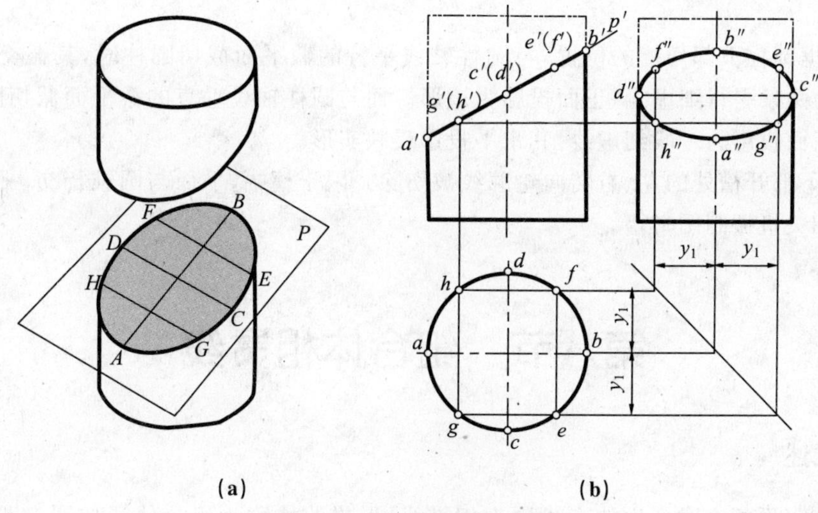

图 2-44　求斜切圆柱的投影

作图(图 2-44b)：

(1)求特殊点。椭圆长轴上的两个端点 A、B 是截交线上的最低、最左及最高、最右点；椭圆短轴上的两个端点 C、D 是截交线上的最前、最后点。它们都是转向轮廓线上的点，可利用积聚性直接求出。

(2)求一般点。在特殊点之间再求出适量一般点 E、F、G、H 的侧面投影 e''、f''、g''、h''。

(3)判别可见性后依次光滑连接各点，画出其侧面投影。

注意：c''、d''以上的转向轮廓线被切掉。

例题 2-8　求作切口圆柱的投影(图 2-45a)。

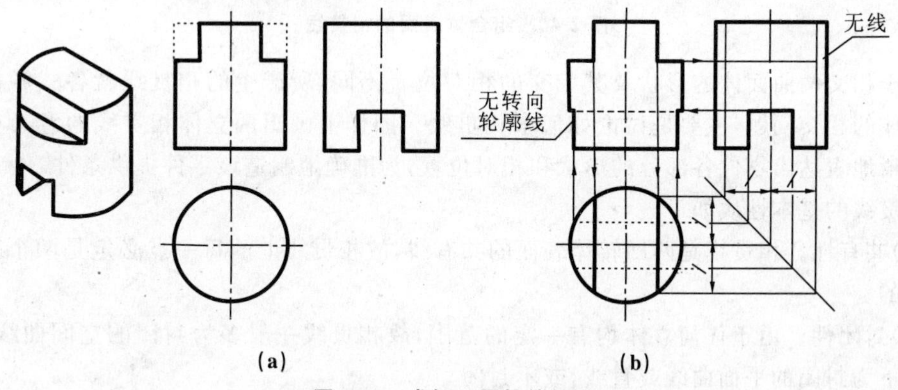

图 2-45　求切口圆柱的投影

分析：从正面投影看，圆柱上部的切口是由平行于轴线且左右对称的侧平面和垂直于轴线的水平面截切而成的；从侧面投影看，圆柱下部的切槽是由平行于轴线的正平面和垂直于轴线的水平面截切而成的。若截平面与圆柱轴线平行，则截交线为矩形；若截平面与圆柱轴线垂直，则截交线为一段圆弧。

作图(图 2-45b)：

(1)根据圆柱上部切口的位置，其水平投影积聚为两平行直线；其侧面投影为矩形，宽度

由 y 量取。

(2)根据圆柱下部切槽的位置，与圆柱轴线平行的截平面截切圆柱时，其截交线的水平投影积聚为两条平行细虚线，正面投影为矩形。而与圆柱轴线垂直的截平面截切圆柱时，其截交线的正面投影为一段细虚线，其水平投影反映实形。

注意：下部开槽处的左、右转向轮廓线被切除。限于篇幅，平面与圆锥相交、平面与球相交可参阅相关机械制图书籍。

第八节 组合体相贯线

一、概述

两立体表面相交时产生的交线称为相贯线，形成的体称为组合体。如图 2-46 所示，它们的表面(外表面或内表面)相交，均出现了箭头所指的相贯线，在画该类零件的投影图时，必然涉及相贯线的投影问题。

图 2-46 组合体表面的相贯线

由于相交两曲面体的形状及其相交的相对位置不同，所产生的相贯线就各式各样。讨论两立体的相交问题，主要是讨论如何求相贯线。图样上画出两立体相贯线的意义在于用它来清晰地表达出零件各部分的形状和相对位置，为准确地制造该零件提供条件。

相贯线的基本性质如下：

(1)共有性。相贯线是两回转体表面的共有线，故相贯线上的每一点必定是两个基本体所共有的。

(2)封闭性。由于任何立体均有一定的范围，故相贯线一般多为封闭的空间曲线，在特殊情况下为封闭的平面曲线或直线，或不封闭。

二、求作相贯线的方法

求作相贯线就是求出两回转体表面的一系列共有点，然后光滑连接而成。求共有点的方法通常有积聚性法和辅助平面法等。

1. 积聚性法

当参与相交的两回转体表面有积聚性时，可利用相贯线的积聚投影来求解。

例题 2-9 求作两圆柱正交的相贯线(图 2-47)。

分析：两圆柱的轴线垂直相交（称为正交），且轴线均平行于正面时，其相贯线为一封闭的、前后与左右均对称的空间曲线。其水平投影与铅垂圆柱面的水平投影重合；其侧面投影与侧垂圆柱面的侧面投影（一段圆弧）重合，因此只需求作它的正面投影。

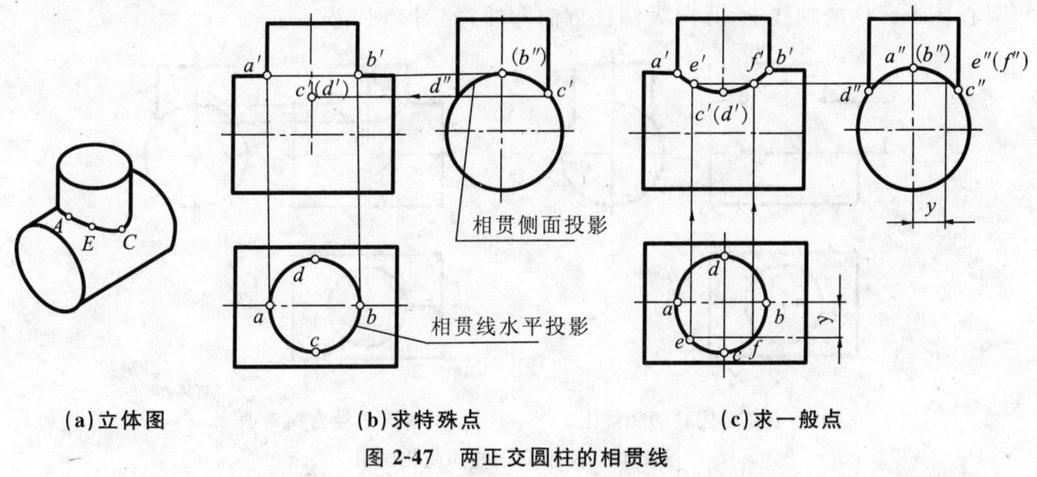

(a)立体图　(b)求特殊点　(c)求一般点

图 2-47　两正交圆柱的相贯线

作图：

①求特殊点（图 2-47b）。两圆柱正面投影的转向轮廓线交点 A、B 是相贯线上的最高、最左、最右点；而点 C、D 是相贯线上的最低、最前、最后点。可利用投影关系直接求得 a'、b'、c' 和 d'。

②求一般点（图 2-47c）。利用相贯线的积聚性，先取 e、f 或 e''、f''，再利用投影关系求得 e' 和 f'。

③依次连接点 $a'e'c'f'b'$ 的正面投影。由于前、后相贯线重合，故细虚线不画。

轴线正交的两圆柱有 3 种基本形式，除图 2-48 和图 2-48(a)所示的两外表面相交外，还有如图 2-48(b)所示的外表面与内表面相交和图 2-48(c)所示的两内表面相交等形式，这些相贯线的作图方法都和图 2-48 的作图方法一样。

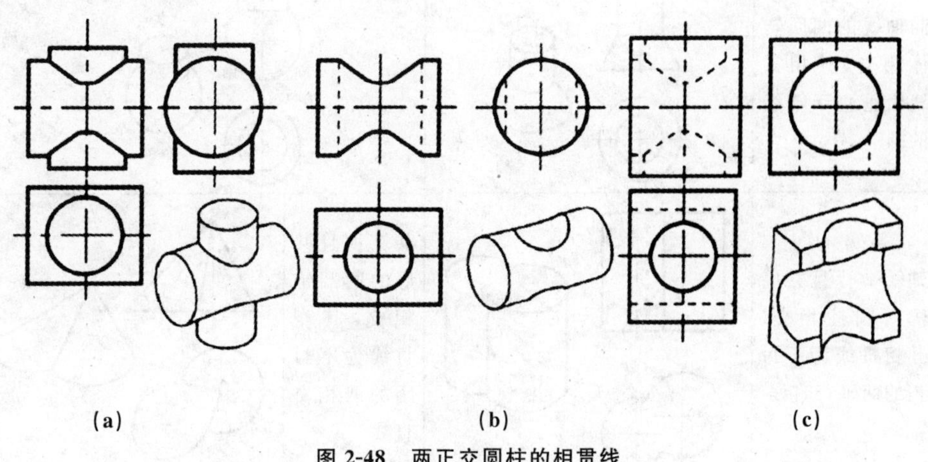

(a)　(b)　(c)

图 2-48　两正交圆柱的相贯线

2. 辅助平面法

当参与相交的两回转体表面之一无积聚性（或均无积聚性）时，可采用辅助平面法求解。

限于篇幅，此处可参阅机械制图、工程制图等相关书籍。

3. 相贯线的简化画法

当不等径的两圆柱正交时，其相贯线的投影可用圆弧代替，该圆弧的半径为大圆柱的半径，圆心在小圆柱的轴线上，并向大圆柱方向弯曲，如图 2-49 所示。

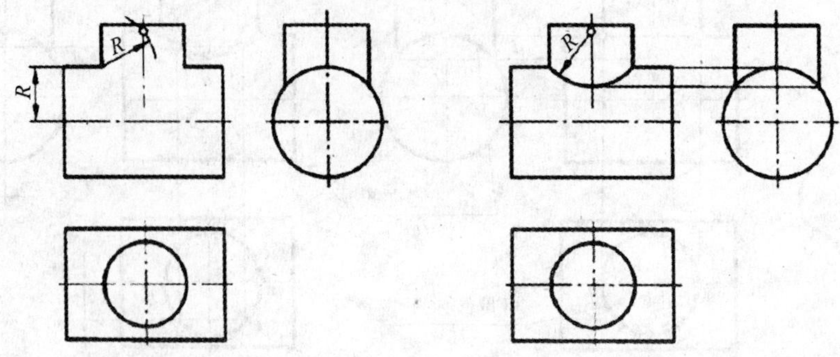

(a)圆心在小圆柱的轴线上　　(b)向大圆柱方向弯曲

图 2-49　两正交圆柱的简化画法

4. 相贯线的特殊情况

表 2-6 列出了几种相贯线特殊情况的示例。

表 2-6　相贯线的特殊情况

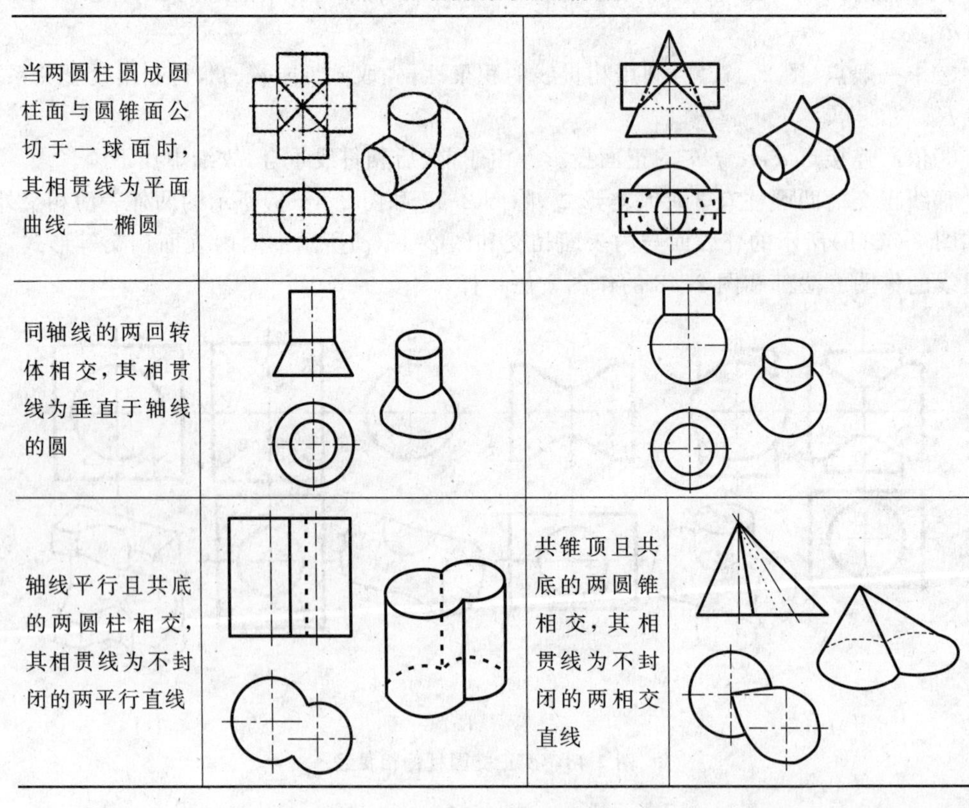

当两圆柱圆成圆柱面与圆锥面公切于一球面时，其相贯线为平面曲线——椭圆			
同轴线的两回转体相交，其相贯线为垂直于轴线的圆			
轴线平行且共底的两圆柱相交，其相贯线为不封闭的两平行直线		共锥顶且共底的两圆锥相交，其相贯线为不封闭的两相交直线	

第九节　轴测投影

工程上常用的图样是多面正投影图，如图 2-50 所示，它能确切地表达出零件的形状大小，且作图方便，度量性好。但这种图样立体感差，必须有一定读图基础的人才能看懂。图 2-50(b)所示的是轴测图，它是一种能同时反映物体长、宽、高三个方向尺度的单面投影图，这种图富有立体感，即使不具备投影知识的人也能看懂。

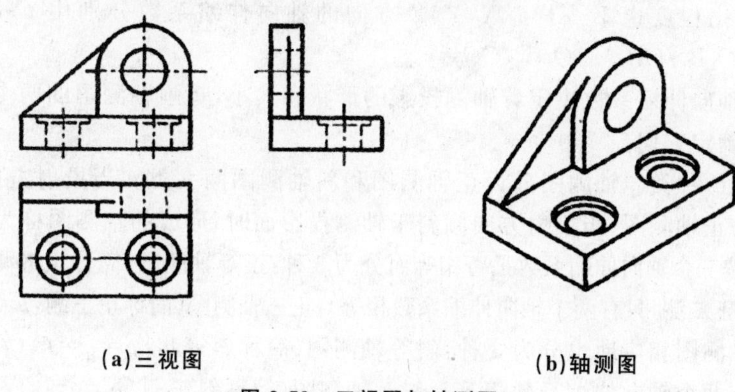

(a)三视图　　(b)轴测图

图 2-50　三视图与轴测图

一、轴测投影的基本知识

1. 基本概念

(1)轴测图的形成。用平行投影法将物体连同确定该物体的直角坐标系一起，沿不平行于任一坐标平面的方向投射到一个投影面上，所得到的图形，称作轴测投影图（简称轴测图）。

轴测图是用平行投影法绘制的单面投影图，由于轴测图能同时反映出物体长、宽、高三个方向的形状，所以具有立体感。

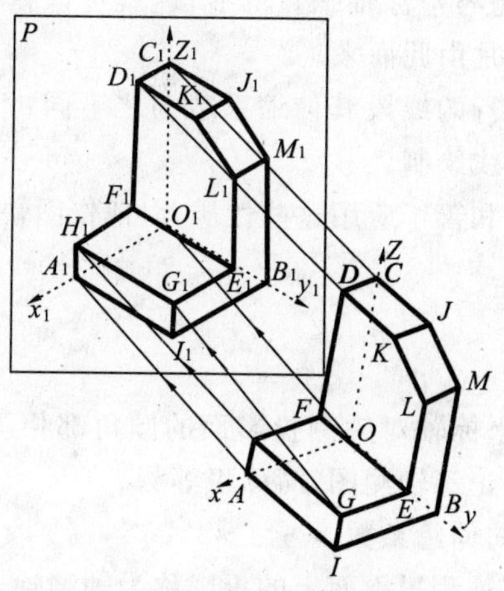

图 2-51　轴测图的形成

(2)术语

①轴测轴建立在物体上的坐标轴在投影面上的投影叫作轴测轴,也就是直角坐标轴 OX、OY、OZ 在轴测投影面上的投影 O_1X_1、O_1Y_1、O_1Z_1。

②轴间角轴测投影中,相邻两根直角坐标轴在轴测投影面上的投影之间的夹角叫作轴间角,即$\angle X_1O_1Y_1$,$\angle X_1O_1Z_1$,$\angle Y_1O_1Z_1$。

③轴向伸缩系数。物体上平行于坐标轴的线段在轴测图上的长度与实际长度之比叫作轴向伸缩系数。由于空间三个坐标轴对轴测投影面的倾斜角度不同,所以在轴测图上各条轴线长度的变化程度也不一样。X、Y、Z 方向的轴向伸缩系数分别用 p、q、r 表示。即 $O_1A_1/OA=p$,$O_1B_1/OB=q$,$O_1C_1/OC=r$。

轴间角和轴向伸缩系数决定着轴测投影的形状和大小,是画轴测图的两个最基本参数,画图前必须先确定它们。

(3)轴测图的种类。轴测图分为正轴测图和斜轴测图两大类。当投射方向垂直于轴测投影面时,称为正轴测图;当投射方向倾斜于轴测投影面时,形成的轴测图称为斜轴测图。

正轴测图按三个轴向伸缩系数是否相等而分为 3 种:正等轴测图(简称正等测,$p=q=r$);正二轴测图(简称正二测,只有两个轴向伸缩系数相等);正三轴测图(简称正三测,$p\neq q\neq r$)。

同样,斜轴测图相应地也分为 3 种:斜等轴测图(简称斜等测,$p=q=r$);斜二轴测图(简称斜二测,只有两个轴向伸缩系数相等);斜三轴测图(简称斜三测,$p\neq q\neq r$)。

工程上用得较多的是正等测和斜二测。本节只介绍这两种轴测图的画法。

2. 轴测图的基本性质

由于轴测投影是平行投影,因而具有平行投影的性质。结合轴测图的特点,其基本性质为:

(1)物体上平行于某一坐标轴的线段,其轴测投影必与相应的轴测轴平行;物体上相互平行的线段,其轴测投影也相互平行。

(2)物体上与坐标轴方向相同的线段(轴向线段),它的轴测投影长度等于其实长乘以相应的轴向伸缩系数。

性质(2)可以理解为:凡是与坐标轴平行的线段,就可以在轴测图上沿轴向进行度量和作图。"轴测"的概念、定义就是由此而来。

但要注意,与坐标轴不平行的线段其伸缩系数与之不同,不能直接度量与绘制,只能根据端点坐标,作出两端点后连线绘制。

在画轴测图时,应该遵守和善于应用这些性质,以使作图快捷准确。

二、正等轴测图的画法

1. 正等轴测图的形成

当空间直角坐标系三根坐标轴对轴测投影面的倾角都相等时,用正投影法将物体向轴测投影面投射,所得图形就是正等轴测图,简称正等测。

2. 正等测的轴间角和轴向伸缩系数

(1)轴测轴直角坐标轴在轴测投影面上的投影称为轴测轴,如图 2-52(a)所示中的 O_1X_1 轴、O_1Y_1 轴、O_1Z_1 轴。

(2)轴间角由于空间坐标轴 OX、OY、OZ 对轴测投影面的倾角相等,故正等测轴间角

$\angle X_1O_1Y_1=\angle X_1O_1Z_1=\angle Y_1O_1Z_1=120°$，其中轴规定画成铅垂方向，如图 2-52(a)所示。

(3)轴向伸缩系数由于正等测的空间直角坐标轴与轴测投影面的倾角相同，所以它们的轴测投影的缩短程度也相同，其三个轴向伸缩系数均相等，由理论计算可知：$p_1=q_1=r_1\approx0.82$。

图 2-52(b)所示长方体是采用轴向伸缩系数绘制的，为了作图方便，一般采用简化伸缩系数，即 $p=q=r=1$。图 2-52(c)所示是该长方体采用简化伸缩系数绘制的，这样画出的图形，在沿各轴向长度上均分别放大到 1.22 倍，但形状和直观性都没有发生变化。

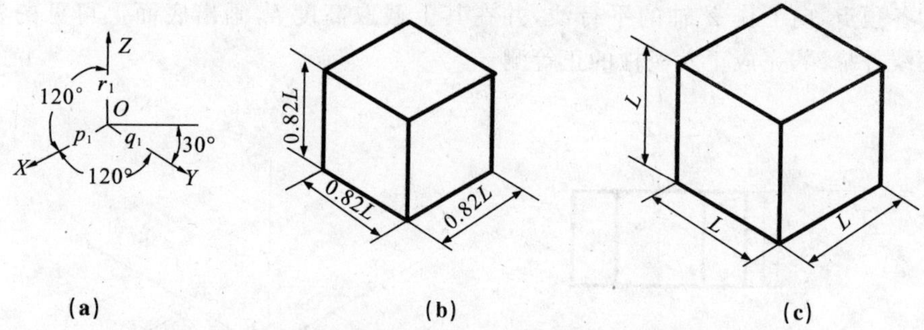

图 2-52　正等测的轴间角、轴向伸缩系数及轴测轴的画法

在轴测图中，应用粗实线画出物体的可见轮廓线。为了使画出的轴测图具有更强的空间立体感，物体的不可见轮廓通常不画出，必要时也可用虚线画出。

3. 平面立体的正等测画法

(1)坐标法。根据物体的特点，选定合适的坐标轴，然后，根据立体表面各顶点的坐标，分别画出它们的轴测投影，并顺次连接各顶点的轴测投影，从而完成作图。坐标法是画平面立体轴测图最基本的方法。

例题 2-10　画出如图 2-53(a)所示某段管路 $A\rightarrow B\rightarrow C\rightarrow D\rightarrow E\rightarrow F$ 的正等测图(a 图中暂未按管道布置图画法规定，规定画法见本书第六章)。

先画出轴测轴，根据 A、B、C、D、E、F 各点的 x、y 坐标，确定各点在水平面的位置。再根据 A、B、C、D 各点的 z 坐标，向上拔高，即完成管路的正等测，如图 2-53(b)所示。

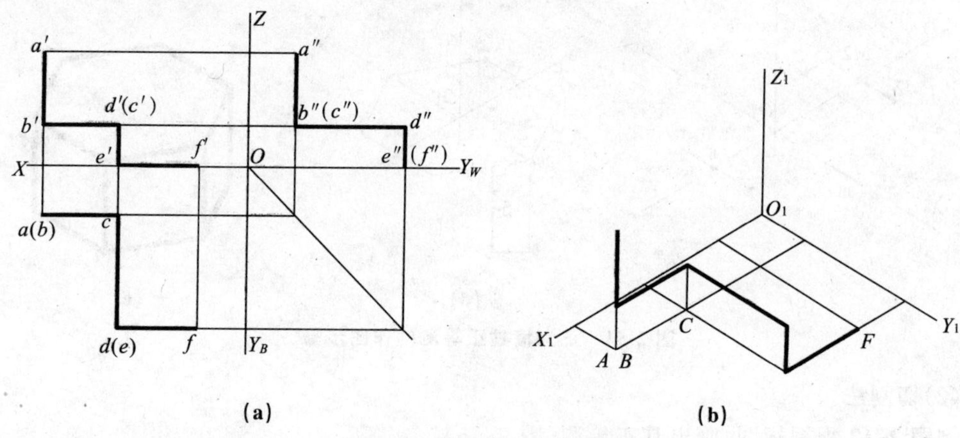

图 2-53　管路的正等测画法

例题 2-11 根据图 2-54(a)所示正六棱柱的两视图，画出其正等测。

由于正六棱柱前后、左右对称，故选择顶面的中点作为坐标原点，棱柱的轴线作为 Z 轴，顶面的两条中心线作为 X、Y 轴，如图 2-54(a)所示。用坐标法从顶面开始作图，可直接作出顶面六边形各顶点的坐标。

作图过程如图 2-54(b)～2-54(e)所示，先画出轴测轴，定出Ⅰ、Ⅱ、Ⅲ、Ⅳ点，通过Ⅰ、Ⅱ点，作 X 轴平行线；在Ⅰ、Ⅱ点的平行线上，确定顶点，连接各顶点得到六边形的正等测。过六边形的各顶点，向下作 Z 轴的平行线，并在其上截取高度 h，画出底面上可见的各条边。擦去作图线并描深，完成正六棱柱的正等测。

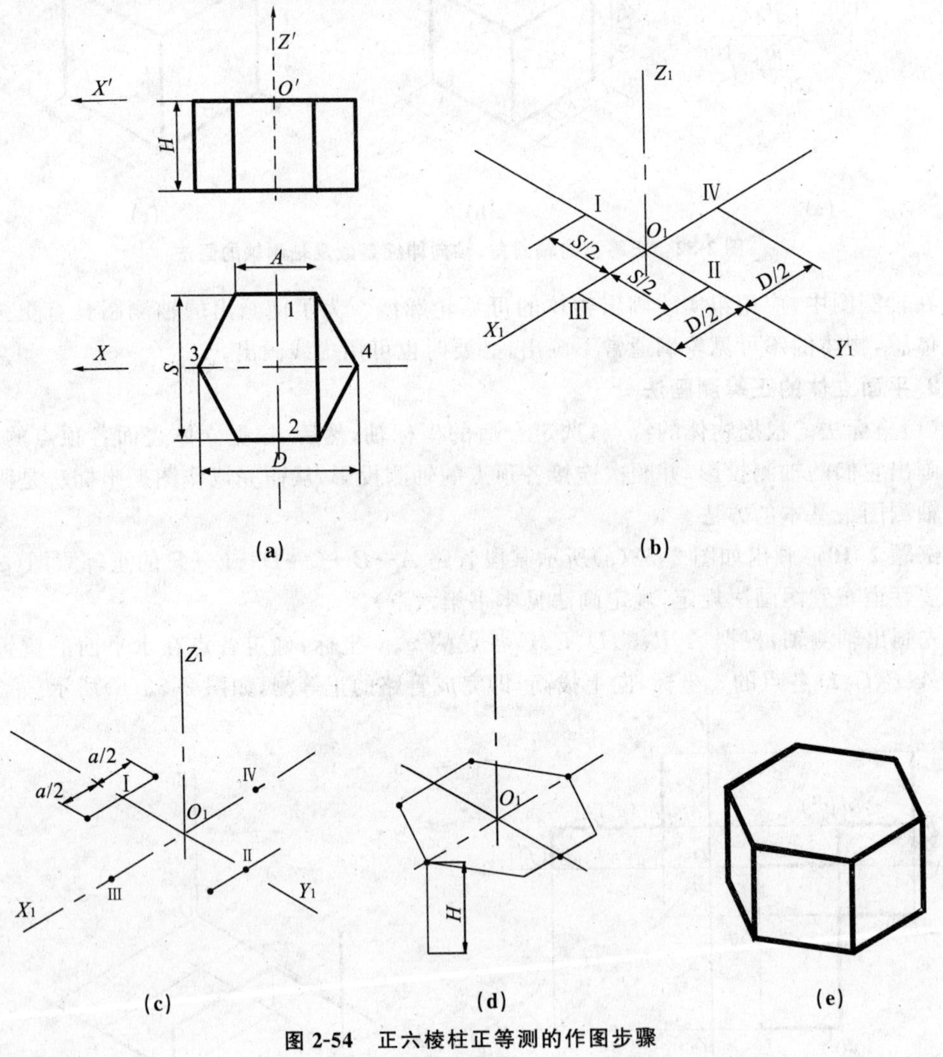

图 2-54 正六棱柱正等测的作图步骤

(2)切割法。

例题 2-12 根据视图，画出其正等测(图 2-55)。

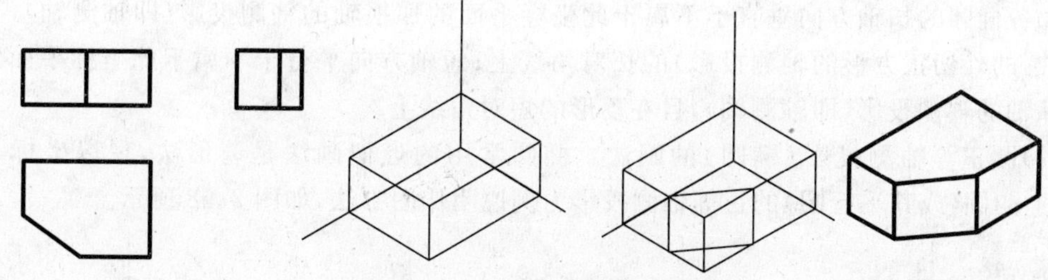

图 2-55　切割法正等轴测图的绘制

(3)叠加法。对由几个几何体叠加而成的形体,可先作出主体部分的轴测图,再按其相对位置逐个画出其他部分,从而完成整体的轴测图。

例题 2-13　已知三视图,画轴正等测图(图 2-56)。

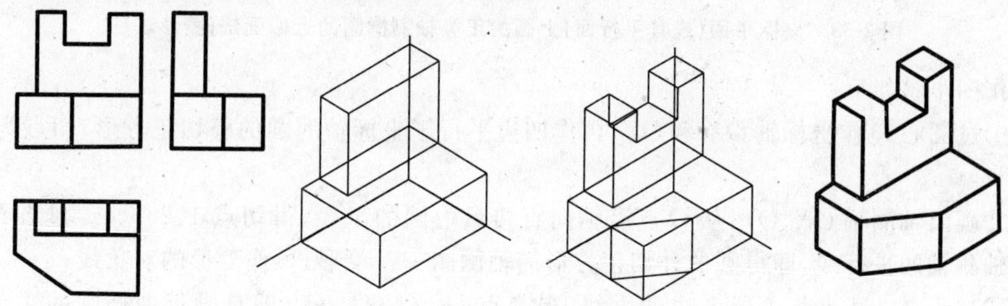

图 2-56　叠加法正等轴测图的绘制

4. 曲面立体的正等测画法

(1)坐标平面(或其平行面)上圆的正等轴测图。坐标平面(或其平行面)上圆的正等轴测投影为椭圆。立方体平行于坐标平面的各表面上的内切圆的正等轴测投影,如图 2-57 所示。

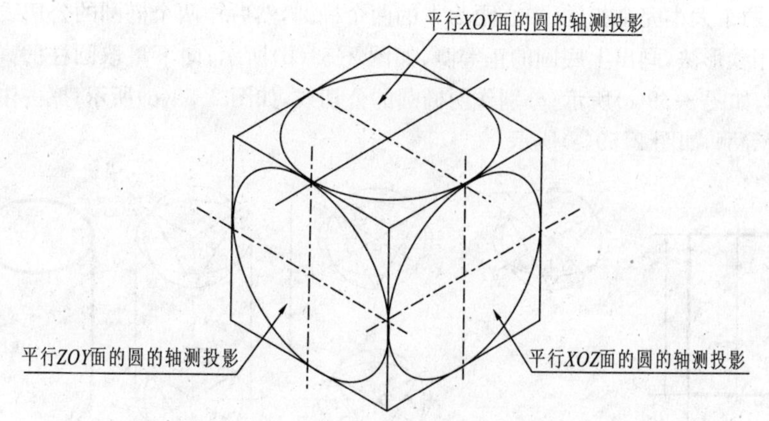

图 2-57　平行各坐标平面的圆的正等轴测投影

从图 2-57 中可以看出的内容如下:

①分别平行于坐标平面的圆的正等轴测投影均为形状和大小完全相同的椭圆,但其长轴和短轴方向各不相同。

②各椭圆的长轴方向垂直于不属于此坐标平面的那根轴的轴测投影(即轴测轴),且在菱形(圆的外切正方形的轴测投影)的长对角线上;短轴方向平行于不属于此坐标平面的那根坐标轴的轴测投影(即轴测轴),且在菱形的短对角线上。

(2)圆正等轴测投影(椭圆)的画法。椭圆常用的近似画法是菱形法,现以坐标平面 XOY 上的圆(或其平行圆)的正等轴测投影为例说明作图方法,如图 2-58 所示。

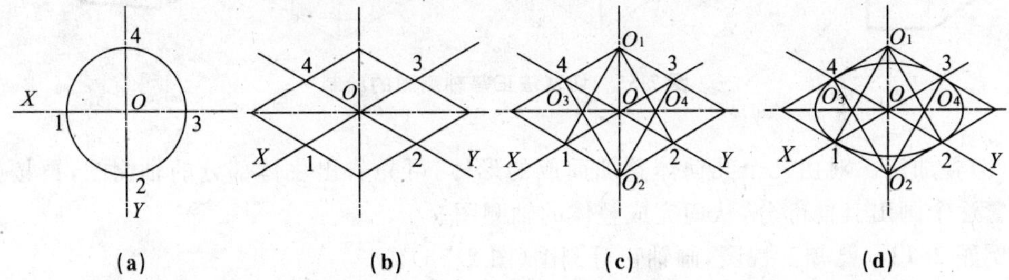

图 2-58 坐标平面(或其平行面)上圆的正等轴测椭圆的近似画法(菱形法)

作图步骤如下:

①过圆心 O 作坐标轴 OX 和 OY,再作四边平行于坐标轴的圆的外切正方形,切点为 1、2、3、4;

②画出轴测轴 OX、OY,从 O 点沿轴向直接量取圆的半径,得切点 1、2、3、4。过各点分别作轴测轴的平行线,即得圆的外切正方形的轴测图——菱形,再作菱形的对角线;

③过 1、2、3、4 点作菱形各边的垂线,得交点 O_1、O_2、O_3、O_4,即是画近似椭圆的 4 个圆心。O_1、O_2 是菱形短对角线的顶点,O_3、O_4 都在菱形的长对角线上。

④以 O_1、O_2 为圆心,O_{11} 为半径画出大圆弧 12、34,以 O_3、O_4 为圆心,O_{31} 为半径画出小圆弧 14、23。4 个圆弧连成的就是近似椭圆。

例题 2-14 根据图 2-59(a)所示圆柱的两视图,画出正等测。

分析:圆柱轴线垂直于水平面,其上、下底两个圆与水平面平行且大小相等。可根据其直径 d 和高度 h 作出两个大小完全相同、中心距为 h 的两个椭圆,然后作两个椭圆的公切线即成。

作图:采用菱形法,画出上底圆的正等测,如图 2-59(b)所示;向下量取圆柱的高度 h,画出下底圆的正等测,如图 2-59(c)所示;分别作两椭圆的公切线,如图 2-59(d)所示;擦去作图线并描深,完成圆柱的正等测,如图 2-59(e)所示。

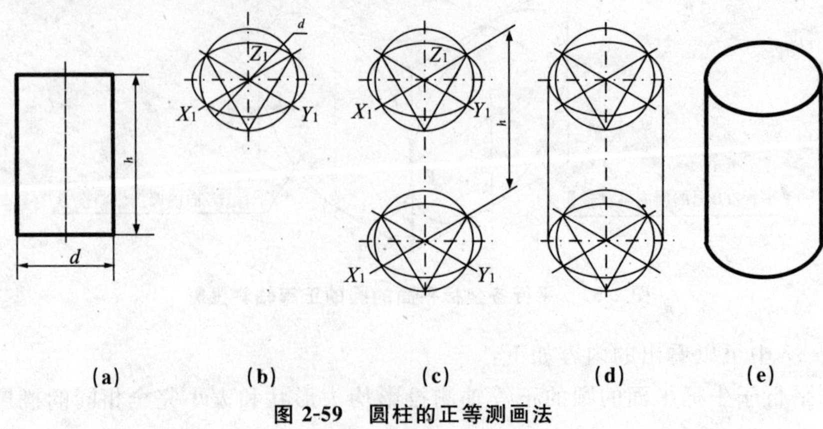

图 2-59 圆柱的正等测画法

(3)圆角的简化画法。

例题 2-15 根据图 2-60(a)中带圆角平板的两视图,画出其正等测。

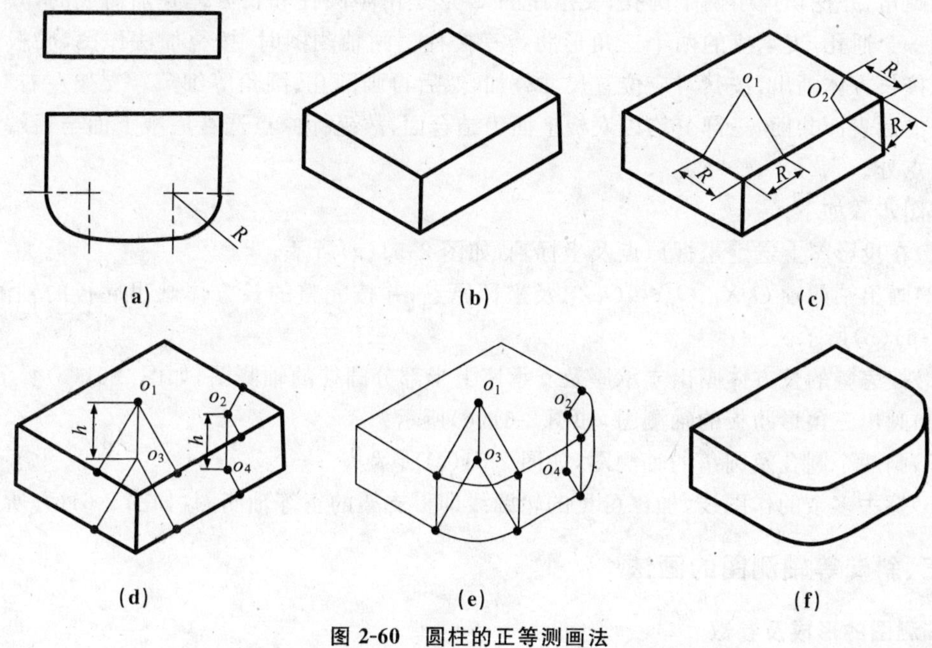

图 2-60 圆柱的正等测画法

首先画出平板上面的正等测,如图 2-60(b)所示;沿棱线分别量取 R,确定圆弧与棱线的切点;过切点作棱线的垂线,垂线与垂线的交点即为圆心,圆心到切点的距离即连接弧半径 R_1 和 R_2;分别画出连接弧,如图 2-60(c)所示。分别将圆心和切点向下平移 h,如图 2-60(d)所示。画出平板下面和相应圆弧的正等测,作出左右两段小圆弧的公切线,如图 2-60(e)所示。擦去作线图并描深,完成带圆角平板的正等测,如图 2-60(f)所示。

例题 2-16 如图 2-61 所示,已知支架的投影图,求作其正等轴测图。

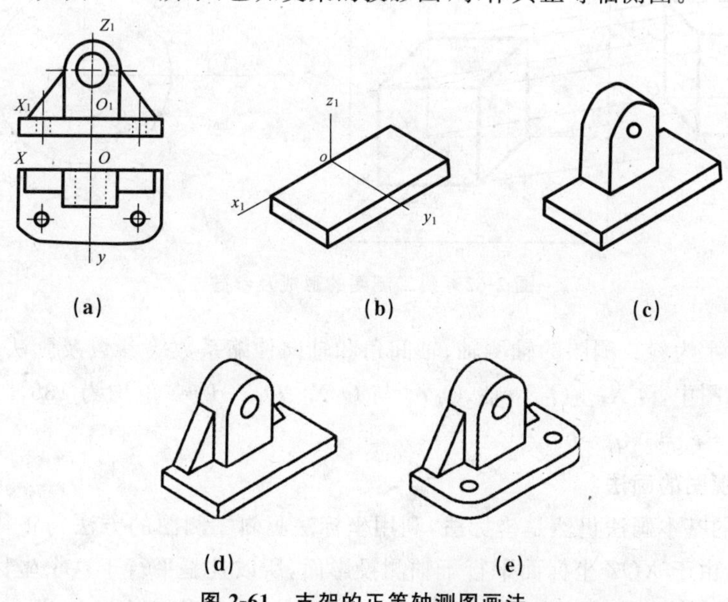

图 2-61 支架的正等轴测图画法

分析:支架是由底板、支承座及两个三角形肋板叠加而成的。底板为长方体,长方体上有两个圆角,并挖切掉了两个圆孔;支承座的U形是由半圆柱和长方体叠加而成的,其中间挖切掉一个通孔,支承座的两个三角形肋为三棱柱。画轴测图时,按叠加法作图,底板及支承座先按长方体画出,按其对应位置尺寸叠加,然后再画圆孔、圆角等细节。支架左右对称,三部分的后表面共面,三部分均以底板上面为结合面,故坐标原点选在底板上面与后端面交线的中点处。

作图步骤如下。

(1)在投影图上选定坐标原点及坐标轴,如图 2-61(a)所示。

(2)画出轴测轴 O_1X_1、O_1Y_1、O_1Z_1 及坐标原点,并按完整的长方体画出底板的轴测图,如图 2-61(b)所示。

(3)按完整的长方体画出支承座及支承座上半部分圆柱的轴测图,如图 2-61(c)所示。

(4)画出三角形肋板的轴测图,如图 2-61(d)所示。

(5)画两个圆孔及圆角的轴测图,如图 2-61(e)所示。

(6)擦去多余的作图线,加深可见的轮廓线即得支架的正等轴测图,如图 2-61(e)所示。

三、斜二等轴测图的画法

1. 测图的形成及参数

如图 2-62 所示为所示,如果使物体的 XOZ 坐标面对轴测投影面处于平行的位置,采用平行斜投影法也能得到具有立体感的轴测图,这样所得到的轴测投影就是斜二等测轴测图,简称斜二测图。

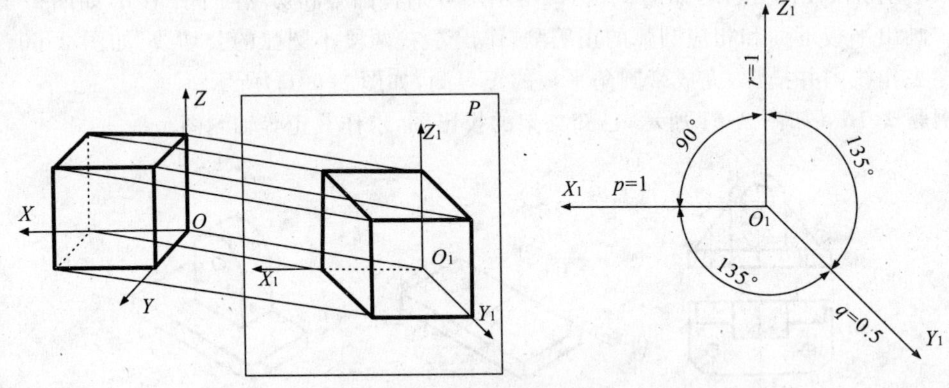

图 2-62　斜二测图的形成及参数

图 2-62 所示为斜二测图的轴测轴、轴间角和轴向伸缩系数等参数及画法。从图中可以看出,在斜二测图中,$O_1X_1 \perp O_1Z_1$ 轴,O_1Y_1 与 O_1X_1、O_1Z_1 的夹角均为 135°,三个轴向伸缩系数分别为 $p_1=r_1=1$,$q_1=0.5$。

2. 斜二测视图的画法

斜二测图的基本画法仍然是坐标法,利用坐标法画斜二测图的方法与正等轴测图相似。在斜二测图中,由于 XOZ 坐标面平行于轴测投影面,所以凡是平行于这个坐标面的图形,其轴测投影反映实形,这是斜二测图的一个突出的特点。当物体只有一个方向有圆或单方向形状复杂时，可利用这一特点，使其轴测图简单易画。当物体上除与 XOZ 坐标面平行的圆外，还有其他圆时，应避免选用斜二测图。

例题 2-17 求作四棱台的斜二测图。

作图方法与步骤如图 2-63 所示。画出轴测轴 O_1X_1、O_1Y_1、O_1Z_1；作出底面的轴测投影：在 O_1X_1 轴上按 1∶1 截取，在 O_1Y_1 轴上按 1∶2 截取(图 2-63b)；在 O_1Z_1 轴上量取正四棱台的高度 h，作出顶面的轴测投影(图 2-63c)；依次连接顶面与底面对应的各点，得侧面的轴测投影，擦去多余的图线并描深，即得到正四棱台的斜二测图(图 2-63d)。

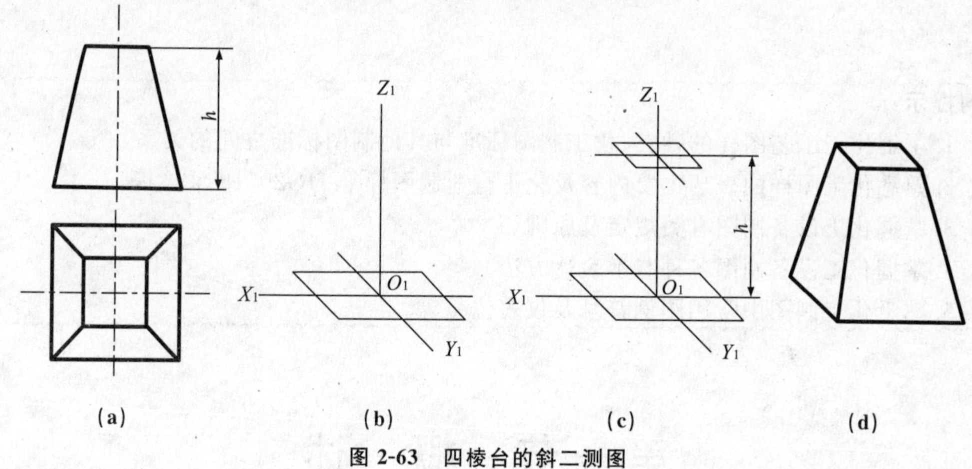

图 2-63 四棱台的斜二测图

例题 2-18 求作圆台的斜二测图。

作图方法与步骤如图 2-64 所示。画出轴测轴 O_1X_1 轴、O_1Y_1 轴、O_1Z_1 轴，在 O_1Y_1 轴上量取 $L/2$，定出前端面的圆心 A(图 2-64b)；作出前、后端面的轴测投影(图 2-64c)；作出两端面圆的公切线及前孔口和后孔口的可见部分；擦去多余的图线并描深，即得到的圆台的斜二测图(图 2-64d)。

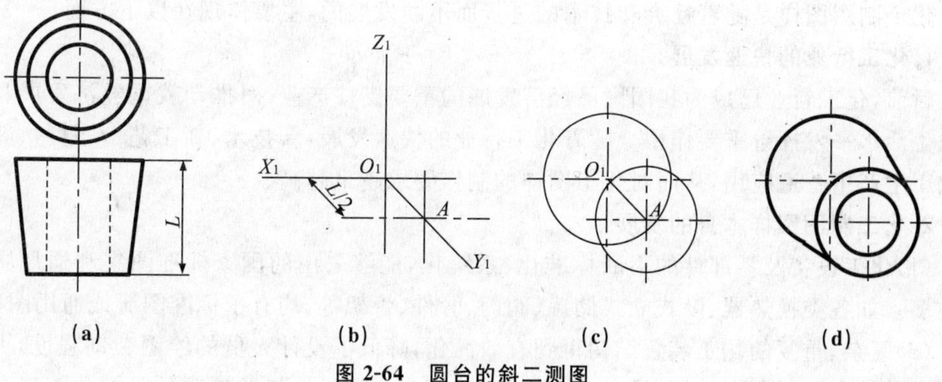

图 2-64 圆台的斜二测图

第三章 化工制图基础知识

学习提示：

1.了解化工工艺图样的种类、化工制图标准与其他制图标准之间的关系。

2.熟悉化工图样的表达主要内容及化工行业制图标准 HG20519-2009 等。

3.掌握化工设备制图有关规定及原则。

4.掌握化工设备制图各种基本表达方法。

5.熟悉化工制图中常用图例符号及仪表位号等。

第一节 概 述

一、化工制图的形成与发展

化工制图是在机械制图的基础上形成和发展起来的。化工制图图样与机械制图图样既有共同点，又有不同点。化工制图主要是研究化工工程图样的表达和阅读方法的一门课程。

化工制图图样是随着社会和技术的进步而不断发展的，主要体现在以下方面。

1.化工行业的快速发展

目前，化工行业已成为我国国民经济发展的重要支柱产业，对推动我国经济发展和提高人民生活水平发挥着重要作用。随着化工行业的快速发展，新技术、新工艺、新材料、新设备在化工生产中普遍应用，从而对化工图样的制作要求越来越高。

2.化工制图图样本身的发展

(1)化工设备及零部件的不断标准化、系统化，能够采用的国家标准图集和通用图例越来越多。如各类换热器、卧式立式储罐、阀门、管件、管架等，均有了标准图册或通用图集。

(2)复杂、重复的化工装置结构得到有效简化，降低了设计人员的绘图劳动强度，大大提高了设计效率。如各类机器、设备、管道、管件、阀门、仪表、管架及特殊件等在化工工艺图中规定了简化的标准图例表示法。

(3)国家不断地修订、完善、更新旧的化工行业制图标准规定，并颁布新的化工行业制图标准规定，使之更加统一、规范。如 HG20519-2009《化工工艺设计施工图内容和深度统一规定》等标准。

3. 计算机辅助制图(CAD)在化工图样制作中得到广泛应用

随着计算机技术的快速发展,化工图样的制作现已完全甩开图板、丁字尺。利用计算机进行化工图样的绘制、化工过程的模拟、物性参数的计算等已经很普遍;计算机可以对图样中的数字、文字和图形进行储存、检索、编辑、放大、缩小、平移、旋转等;并对设计的不同图样方案进行分析、比较,以决定最佳方案。

近年来,化工制图专业软件发展迅速,如工艺流程设计模拟软件 ASPEN、PRO Ⅱ、HYSYS,管道(线)、管件设计软件 CAESAR Ⅱ,配管设计软件 PDMS 等。

二、《化工制图》标准与《技术制图》等标准的关系

在第一章中已经介绍,《技术制图》是一项制图基础技术国家标准,在技术内容上是针对所有专业、领域的制图标准,具有统一性,通用性和通则性,在所有制图标准中处于最高层次。而《化工制图》、《机械制图》、《建筑制图》等标准均属于专业制图标准,在技术内容上具有各自的专业性和具体性,但它们都是绘制和使用工程图样的法则和准绳。

化工制图图样主要包括化工机器图样、化工设备图样和化工工艺图样 3 大类。

1. 化工机器图样

化工机器包括压缩机、离心机、鼓风机、泵、搅拌机等。化工机器图样有 2 种表达方式。一是按照机械制图的表达方式,除部分防腐、保温及特殊要求外,其图样表达基本上采用机械制图的标准与规范,属于机械制图的范畴;另一种表达方式是在化工工艺图样中,用不同的图例符号来表达各种化工机器,属于化工制图的范畴。

2. 化工设备图样

化工设备包括反应釜、换热器、塔器、储罐类等。化工设备与化工机器相比较,在结构形状上和制造加工等方面有很大不同;化工设备图样与机械制图图样既有紧密的联系,又有十分明显的专业特征,化工设备图样有自己相对独立的制图规范与体系,属于化工制图的范畴。同样,化工设备在化工工艺图中,也是用图例符号来表达。

3. 化工工艺图样

化工工艺图样主要有工艺流程图、设备布置图及管道布置图等。化工工艺图样是根据化工厂所要生产的产品及相关技术数据绘制的反映工艺流程、设备及管道(仪表)布置的各种图样,其图样表达除遵守国家《技术制图》标准外,还与《机械制图》、《建筑制图》、《电气制图》等相关标准有关联,但主要内容表达是执行《化工制图》的相关标准与规范。

第二节　化工制图的内容及相关标准

一、化工图样的组成

规范、标准、完整的化工图样设计文件的组成如图 3-1 所示。

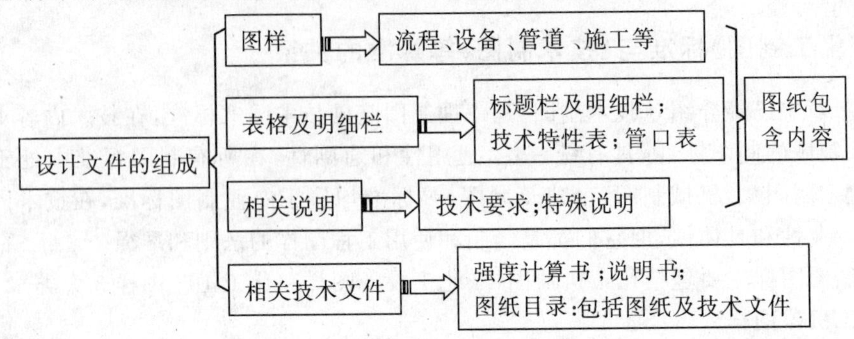

图 3-1　化工设计文件的整体组成

从图 3-1 可以看出，化工图样有着丰富的内容，这些组成部分在整个化工设计文件中均有着各自的重要作用。因此，能够正确、快速地绘制和使用化工图样是从事相关化工行业工作的基础。

二、常用化工图样内容简介

1. 工艺流程图

工艺流程图一般有如下几种（具体画法可参考本书第四章）：

（1）全厂总工艺流程图或物料平衡图。化工厂设计初期，在可行性研究阶段为总说明部分提供的全厂流程图样，对综合性化工厂来说则称为全厂物料平衡图，不作为设计成品文件提交。

（2）物料流程图。它是在全厂总工艺流程图基础上，分别表达各车间内部工艺物料流程的图样。在流程上标注出各物料的组分、流量以及设备特性数据等。

（3）工艺管道及仪表流程图。它是以工艺方案流程图及物料流程图为依据，内容较为详细的一种工艺流程图。

2. 管道布置图

管道布置图又称配管图，是表达单元（车间或工段）内管道空间位置等的平面、立面布置情况的图样，是管道布置设计中的主要图样。其中包括管段图，管段图是一段管道的立体图样，有着特有的规定画法。详见本书第六章。

3. 施工图

施工图表示工程项目总体布局，建筑物的外部形状、内部设备、管道及组成件的布置、施工要求等图样。施工图是进行工程施工、编制施工图预算和施工组织设计的依据，也是进行技术管理的重要技术文件。

4. 化工设备图

化工设备图它是表达化工设备的结构、形状、大小、性能和制造、安装等技术要求的图样。由于化工设备的特殊性，化工设备图除了要遵守国标《机械制图》的有关规定外，还有特有的规定和内容。

化工设备从总体上分为2类：一类称标准设备或定型设备，是成批成系列生产的设备，可以买到；另一类称非标准设备或非定型设备，是化工过程中需要专门设计的特殊设备。标准设备有产品目录或样本手册，有各种规格牌号，有不同生产厂家。工艺设计的任务是根据工艺要求，计算并选择某种型号，以便订货。非标准设备也是化工生产中大量存在的设备，它甚至是化工生产的一种特色。非标准设备工艺设计就是根据工艺要求，通过工艺计算，提出型式、材料、尺寸和其他一些要求。再由化工设备专业进行机械设计，由有关工厂制造。在设计非标准设备时，应尽量采用已经标准化的图纸。

5. 设备布置图

设备布置图包括平面布置图、立面布置图等（参考第五章第七节）。化工设备图、设备布置图、工艺流程图及管道布置图是化工制图重点内容。

三、化工制图常用标准规定

化工制图常用标准代号及含义见表3-1。

表3-1　常用标准的代号及含义

代号	名称（含义）	代号	名称（含义）
GB	国家标准（强制性质）	GB/T	国家标准（推荐性质）
GBJ	国家工程建设标准	GBn	国家内部标准
HG/T	国家化工行业标准	SH/T	国家石油化工标准
CD/T	化工设备设计标准	Q/TH	机械、化工通用标准

化工图样涉及的标准很多，除了执行《技术制图》、《机械制图》、《建筑制图》、《电气制图》等国家及相关行业标准外，主要是执行国家化工行业或专业的标准规范。为便于学生学习绘图、读图时查阅，下面简介绍规范的、最新的化工行业制图标准HG20519-2009《化工工艺设计施工图内容和深度统一规定》，该标准共分六个部分。

第一部分为“一般要求”，标准编号：HG20519.1-2009。其中包括：1.总则。2.化工工艺设计施工图产品文件组成。3.图纸目录。4.设计说明。5.设计规定。6.图纸的图线宽度及文字规定等。

第二部分为“工艺系统”，标准编号：HG20519.2-2009。其中包括：1.总则。2.首页图。3.管道及仪表流程图。4.设备一览表。5.管道特性表。6.特殊阀门和管道附件数据表。7.绝热及隔声代号。8.管道及仪表流程图中设备。机器图例。9.管道及仪表流程图中管道、管件、阀门及管道附件图例。10.设备名称及位号。11.物料代号。12.管道标注。

第三部分为“设备布置”，标准编号：HG20519.3-2009。其中包括：1.总则。2.设备分区索引图。3.设备布置图。4.设备安装材料一览表。5.设备布置图上用的图例。

第四部分为“管道布置”，标准编号：HG20519.4-2009。其中包括：1.总则。2.管道布置图。3.管道轴测图。4.管道轴测图索引和管道材料表索引。5.管道材料表。6.管架表。

7. 伴热系统。8. 夹套加热设备。9. 设备管口方位。10. 管架编号和管道布置图中的表示法。11. 管道布置图和轴测图上管子、管件、阀门及管道特殊件图例。

第五部分为“管道机械”，标准编号：HG20519.5-2009。其中包括：1. 总则。2. 特殊管架图索引。3. 特殊管架图。4. 弹簧支吊架汇总表。5. 波纹膨胀节数据表。6. 管道应力分析与计算要求。

第六部分为“管道材料”，标准编号：HG20519.6-2009。其中包括：1. 总则。2. 管道材料等级代号的规定。3. 管道材料等级表。4. 管道材料设计的各种表格。5. 阀门计算条件表。6. 特殊管架图。

第三节　化工设备制图有关规定及原则

一、化工设备图简介

化工设备图是化工制图研究的主要内容之一，它虽然与机械制图有着紧密的联系，但却有十分明显的化工专业特征和相对独立的制图规范及制图体系。

根据化工设备图的使用目的可分为工程图和施工图两大类。工程图是根据工艺数据表绘制，表示设备的结构特性、化工工艺特性、使用特性及制造要求，可以只表达设备的基本结构、大致尺寸、接管、材料以及相关的设计数据。它主要用于基础设计审核、设备询价、制造以及向相关人员提出设计条件。施工图是用于设备制造、安装、生产的图纸，内容很多，主要包括：

(1)总装配图。表示化工设备以及附属装置的全貌、组成和特性的图样。它应表达出设备各主要部分的结构特征、装配连接关系、主要特征尺寸和外形尺寸，并写明要求、特性等技术资料。若装配图能体现总图的内容，且不影响装配图的清晰度时，可以不画总图。

(2)装配图。表示化工设备的结构、尺寸，各零部件间的装配连接关系，并写明技术要求和技术特性等资料的图样。对于不绘制总图的设备，装配图必须包括总图应表达的内容。

(3)部件图。表示可拆或不可拆部件的结构形状，尺寸大小、技术要求和技术特性等技术资料的图样。

(4)零件图。表示化工设备零件的结构形状、尺寸大小及加工、热处理、检验等技术资料的图样。

(5)管口方位图。表示化工设备管口方向位置，并注明管口与支座、地脚螺栓的相对位置的简图。管口一般采用单线条示意画法，其管口符号、大小、数量均应与装配图上的管口表中的表达一致，且须写明设备名称、设备图号及该设备在工艺流程图中的位号。管口方位图须经设备设计人员汇签。

(6)表格图。对于那些结构形状相同，尺寸大小不同的化工设备、部件、零件(主要是零部件)，用综合列表方式表达各自的尺寸大小的图样。

(7)标准图。经国家有关主管部门批准的标准化或系列化设备，部件或零件图样。

(8)通用图。经过生产考验或结构成熟，能重复使用的系列化设备、部件和零件的图样。

此外，还有预焊件图、特殊工具图、梯子平台图等。

化工设备图样的安排格式很多，这里仅给出 2 种：装配图兼作总图时的化工设备图的格式以及装配图上附有零件图的格式如图 3-2 和图 3-3 所示。

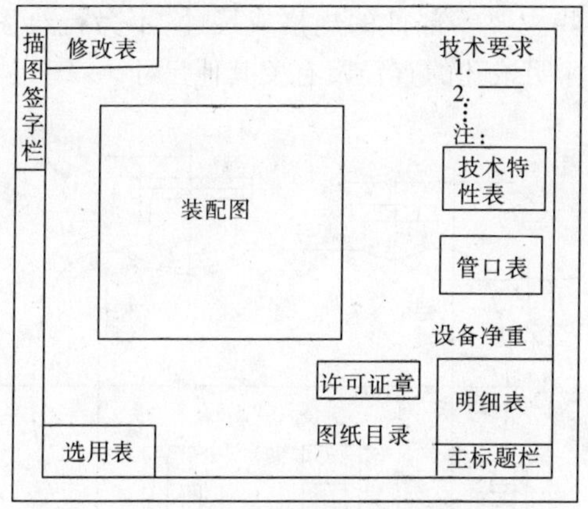

图 3-2　装配图兼作总图格式

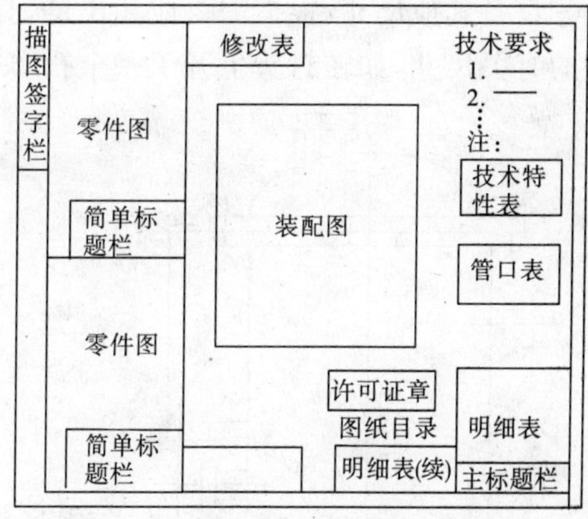

图 3-3　装配图附有零件图的格式

其他图幅格式，如部件装配图的格式、部件装配图附有零件图的格式、零件图的格式可查阅相关资料。

二、化工设备图绘制的基本规定

1. 图纸幅面及格式

除应遵守国家标准《机械制图图纸幅面及格式》的规定外，HG20519.1-2009 中，规定了施工图成品文件组成、图纸目录、设计说明、设计规定、图纸的图线宽度及文字规定。化工专业图样允许将 2 号图纸加长其短边后使用，加长量应按短边的 1/2 递增，化工绘图的比例通常采用 1∶5，1∶10，1∶15 等几种，但考虑到化工设备的特殊性，也可采用 1∶6、1∶30 等比例。对于和基本视图采用不同比例的局部放大图、剖视的局部图等必须分别标明其比例。一般在辅助视图上方，采用如$\frac{\text{I}}{\text{M5:1}}$、$\frac{\text{A}-\text{A}}{\text{M5:1}}$方法表示，若图形不按比例绘制，则采用如$\frac{\text{A}-\text{A}}{\text{不按比例}}$方法表示。

一个完整、合理的图幅需满足以下条件：化工设备的全部内容，包括明细栏、技术特性表、管口表等相关内容，全部布置在图幅上；图面各内容布局合理、匀称美观；比例大小适中。

2. 尺寸标注

化工设备的尺寸标注一般包括以下几个方面，如图 3-4 所示。

①设备特性尺寸：反映设备的主要性能及规格尺寸。如设备筒体的内径、封头的高度、封头的厚度等尺寸。

②设备装配尺寸：表示零部件和主体设备之间的装配关系和相对位置。如换热器中冷热流体进出管口的安装位置一般需两个尺寸：一个在主视图中表示管口中心线距筒体顶端的距离，另一个在管口方位图或俯视图中表示，如果管口的位置正好处在中心或两正交轴上，可不表示角度，否则就需要表示管口安装的角度。

③设备安装尺寸：是指设备和基础或其他构件之间关系的尺寸。如精馏塔裙座和地基之间的各种尺寸，地脚螺栓孔的中心距及螺栓孔孔径等尺寸。

④设备外观尺寸：表示设备的总高、总宽、总长的尺寸，以表示该设备的空间大小，便于

设备在运输和安装过程中考虑应采取的工具和方法。有些设备的总尺寸并不一定绝对精确，因为在装配过程中允许有一定的误差，所以总尺寸常常以“～2300”表示。

⑤设备其他尺寸：根据需要应注出的，如一些主要零部件的规格或尺寸；不另行绘图的零件的有关尺寸，如在封头上开了一个孔，则需标明该孔的直径及有关其他尺寸。

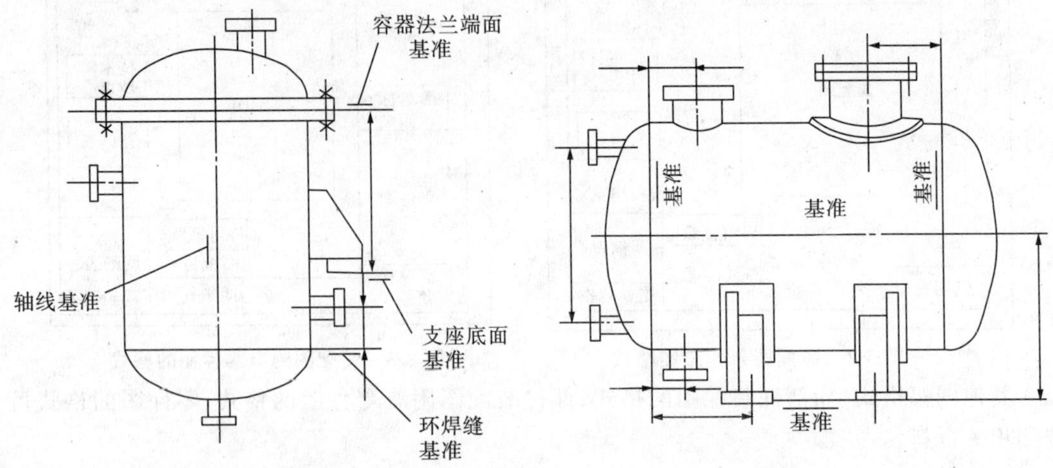

图 3-4　化工设备常用的尺寸基准(立式设备与卧式设备)

另外，设备尺寸的基准选择要合理，其原则是标注的尺寸既能使设备在制造和安装过程中达到设计要求，又能便于测量和检验。通常作为尺寸基准的有如下几种：各种回转体的中心线如筒体、封头、接管、人孔等的中心线，两回转体的环焊缝，如筒体和封头的焊缝；各种法兰的密封面，如接管上的法兰、筒体上的法兰；设备基础或支座的底面。

3. 各种表格的编制与填写

化工设备图上的表格主要有：标题栏、明细表、管口表、技术特性表、修改表、选用表、图纸目录表、尺寸技术特性表格等。它们根据不同的设备会有不同的形式，一般行高为 7mm 或 8mm，列宽种类较多，列和行的数目可根据实际需要而定，表格的外框线及表头和列分割线采用粗实线，其他采用细实线。

(1)标题栏。化工设备图采用的标题栏与机械制图的标题栏基本一致。标题栏有主标题栏、简单标题栏、标准图及通用图标题栏。主标题栏主要用于 A0、A1、A2 三种幅面的装配图上；简单标题栏用于零部件图；标准图简化标题栏或通用图标题栏应符合国家相关标准。

标题栏通常放在图纸的右下角，紧接图框线。在化工设备图中采用的主标题栏格式如图 3-5 所示。主标题栏的填写要求如下：

A 栏：填写设计单位的名称，推荐采用 7 号字。

B 栏：填写图样的名称，推荐采用 5 号字。该栏一般分三行填写，第一行为设备名称，第二行为设备的主要规格尺寸，第三行为图样名称。设备的名称通常均以化工单元设备的名称作为基本名称。主要规格尺寸：贮槽、反应釜，一般注写公称容积：VN＝××m^3；热交换器、蒸发器，一般注写设备的公称压力和换热面积：PN××，F＝××m^2；塔设备则应标注公称压力、公称直径和塔高：PN××，DN××，H＝6××；电解槽、电除尘器等设备，还应标注电流大小：I＝××A。

C 栏：填写图号，推荐采用 5 号字。图号编写的格式为“××－××××－××”。

A(设计单位)					D(工程名称)		14
职责	签字	日期	B(图名)		工程项目	E	7
设计					工程阶段	F	7
制图					图 号	版次	7
校核					C	G	14
审核							
年 月 日			比例		第 张	共 张	7
20	25	15	15	45	60		

图 3-5 标题栏示意图

前面“××”为设备的分类代号，原石油化工部化工设计院编制的设备设计文件中，将化工设备及其他机械设备和专用设备分为 0～9 共十大类，常见的有三大类，每一大类中又分为 0～9 种不同的规格，均有不同的代号。中间“××××”为设计文件的顺序号，即本单位同类设备文件的顺序号。尾号“××”为图纸的顺序号，可按“设备总图→装配图→部件图→零部件图→零件图”的顺序编排。如果只有一张图纸时，则不加尾号，只保留前两项。

例：贮槽的分类号为 12，设备所在单位的顺序号为 16(即该设备本单位已经设计 15 台，图示设备为第 16 台)，本图为全套贮槽图纸中的第一张。该图纸的图号应编写为：“12－0016－01”。

D 栏：填写工程的具体名称，推荐采用 5 号字。

E 栏：填写项目所在的车间名称，推荐采用 3 号字。

F 栏：填写完成该图纸所处的设计阶段，一般填写“初步设计图”或“施工图”。推荐采用 3 号字。

G 栏：一般填写图纸的修改标记，即填写修改次数的符号。第一次修改填 a，第二次修改时划去 a 另填 b，以此类推。推荐采用 5 号字。

(2)明细表。常用的明细表的格式与机械制图相同，同时也要符合化工标准(HG/T20668-2000)。明细表的位置在装配图标题栏的上方，并按由下而上的顺序填写。如果由下而上延伸的位置不够，可紧靠标题栏的左边，以完全相同的格式由下而上延伸。当在装配图的标题栏的上方无法配置明细表时，也可按 A4 幅面作为装配图的续页单独给出，但在明细表的下方应配置标题栏，并在标题栏中填写与装配图完全一致的设备名称与代号。其式样及规格尺寸如图 3-5 所示。具体填写要求如下：

①件号栏：填写图示设备中各零部件的“顺序号”，在表中填写的件号应与图中编制的件号完全一致，且应由下而上按顺序填写。

②图号或标准号栏：填写各零部件相应的“图号或标准号”，凡是对图示设备中的零部件单独绘制了零部件图的，都必须填写相应零部件图纸的图号(没有绘制单独图样的零部件，可不填写)；若零部件为标准件，则必须填写相应的标准号(材料不同于标准时，可不填写)；若为通用件，则必须填写相应的通用图的图号。

3	……	……					
2	HG20519-1997	法兰PN2.5,DN50	2	Q235	0.95	1.9	
1		筒全DN1400,d=5	1	Q215		348	L=2400
件 号	图号或标准号	名称规格	数量	材 料	单	总	备 注
					质量(kg)		

图 3-6 明细表示意图

③名称栏:填写各零部件的名称与规格,填写时零部件的名称应尽可能采用公认的称谓,并力求简单、明确。同时还应附上该零部件的主要规格。如“封头 Dg1000×10”、“筒体 ϕ1000×10H(L)=2000”。

④数量栏:总图、装配图、部件图中填写所属零件、部件及外购件的、归属同一件号的零部件的全部件数,如在设备上设计了几个管径相同的管口,它们采用了相同规格的连接法兰,在装配图上只需占用一个件号,但在明细表的“数量”栏中则需填写具体数目。对于大量使用填料、木材、耐火材料等采用 m^3 计,而大面积的衬里、防腐金属丝网等则采用 m^2 计,其所采用的单位应在“备注”栏中加以说明。

⑤材料栏:填写图示设备中各零部件所采用的材料名称或代号。材料名称或代号必须按国家标准或部颁标准所规定的名称或代号填写;无标准规定的材料,则按工程习惯注写相应的名称;如果该件号的零部件为外购件,该栏可不填写,或在该栏画从左下向右上的细实线表示;如果该件号的部件由不同材料的零件构成,该栏可填写“组合件”。

⑥质量栏:填写图示设备中各零部件的真实质量。一般材料准确到小数点后两位有效数字,贵重金属可适当增加小数点后有效数字的位数,以 kg 为单位。非贵重金属,且重量轻、数量少的零件可不填,用从左下向右上的细实线表示。

⑦备注栏:仅对需要说明的零部件加以简单的说明,如“外购”等字样。采用了特殊的数量单位,在此注明单位;对接管可填写接管长度“L=×××”。

(3)管口表

管口表							
符号	公称尺寸	公称压力	连接标准	法兰型式	连接面型式	用途或名称	设备中心线至法兰面
A	250	2	HG20615	WN	平面	气体进口	660
B	600	2	HG20615	/	/	人孔	见图
C	150	2	HG20615	WN	平面	液体进口	660
D	50×50	/	/	/	平面	加料口	见图
E	椭 300×200	/	/	/	平面	手孔	见图
F_{1-3}	15	2	HG20615	WN	平面	取样口	见图
G	20		M120		内螺纹	放净口	见图
H	20/50	2	HG20615	WN	平面	回流口	见图
15	15	15	25	20	20	40	

图 3-7 管口表的式样及规格尺寸示例图

任何一个化工设备都有数量不等的用于物料进出的接管以及其他用途的各种开孔和接管。它们的周向方位在设备的制造、安装、使用时都极为重要，必须在图样中表达清楚。若化工工艺人员已给出管口方位图，可直接在“技术要求”中说明管口方位图的图号。此时设备图俯视图中画出的管口及支座方位，不一定是管口及支座的真实周向方位，故不能注写角度尺寸。反之需标注。为了使读图者更好地分清不同的接管，均需在各种接管的管口投影旁注写管口符号，管口符号的编写顺序应从主视图的左下方开始，按顺时针方向依次编写。用小写英文字母表示，相同性质接管的管口符号可采用相同的英文字母，但利用不同的下标表示，如 d_1、d_2 表示某液位计的两个管口。管口除了在视图上标注管口符号外，还需在图纸的右边居中位置填写管口表，管口表的基本内容和尺寸如图 3-7 所示。

①管口表中符号栏用英文字母 A、B、C……从上至下按顺序填写，且应与视图中管口符号一一对应。当管口规格、连接标准、用途均相同时，可合并为一项，如图 3-7 中 $F_{1\text{-}3}$。

②公称尺寸栏中管口尺寸应填写公称尺寸，带衬里的管口按实际内径填写，带衬里的钢接管，按钢管的公称直径填写；如无公称直径的管口，按实形尺寸填写，例如：矩形孔填“长×宽”、椭圆孔填“长轴×短轴”。

③连接尺寸标准栏中应填写公称压力、公称直径、标准号三项，螺纹连接管口填写‘M24”、“G1”等螺纹代号。

④连接面形式栏填写法兰的密封面形式，如“平面”、“凹面”、“槽面”等，螺纹连接填写“内螺纹”。

⑤不对外连接的管口，在连接尺寸标准和连接面形式两栏内用从左下至右上的细实线表示，如人(手)孔、检查孔等。

⑥用途或名称栏应填写标准名称，习惯用名称或简明的用途术语。

⑦标准图或通用图中的对外连接管口，在用途或名称栏中用从左下至右上的细实线表示。

(4)技术特性表。相应于不同的化工设备，技术特性表的格式也有所不同，如图 3-8 所示。

①对于一般化工设备技术特性表应包括设计压力、工作压力(MPa)(指表压，如果是绝对压力应注名“绝对”二字)，工作温度、设计温度(℃)，物料名称，焊缝系数 ϕ、腐蚀裕度(mm)及容器类别。

工作压力/MPa		工作温度/℃	
设计压力/MPa		设计温度/℃	
物料名称			
焊缝系数ϕ		腐蚀裕度/mm	
容器类别			
40	20	(40)	20
120			

图 3-8　技术特性表示意图

②不同类型的设备还应增加相应的内容。容器类应增填全容积(m^3);反应器类(带搅拌装置)应增填全容积,必要时增填工作容积,有时还需增填搅拌转速、电机功率(kW)等;换热器类应增填换热面积,换热面积 F 以换热管外径为基准计算,技术特性的内容应按管程和壳程填写;塔器类应增填地震裂度(级)、设计风压值(N/m^2),有的专用塔器应增填填料体积、填料比面积、气量、喷淋量等内容。

此外,还有修改表、设计数据表、选用表、描校栏、图纸目录表、设备的净重表等,可参阅相关标准绘制、使用。

三、化工设备图样在图幅上的排列原则

1. 图样在图纸上安排的基本原则

(1)装配图一般不与零部件图在同一张图上。

(2)部件及其所属的零件图样,尽可能地画在一张图上。

(3)同一设备的零件部件图,尽可能地编排成 A1 幅面的大小。

2. 视图分画在数张图纸上安排的原则

(1)主要视图及所属的技术要求、技术特性表、管口表、明细表、选用表及技术要求等项应安排在第一张图纸上。

(2)在每一张图纸的技术要求下方应加“注”,说明该几张图的相互联系。

3. 零部件不需绘制的基本原则

(1)国家标准、专业标准的零部件及外购件,如螺纹连接件、电机键、销、滚动轴承等。

(2)与标准的螺纹件只是材料不同时,只备注栏写“尺寸按××标准”。

(3)结构简单、尺寸大小、形状结构表达清楚的浇入件、铆焊件、胶合件。

(4)对称零件,形状相同、结构简单、仅部分尺寸不同的数个零件,可用一张图表达。

4. 需要独立绘图的部件

(1)由于加工工艺或设计的需要,零件必须在组合后才进行机械加工的部件,例如带短节的设备法兰。对于不画部件图的简单部件,应在零件图中注明需组合后再进行机械加工,例如“×面需在与件号×焊接后进行加工”等字样。

(2)具有独立结构,必须画部件图才能清楚地表示其装配要求、机械性能和用途的可拆或不可拆部件,如搅拌传动装置、对开轴承、联轴节等。

(3)复杂的设备壳体。

(4)铸制、锻制的零件。

第四节　化工制图基础

在生产实际中,由于使用场合和要求的不同,物体的结构形状也是各不相同的。当其形状比较复杂时,仅用第二章中所讲的三视图已难于将物体的内外形状正确、完整、清晰地表示出来,必须根据物体的结构特点,采取多种表达方法。为此,国家标准《技术制图》和《机械制图》规定了视图、剖视图、断面图等各种表达方法。本节内容涵盖了表达方法、标准件和常

用件、零件图和装配图。

一、表达方法

1. 视图

视图是用正投影法将物体向投影面投射所得的图形。视图分为基本视图、向视图、局部视图和斜视图等。

(1)基本视图。在原有水平面、正面和侧面三个投影面的基础上，再增设三个投影面构成一个正六面体。正六面体的六个侧面称为基本投影面，将物体放在正六面体中间，分别向六个基本投影面投射，即得到六个基本视图。六个视图除了前面介绍的三个基本视图——主视图、俯视图和左视图外，新增加的基本视图是：

右视图：由右向左投射所得的视图。

仰视图：由下向上投射所得的视图。

后视图：由后向前投射所得的视图。

(2)向视图。向视图是可以自由配置的视图。在实际绘图过程中，为了合理利用图纸，可以自由配置的视图，称为向视图。画向视图时，一般应在向视图上方用大写拉丁字母标出视图的名称“×”，并在相应视图附近用箭头标明投射方向，注上同样的字母，称之为“×”向视图，如图3-9所示。

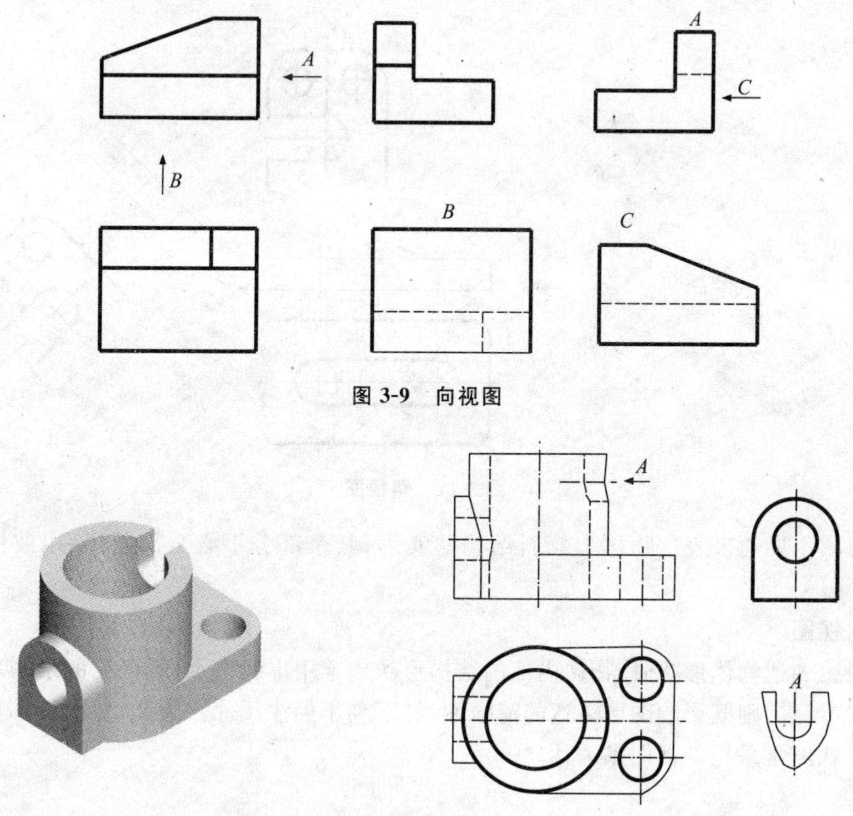

图 3-9　向视图

图 3-10　局部视图

(3)局部视图。将物体的某一部分向基本投影面投射所得的视图,称为局部视图。画局部视图的主要目的是为了减少作图工作量。如图 3-10 所示物体,主、俯两个基本视图已将其基本部分的结构表达清楚,但左边凸台与右边缺口尚未表达清楚,需采用局部视图来表示。局部视图断裂处的边界线应以波浪线表示。当所表示的局部结构是完整的,且外形轮廓线又自成封闭时,波浪线可省略不画,如图 3-10 所示的左边凸台。

画局部视图时,应在局部视图上方用大写拉丁字母标出视图的名称"×",并在相应视图附近用箭头指明投射方向,注上相同的字母。当局部视图按投影关系配置,中间又无其他视图隔开时,允许省略标注,如图 3-10 所示的凸台。

(4)斜视图。将物体向不平行于任何基本投影面的平面投射所得的视图,称为斜视图。斜视图主要用于表达物体上倾斜部分的实形。如图 3-11 所示的弯板,其倾斜部分在基本视图上不能反映实形,为此,可选用一个新的辅助投影面(该投影面应垂直于某一基本投影面),使它与物体的倾斜部分表面平行,然后向新投影面投射,这样便使倾斜部分在新投影面上反映实形。

斜视图通常按向视图的配置形式配置并标注。必要时,允许将斜视图旋转配置,在旋转后的斜视图上方应标注视图名称"×"及旋转符号,旋转符号的箭头方向应与斜视图的旋转方向一致,表示该视图名称的大写拉丁字母应靠近旋转符号的箭头端,如图 3-11 所示的 A 向视图。

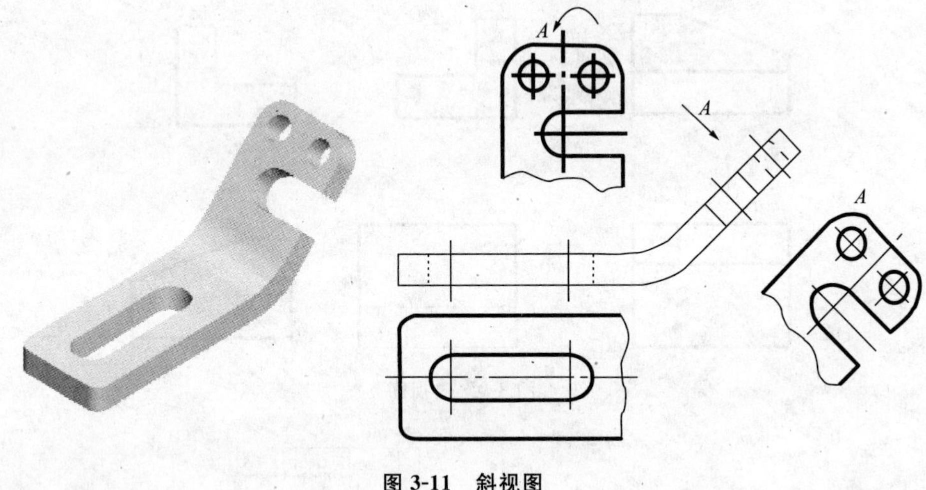

图 3-11 斜视图

斜视图主要用来表达物体上倾斜结构的实形,其余部分不必全部画出,用波浪线断开即可。

2. 剖视图

用视图表达物体形状时,物体内部的结构形状规定用虚线表示,不可见的结构形状越复杂,虚线就越多,则既影响图形表达的清晰性,又不利于标注尺寸。为此,对物体不可见的内部结构形状经常采用剖视图来表达。

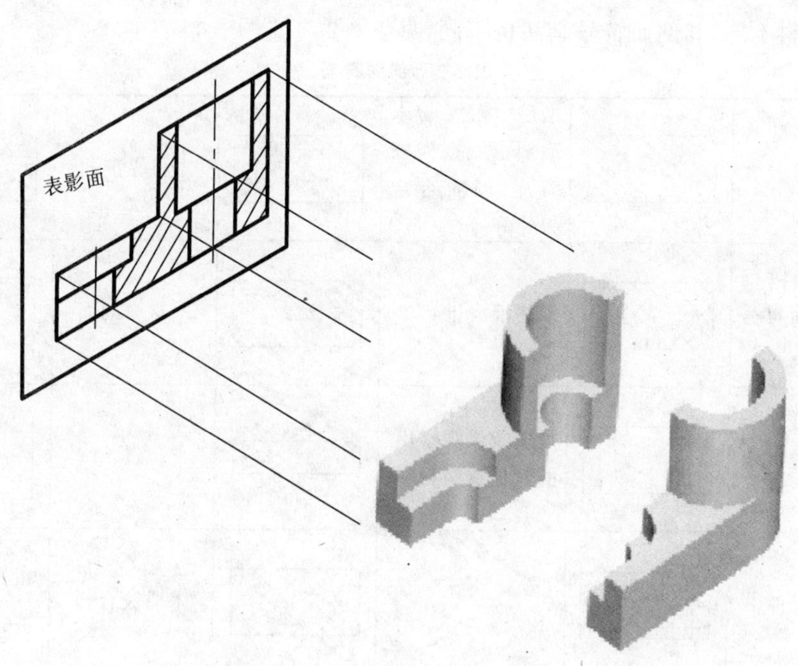

图 3-12　剖视图的概念

(1)剖视图概述。假想用剖切面把物体剖开，移去观察者与剖切平面之间的部分，将留下的部分向投影面投射，并在剖面区域内画上剖面符号，这样得到的图形称为剖视图，简称剖视，如图 3-12 所示。

如图 3-13(a)所示，在物体的视图中，主视图用虚线表达其内部形状不够清晰。按图 3-13(b)所示方法，假想沿物体前后对称平面将其剖开，移去前半部，将后半部向正投影面投射，就得到剖视图。

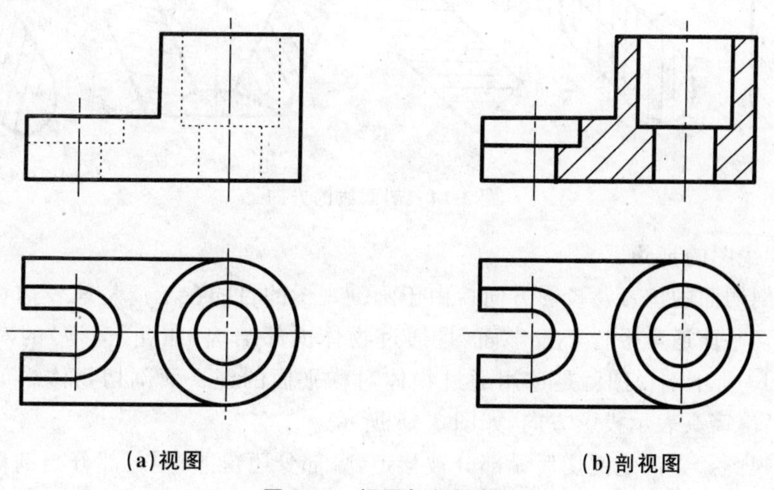

图 3-13　视图与剖视图

剖切物体的假想平面或曲面称为剖切面，剖切面与物体的接触部分称为剖面区域。

画剖视图时，剖面区域内应画上剖面符号，以区分物体被剖切面剖切到的实体与空心部分。物体材料不同，其剖面符号画法也不同，见表 3-2。

表 3-2 剖面符号

金属材料（已有规定剖面符号者除外）		型砂、填砂、粉末冶金、砂轮、陶瓷刀片、硬质合金刀片等		木材纵剖面	
非金属材料（已有规定剖面符号者除外）		钢筋混凝土		木材横剖面	
转子电枢变压器和电抗器等的叠钢片		玻璃及供观察用的其他透明材料		液体	
线围绕组元件		砖		木质胶合板	
混凝土		基础周围的泥土		格网（筛、过滤网）	

当不需要在剖面区域中表示材料的类别时，剖面符号可采用通用的剖面线表示。通用的剖面线用细实线绘制。剖面线的方向应与主要轮廓线或剖面区域的对称线成 45°角，如图 3-14 所示。剖面线的间隔应按剖面区域的大小选定，一般取 2～4mm。

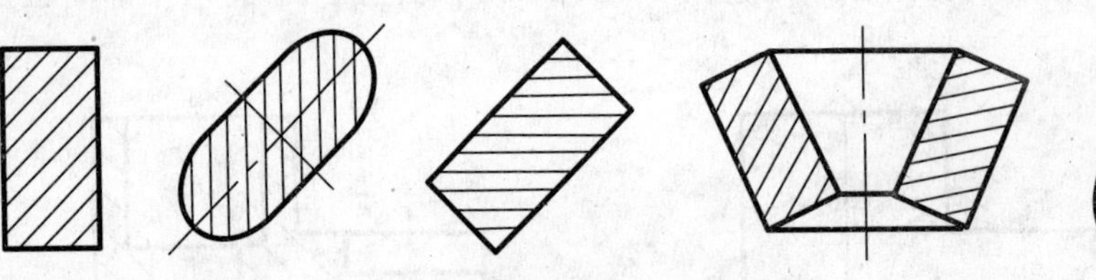

图 3-14 剖面线的方向

(2)画剖视图的步骤。

①确定剖切面的位置及投影方向。由于画剖视图的目的在于清楚地表达物体的内部结构，因此，剖切平面通常平行于投影面，且通过物体内部结构（如孔、沟槽）的对称平面或轴线。如图 3-13 所示剖视图就是选用通过物体对称平面的正平面剖切物体。可用剖切符号表示剖切位置，箭头表示投影方向，如图 3-15 所示。

②画剖视图。弄清楚剖切后哪部分被移走，哪部分还留下，剩余部分与剖切面接触部分（剖面区域）的形状，剖切面后面的结构还有哪些是可见的。画图时先画剖切面上内孔形状和外形轮廓线的投影，再画剖切面后的可见轮廓线的投影。要把剖面区域和剖切面后面的可见轮廓线画全。

③画剖面线。在剖面区域内画剖面符号。在同一张图样中，同一个物体的所有剖视图的剖面符号应该相同。

(3)画剖视图的注意事项。

①因为剖切是假想的，并不是真的把物体切开拿走一部分，因此，当一个视图画成剖视后，其余视图仍应按完整的物体画出。

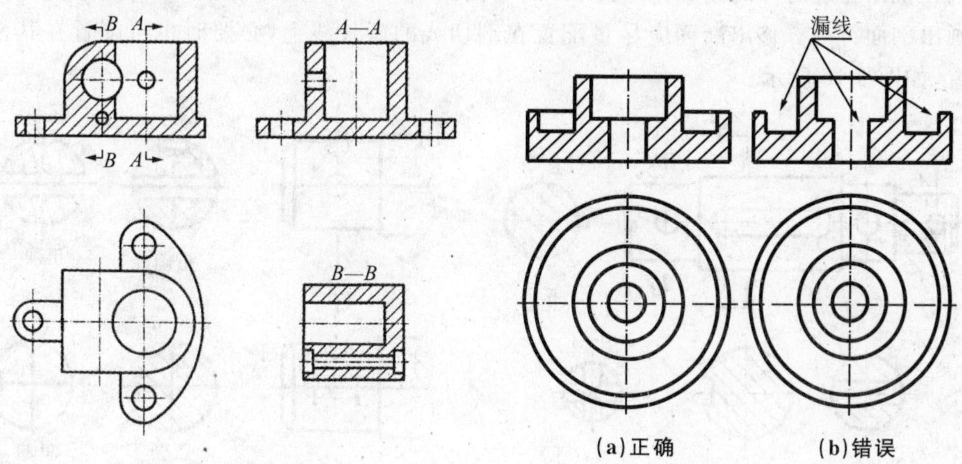

图 3-15　剖视图的标注图　　3-16　剖视图中易漏的图线

②画剖视图时，剖切面后面的可见轮廓线必须用粗实线画齐全，不能遗漏，也不能多画。如图 3-16 所示是剖视图中易漏图线的示例。

③剖切平面后面的不可见部分的轮廓线，在不影响完整表达物体形状的前提下，剖视图上一般不画虚线，但如画出少量虚线可减少视图数量时，也可画出必要的虚线。

(4)剖视图的其他知识。根据物体结构的特点，国家标准《技术制图》规定有单一剖切面、几个平行的剖切平面(又称为阶梯剖)、几个相交的剖切面(又可称之为旋转剖)等剖切面剖开物体。

根据剖切范围的大小，剖视图可分为全剖视图、半剖视图和局部剖视图。

3. 断面图

(1)断面图的概念

假想用剖切平面将物体的某处切断，仅画出该剖切平面与物体接触部分的图形，称为断面图，简称断面。如图 3-17 所示吊钩，只画了一个主视图，并在几处画出了断面形状，就把整个吊钩的结构形状表达清楚了，比用多个视图或剖视图显得更为简便、明了。

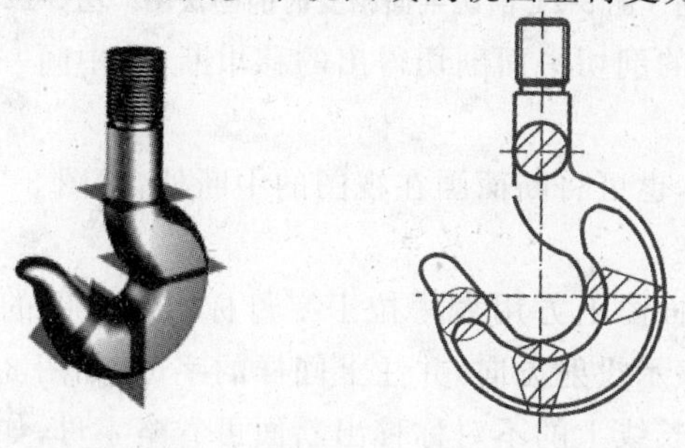

图 3-17　吊　钩

断面图与剖视图不同之处是:断面图只画出剖切平面和物体相交部分的断面形状,而剖视图则要求除了画出物体被剖切的断面图形外,还要画出剖切面后可见的轮廓线。

(2)断面图的分类及画法。断面图按其在图纸上配置的位置不同,分为移出断面和重合断面 2 种。

画在视图轮廓之外的断面图,称为移出断面图,移出断面的轮廓线用粗实线绘制,在断面上画出剖面符号。移出断面应尽量配置在剖切线的延长线上,必要时也可配置在其他适当位置,如图 3-18 所示。

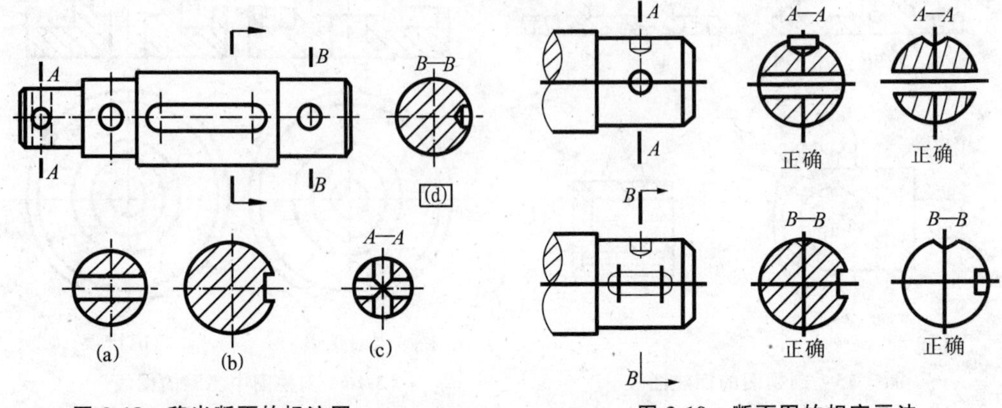

图 3-18 移出断面的标注图　　图 3-19 断面图的规定画法

画移出断面图时应注意以下几点:

①当剖切平面通过回转面形成的孔或凹坑的轴线时,这些结构应按剖视绘制,如图 3-19 所示。

②当剖切平面通过非圆孔,导致出现完全分离的两部分断面时,这样的结构也应按剖视绘制,如图 3-20 所示。

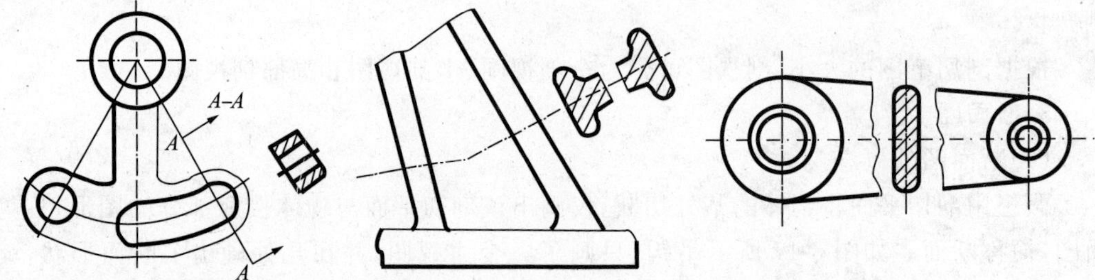

图 3-20 断面图的规定画法图　图 3-21 剖切平面相交时的画法图　图 3-22 移出断面配置在视图中断处

③由两个或多个相交的剖切平面剖切得出的移出断面,中间一般应断开绘制,如图 3-21 所示。

④当断面图形对称时,也可将断面画在视图的中断处,如图 3-22 所示。

(3)移出断面图的标注。

移出断面一般应在断面图上方用大写拉丁字母标出断面图的名称“×—×”,用剖切符号表示剖切位置,用箭头表示投射方向,并注上同样的字母,如图 3-18 所示。

①配置在剖切符号延长线上的不对称移出断面可省略字母,如图 3-18(b)所示。

②按基本视图位置配置的不对称移出断面和不配置在剖切延长线上的对称移出断面均

省略箭头，如图 3-18(c)、3-18(d)所示。

③配置在剖切符号延长线上的对称移出断面可省略标注，如图 3-18(a)所示。

画在视图轮廓之内的断面图，称为重合断面图，重合断面的轮廓线用细实线绘制。当视图中的轮廓线与重合断面的图形重叠时，视图中的轮廓线仍应连续画出，不可间断，如图 3-23 所示。若为对称的重合断面，则可以按图 3-24 画出标示。

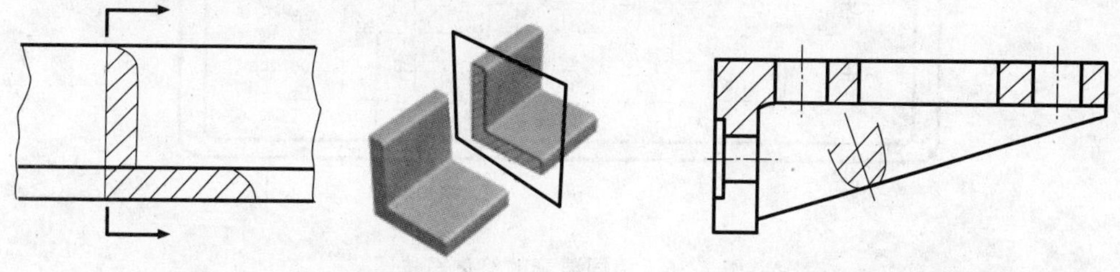

图 3-23 重合断面图　　3-24 对称的重合断面

4. 其他表达方法

(1)局部放大图。当物体的某些局部结构较小，在原定比例的图形中不易表达清楚或不便标注尺寸时，可将此局部结构用较大比例单独画出，这种图形称为局部放大图，如图 3-25 所示。此时，原视图中该部分结构也可简化表示。

局部放大图可画成视图、剖视图、断面图，它与被放大部分的表达方法无关。局部放大图应尽量配置在被放大部位的附近。

当物体上有几处部位被放大时，必须用罗马数字依次标明，并用细实线圆(或长圆)圈出，在相应的局部放大图上方标出相同数字和放大比例。如放大部位仅有一处，则不必标明数字，但必须标明放大比例。

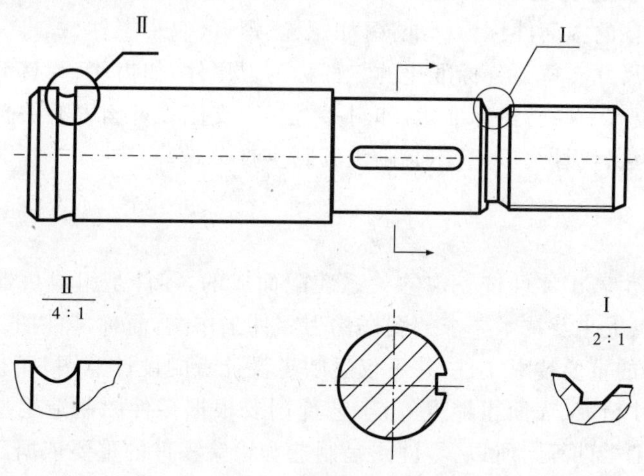

图 3-25 局部放大图

(2)简化画法。简化画法有很多，如对于物体上的肋板、轮辐及薄壁等结构的简化画法，平面符号表示平面的方法，对称画法等。这里仅给出几种化工设备中常用的简化画法。

①当物体上具有若干相同结构(齿、槽、孔等)，并按一定规律分布时，只需画出几个完整结构，其余用细实线相连或标明中心位置，并注明总数，如图 3-26 所示。

②较长的物体(如轴、杆、型材、连杆等)沿长度方向的形状一致，或按一定规律变化时，

可断开后缩短绘制，但要标注实际尺寸，如图 3-27 所示。

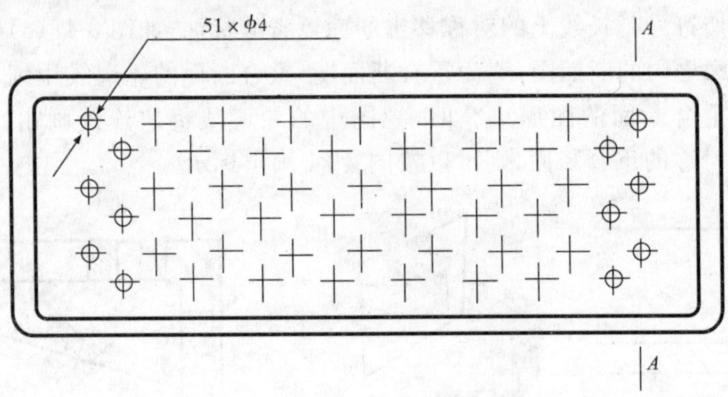

图 3-26　相同要素的简化画法图

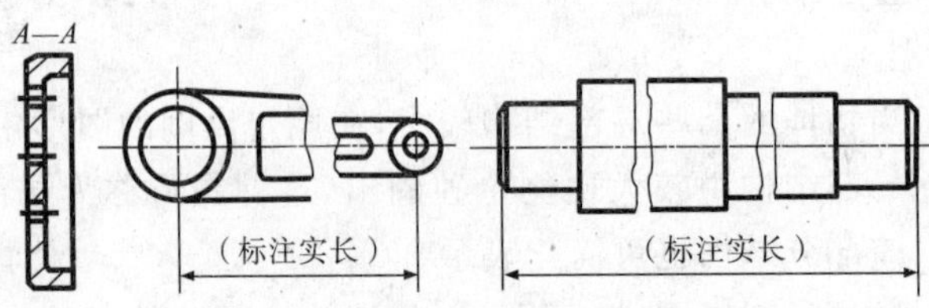

图 3-27　较长物体的折断画法

二、标准件和常用件

在各种化工机器中，广泛使用螺栓、螺母、键、销、滚动轴承、弹簧、齿轮等零部件。将结构和尺寸全部标准化的零部件称为标准件，如螺栓、螺钉、双头螺柱、螺母、垫圈、键、销、滚动轴承等。将结构和尺寸实行部分标准化的零件称为常用件，如齿轮、弹簧等。而化工设备中的标准件较少，但也有一些已经标准化，如封头、法兰、支座等。国家有关标准规定了上述常用件和标准件的画法、代号及标记，不必画出其真实投影。

三、零件图

机器或部件是由若干零件按一定的关系装配而成的，零件是组成机器或部件的基本单元。表示零件结构、大小及技术要求的图样称为零件工作图，简称零件图。零件图是设计部门提交给生产部门的重要技术文件，它不仅反映了设计者的设计意图，而且表达了零件的各种技术要求，如尺寸精度、表面粗糙度等，工艺部门要根据零件图制造毛坯、制定工艺规程、设计工艺装备、加工零件等。所以，零件图是制造和检验零件的重要依据。

1. 零件图的内容

零件图是生产中指导制造和检验零件的主要技术文件，它不仅要把零件的内外结构形状和大小表达清楚，还需要对零件的材料、加工、检验、测量等提出必要的技术要求。零件图必须包含制造和检验零件的全部技术资料。以图 3-29 所示的零件图为例，可以看出，一张完整的零件图应该包括以下四部分内容。

（1）一组视图。在零件图中，用一组视图来表达零件的形状和结构，应根据零件的结构特点，选择适当的视图、剖视、断面及其他规定画法，正确、完整、清晰地表达零件的各部分形状和结构。

(2)完整尺寸。正确、完整、清晰、合理地注出制造和检验零件时所需要的全部尺寸，以确定零件各部分的形状大小和相对位置。

(3)技术要求。用规定的代号、数字、文字等表示零件在制造和检验过程中应达到的一些技术指标。例如表面粗糙度、尺寸公差、形位公差、材料及热处理等。这些要求有的可以用符号注写在视图上。技术要求的文字一般注写在标题栏上方图纸空白处。如图 3-29 中的尺寸公差、表面粗糙度，以及文字说明的技术要求等，均为阀杆的技术要求。

(4)标题栏。标题栏在零件图的右下角，用于注明零件的名称、数量、使用材料、绘图比例、设计单位、设计人员等内容的专用栏目。

2. 零件图的视图选择

运用各种表达方法，选取一组恰当的视图，把零件的形状表示清楚。零件上每一部分的形状和位置要表示得完全、正确、清楚，符合国家标准规定，便于读图。

(1)主视图的选择。主视图是一组视图的核心，是表达零件形状的主要视图。主视图选择恰当与否，将直接影响整个表达方法和其他视图的选择。因此，确定零件的表达方案，首先应选择主视图。主视图的选择应从投射方向和零件的安放位置两个方面来考虑。选择最能反映零件形状特征的方向作为主视图的投射方向，主要有加工位置原则、工作位置原则、自然安放位置原则。

(2)其他视图的选择。主视图选定之后，应根据零件结构形状的复杂程度，采用合理、适当的表达方法来考虑其他视图，对主视图表达未尽部分，还需要选择其他视图完善其表达，使每一视图都具有其表达的重点和必要性。

其他视图的选择，应考虑零件还有哪些结构形状未表达清楚，优先选择基本视图，并根据零件内部形状等，选取相应的剖视图。对于尚未表示清楚的零件局部形状或细部结构，则可选择局部视图、局部剖视图、断面图、局部放大图等。对于同一零件，特别是结构形状比较复杂的零件，可选择不同的表达方案进行分析比较，最后确定一个较好的方案。

3. 具体选用时的注意事项

(1)视图的数量。所选的每个视图都必须具有独立存在的意义及明确的表示重点，并应相互配合、彼此互补。既要防止视图数量过多、表达松散，又要避免将表示方法过多集中在一个视图上。

(2)选图的步骤。首先选用基本视图，然后选用其他视图(剖视、断面等表示方法应兼用)；先考虑表达零件的主要部分的形体和相对位置，然后再解决细节部分。根据需要增加向视图、局部视图、斜视图等。

(3)图形清晰、便于读图。其他视图的选择，除了要求把零件各部分的形状和它们的相互关系完整地表达出来外，还应该做到便于读图，清晰易懂，尽量避免使用虚线。

初选时，采用逐个增加视图的方法，即每选一个视图都自行试问：表示什么？是否需要剖视？怎样剖？还有哪些结构未表示清楚？在初选的基础上进行精选，以确定一组合适的表示方案，在准确、完整表示零件结构形状的前提下，使视图的数量最少。

(4)常用典型零件的视图选择。零件的形状虽然千差万别，但根据它们在机器(或部件)中的作用和形状特征，零件的种类大体可分为轴套类、盘盖类、叉架类和箱体类等。讨论各类零件的结构、表达方法、尺寸标注、技术要求等特点，从中找出共同点和规律，可作为绘制和阅读同类零件图时的参考。这里仅给出箱体类零件,其他可参考相关制图书籍。

4. 举例说明

箱体类零件一般有箱体、泵体、阀体、阀座等。箱体类零件是用来支承、包容、密封和保护运动着的零件或其他零件的,多为铸件,如图 3-28 所示。

图 3-28 阀 体

(1)选择主视图。一般来说,箱体类零件的结构比较复杂,加工位置较多,为了清楚地表达其复杂的内、外结构和形状,所采用的视图较多。箱体类零件的功能特点决定了其结构和加工要求的重点在于内腔,所以大量地采用剖视画法。在选择主视图时,主要考虑其内外结构特征和工作位置。

(2)选择其他视图。选择其他基本视图、剖视图等多种形式来表达零件的内部和外部结构,为表达完整和减少视图数量,可适当地使用虚线,但要注意不可多用。如图 3-28 所示的阀体,球形主体结构的左端是方形凸缘,右端和上部都是圆柱凸缘,凸缘内部的阶梯孔与中间的球形空腔相通。用三个基本视图表达它的内、外形状。主视图采用全剖视图,主要表达内部结构形状,俯视图表达外形;左视图采用 A—A 半剖视图,补充表达内部形状及安装底板的形状。

(3)零件图的尺寸标注。零件图中的尺寸是加工和检验零件的重要依据。因此,在零件图上标注尺寸,除了要保证前面所述的尺寸正确、完整、清晰外,还应尽量标注得合理。尺寸的合理性主要是指既符合设计要求,又便于加工、测量和检验。为了合理标注尺寸,必须了解零件的作用,在机器中的装配位置及采用的加工方法等,从而选择恰当的尺寸基准,合理地标注尺寸。

尺寸基准是指零件在设计、制造和检验时,计量尺寸的起点。

要做到合理标注尺寸,首先必须选择好尺寸基准。一般以安装面、重要的端面、装配的结合面、对称平面和回转体的轴线等作为基准。零件在长、宽、高三个方向都应有一个主要尺寸基准。除此之外,在同一方向上有时还有辅助尺寸基准,如图 3-30 所示。同一方向主要基准与辅助基准之间的联系尺寸应直接注出。主要基准有设计基准、工艺基准等。

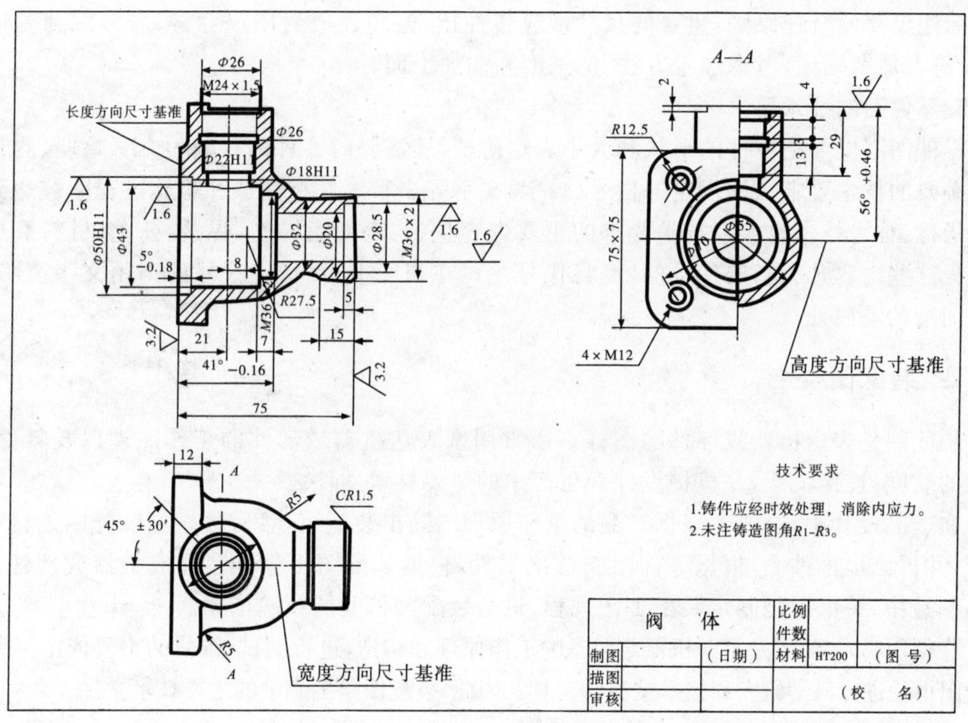

图 3-29　箱体类零件

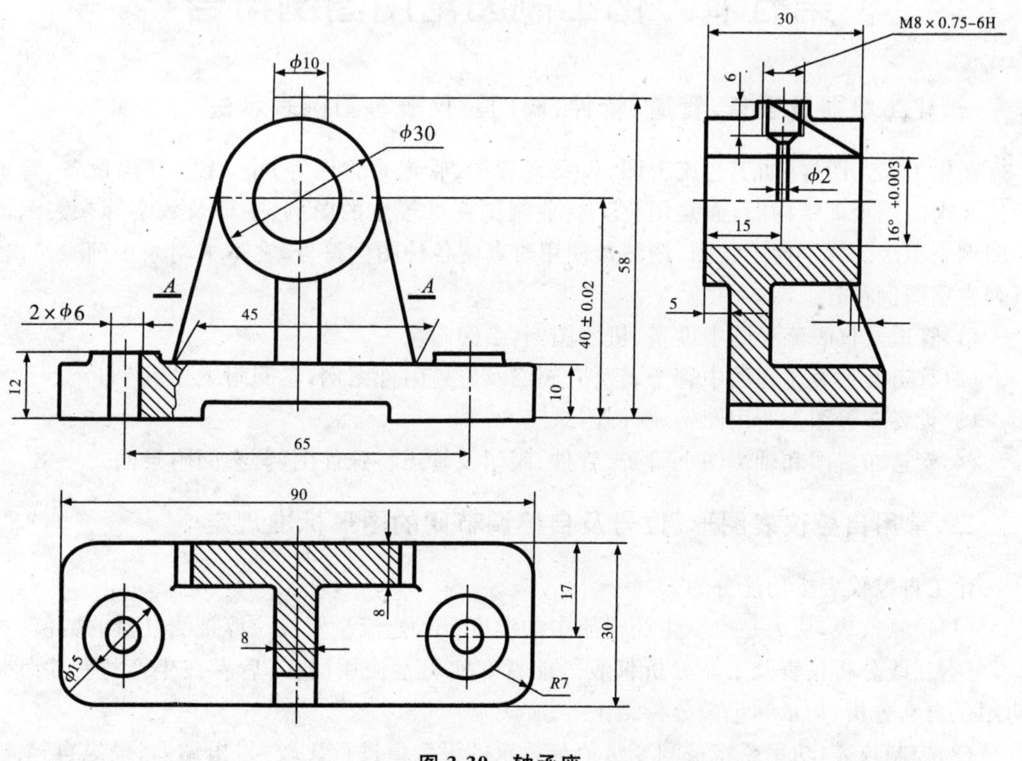

图 3-30　轴承座

标注尺寸的合理原则:重要的尺寸应直接注出,避免注成封闭尺寸链,应考虑到测量方便,应符合加工顺序,考虑加工方法、加工面和非加工面。

5. 零件图的技术要求

零件图不仅要把零件的形状和大小表达清楚,还需要对零件的材料、加工、检验、测量等提出必要的技术要求。用规定的代号、数字、文字等表示零件在制造和检验过程中应达到的技术指标,称为技术要求。技术要求的主要内容包括:表面粗糙度、焊接、公差、材料及热处理等。这些内容凡有指定代号的,需将代号注写在视图上,无指定代号的则用文字说明,注写在图纸的空白处。

四、装配图

装配图是表达机器或部件的图样。通常用来表达机器或部件的工作原理以及零件、部件间的装配、连接关系,是机械设计和生产中的重要技术文件之一。

在产品设计中,一般先根据产品的工作原理图画出装配图,然后再根据装配图进行零件设计,并拆画出零件图,根据零件图制造出零件,根据装配图将零件装配成机器或部件。在产品制造中,装配图是制定装配工艺规程、进行装配和检验的技术依据。

在使用时,装配图是了解机器与装备的工作原理和构造,进行调试、维修的主要依据。此外,装配图也是进行科学研究和技术交流的工具。因此,装配图是生产中的主要技术文件。

第五节　化工制图常用图例符号

一、化工机器及设备、管道、管件、阀门及仪表等图例表示法

在化工工艺图样(如工艺流程图、设备布置图、管道布置图等)中,无需画出设备、管道、管件及阀门等全部结构图,而是用化工行业制图标准规定的图例、字母及数字等来表示,称为图例表示法。为了便于绘图、读图及使用时查阅各种图例符号,在本书附录中列表给出了下列常用图例符号:

(1)管道及仪表流程图中设备、机器图例,参阅附录一。

(2)管道及仪表流程图中管子、管件、阀门及管道附件图例,参阅附录二。

(3)设备布置图上所用图例,参阅附录三。

(4)管道布置图和轴测图上管子、管件、阀门及管道特殊件图例,参阅附录四。

二、常用自控仪表图形、位号及自控调节阀的图形标准规定

化工自控仪表按功能分为:

(1)检测仪表,功用是检测生产介质中的温度、压力、流量及液位等被测变量的数值。

(2)在线分析仪表及工业分析仪表。前者在实验室使用居多,后者在生产过程中使用,功用是自动分析、指示和记录分析结果等。

(3)控制仪表,功用是将被测变量值与要求的设定值进行比较,得出偏差;操纵自控阀门或其他的执行元件,以实现生产过程的自动控制。

1. 自控仪表图形及位号

在化工工艺图中,化工自控仪表同样是按照标准规定的图形及仪表位号来表示的。自控仪表图形符号是一个细实线圆,其直径为 10mm,仪表图形与管道测量点的连接形式标注如图 3-31 所示。

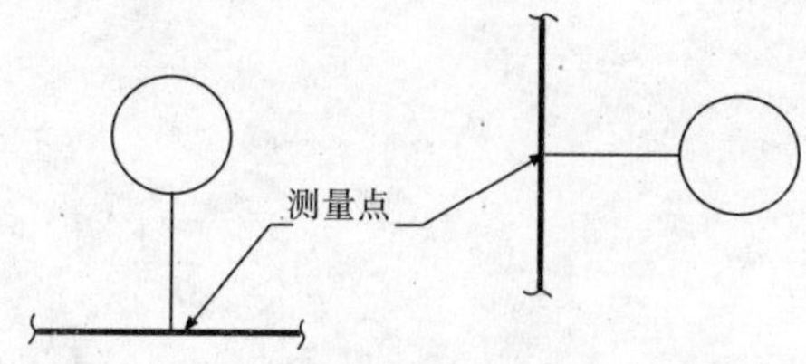

图 3-31 仪表图形符号与管道的连接

在化工工艺图中,每一个自控仪表都有自己的位号。仪表位号由字母和数字组成,仪表位号组成含义如图 3-32 所示。仪表位号的标注方法是把字母代号填写在圆圈的上半圆中,数字编号填写在圆圈的下半圆中,标注形式如图 3-33 所示。常见被测变量及仪表功能字母组合示例参考本书第四章表 4-7。

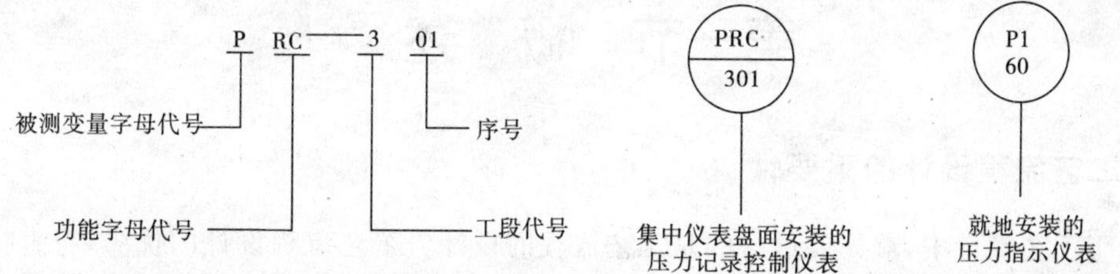

图 3-32 仪表位号的组成图 **图 3-33 仪表图形、位号的标注方式**

2. 常用自控仪表制图标准规定

化工自控仪表目前常用的制图标准主要有 HG20505-2000《过程控制和控制系统用文字和图形符号规定》和 GB2625-81《化工过程检测、控制系统设计符号统一规定》等。前者为最标准,它是 HG20505-92 标准的修订版,并吸收了美国仪表学会标准 ISA5-1984《仪表符号和文字代号》部分内容,与国家标准 GB2625-81 相比,增加了分散仪表控图形符号等。

三、控制仪表中的自控阀门的图形符号

自控阀门是图形符号分为执行元件图形符号和阀体图形符号两部分。常用执行元件(或结构)的图形符号见表 3-3 所示。

表 3-3 常用自控阀门执行机构图形符号

(1)气动薄膜执行机构	(2)电磁执行机构	(3)气动活塞执行机构	(4)液动活塞执行机构	(5)电动执行机构

注:常用自控阀门执行机构与阀体的组合图形符号参见第四章表 4-10,或查阅上述相关标准。

第四章　化工工艺流程图

学习提示：

1. 了解工艺流程图的概念、种类及用途。
2. 掌握工艺流程图表达的内容及方法。
3. 掌握带控制点流程图的绘制。
4. 熟悉带控制点流程图的识读。

第一节　概　述

一、工艺流程设计的重要性

在化工工艺设计中，首先要进行的是工艺流程的设计。工艺流程设计的优劣，将直接影响到产品的质量和产量、投资及运行成本、安全环保及操作条件等重大问题。工艺流程设计是化工工艺设计中的主体、核心，是设备设计、选型与布置、管道设计与布置等的主要依据。因此，工艺流程设计是化工工艺设计中的重要组成部分。

二、工艺流程相关概念

1. 工艺流程

它又称生产加工流程线或生产方法。化工厂从原料到成品，按照生产顺序，通过各种装备(设备和管道等)，进行连续地操作及加工的过程称为工艺流程。

2. 工艺流程设计

确定生产工艺和设备等的过程称为工艺流程设计。

3. 工艺流程图

工艺流程图是表达整个工厂或某个单元(车间或工段)工艺加工过程与联系的图样。

三、不同设计阶段的工艺流程图

工艺流程设计贯穿于整个工艺设计中。根据不同的设计阶段，其设计的目的和要求不同，每个阶段设计完成的图样所表达的内容也不尽相同。随着工艺设计的不断深入，流程图设计由浅入深、由简至繁、由定性至定量。工艺流程设计大致分为如下几个阶段。

(1)可行性研究及论证阶段。

(2)初步设计阶段。

(3)扩大初步设计阶段。

(4)施工图设计阶段。

第二节　化工工艺流程图的种类及用途

由上述内容可知，根据工艺流程图的不同设计阶段，对流程图的要求不同，图上表达的内容、重点、深广度也不同。即使是同一设计阶段，先后绘制出的图样也不尽一致。总之，它们之间既有差异，又有密切的联系。在工程设计中，规范和常用的流程图图样有以下几种。

一、工艺流程框图或物料平衡图

工艺流程框图是在可行性研究、论证阶段，根据选定的工艺路线，对全厂工艺物料流程进行概念性描述时完成的图样。该种图样不编入设计文件，绘图技术要求不高，用一个方框表示一个生产单元（车间）。其用途是作为项目建设建议书或可行性研究报告中的前言部分，对工厂的总体设计提供粗略的工艺路线和大致的物料平衡数据。对综合性化工厂称为物料平衡图。

二、工艺（方案）流程图

工艺流程图是在初步设计阶段，用来表达全厂或某个单元（车间）生产工艺流程的图样。按照工艺流程顺序，画出主要设备和工艺管道等，并附以必要说明及标注。其用途是用于工艺方案的讨论，作为下一步设计物料流程图以及管道和仪表控制点流程图的基础资料。

三、工艺物料流程图

工艺物料流程图是在工艺方案流程图的基础上，用图形、表格及数据相结合的方式，来表示某单元（车间或工段）内主要物料计算结果的图样。其用途是作为物料和能量平衡计算，设备计算、确定控制方案等的依据文件。

四、带控制点工艺流程图

带控制点工艺流程图又称工艺管道及仪表流程图。根据设计阶段不同，带控制点工艺流程图可分为以下几种。

1. 初步设计阶段带控制点流程图

图样中表达的内容及画法比较简单，仅绘制出主要设备、管道及仪表图形。其用途是作为下一步各类工艺图设计的基础资料。

2. 扩大初步设计阶段带控制点流程图

在初步设计阶段流程图的基础上，图样中绘制内容相对较多、表达更详尽。其用途是作为施工图设计的依据资料，也可作为指导生产运行操作及维修的依据文件。

3. 施工图设计阶段带控制点流程图

该图又称施工流程图。它是全部工艺流程设计的最终成果（结果）。在扩大设计阶段流程图的基础上，经过不断地修改、完善，形成可操作、可实施的流程图样。它表达的内容最齐全、详尽。其用途主要是作为设备、管道、管道附件、仪表及控制点等布置、安装施工的依据文件，更可作为生产运行操作及维修的技术文件。

第三节 工艺流程图的表达内容及方法

一、工艺流程框图

工艺流程图如图 4-1 所示。

(1)方框流程图的图幅、比例、标题栏一般不作规定。

(2)用细实线画出表示各单元的方框,用粗实线画出主要物料流程线,连接各方框,在流程线上画出物料流向箭头。化工工艺图常用图线宽度规定见表 4-1。

(3)在各方框中注写各单元(车间或工段)名称。

(4)在靠近物料水平流程线的上方或垂直流程线的左方注写物料名称(含产量等)、来源及去向等。

二、工艺(方案)流程图

工艺流程图如图 4-2 所示,是初步设计阶段绘制的一种流程图样,它是物料流程图、带控制点的流程图设计的基础资料。一般以工厂主项为单元(车间或工段)进行绘制,按照工艺生产的先后顺序,在一个平面图上从左到右画出主要设备和工艺流程线,并注有必要的说明及标注。

(1)工艺流程图的图幅、比例、标题栏等一般不作规定,比例适中即可。

(2)用细实线画出生产过程中主要设备的图例符号,并用字母、文字及数字标注出设备的名称和位号。

(3)用粗实线画出主要物料管道流程路线,并用文字标注出各管道流程线的名称。

(4)在设备进口或出口的物料流程线上画出流向箭头。

三、工艺物料流程图

工艺物料流程图如图 4-3 所示。物料流程图是在方案流程图的基础上,设备及流程线画法不变,增加了如下内容及表示方法:

(1)设备特性参数标志:除标注设备位号及名称之外,还要加注设备的特性参数等,如换热设备的换热面积、储罐的容积、塔的直径及高度、机泵的型号等。

(2)在图纸的右或左上角画出物料组分或参数表格,表中注写出物料变化前后的组分的名称、流量、摩尔分率及各项总和等数据;画出表格指引线。

(3)对于物料组分少工艺参数较简单的,也可直接标注在工艺流程线上。

四、带控制点工艺流程图

带控制点工艺流程图也称工艺管道及仪表流程图,即 PID(Piping and Instrument Diagram)图,如图 4-4 所示。带控制点流程图是由工艺人员和自控人员等合作设计完成的,一般以工厂的主项为单元(车间或工段)分别绘制。其中设备、流程线等表达方法及标注与方案流程图、物料流程图基本一致。增加了如下内容:

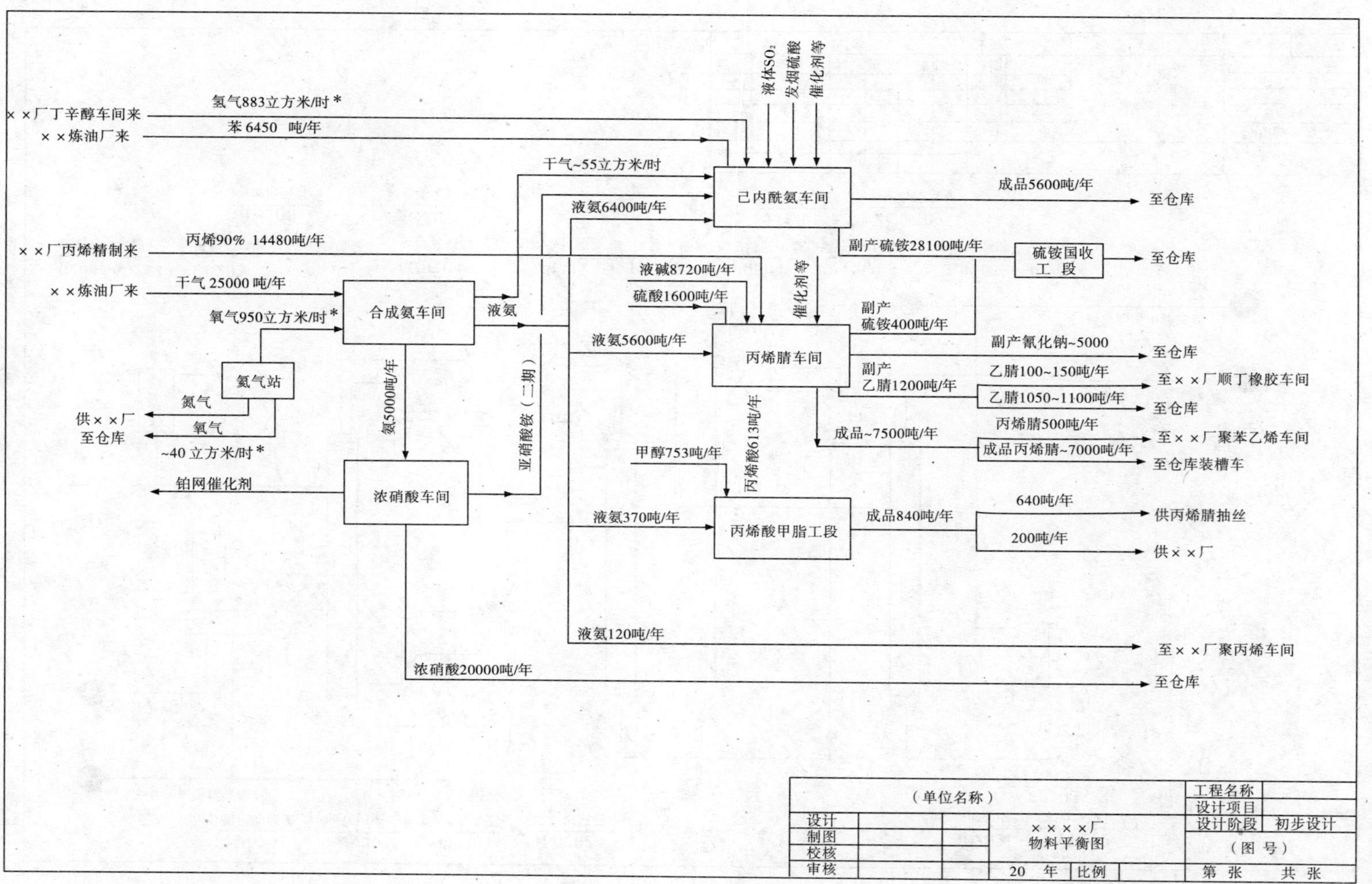
××厂丁辛醇车间来
氢气883立方米/时*
××炼油厂来
苯 6450 吨/年
××厂丙烯精制来
丙烯90% 14480吨/年
××炼油厂来
干气 25000 吨/年
氧气950立方米/时*
氨气站
氮气
氧气
供××厂
至仓库
~40 立方米/时*
铂网催化剂
合成氨车间
浓硝酸车间
液氨
氨5000吨/年
亚硝酸铵（二期）
浓硝酸20000吨/年
干气~55立方米/时
液氨6400吨/年
液碱8720吨/年
硫酸1600吨/年
液氨5600吨/年
甲醇753吨/年
液氨370吨/年
液氨120吨/年
液体SO_2
发烟硫酸
催化剂等
己内酰胺车间
催化剂等
丙烯腈车间
丙烯酸613吨/年
丙烯酸甲脂工段
副产硫铵28100吨/年
成品5600吨/年
至仓库
硫铵国收工段
至仓库
副产硫铵400吨/年
副产氰化钠~5000
至仓库
副产乙腈1200吨/年
乙腈100~150吨/年
至××厂顺丁橡胶车间
乙腈1050~1100吨/年
至仓库
成品~7500吨/年
丙烯腈500吨/年
至××厂聚苯乙烯车间
成品丙烯腈~7000吨/年
至仓库装槽车
成品840吨/年
640吨/年
供丙烯腈抽丝
200吨/年
供××厂
至××厂聚丙烯车间
至仓库
（单位名称）
工程名称
设计项目
设计阶段
初步设计
××××厂
物料平衡图
（图 号）
设计
制图
校核
审核
20 年
比例
第 张 共 张

图 4-1 工艺流程框图

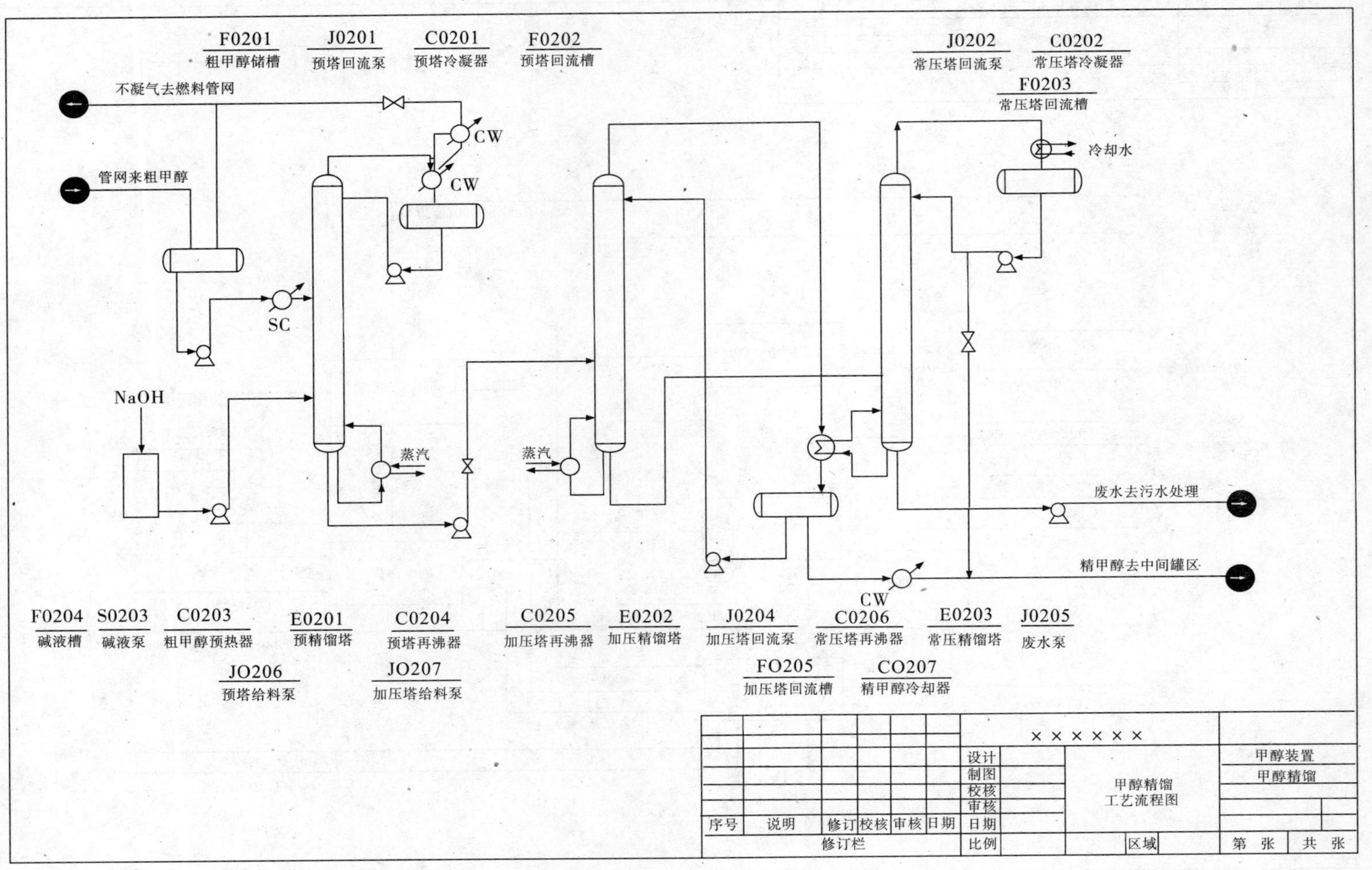

图 4-2 甲醇精馏工艺流程图

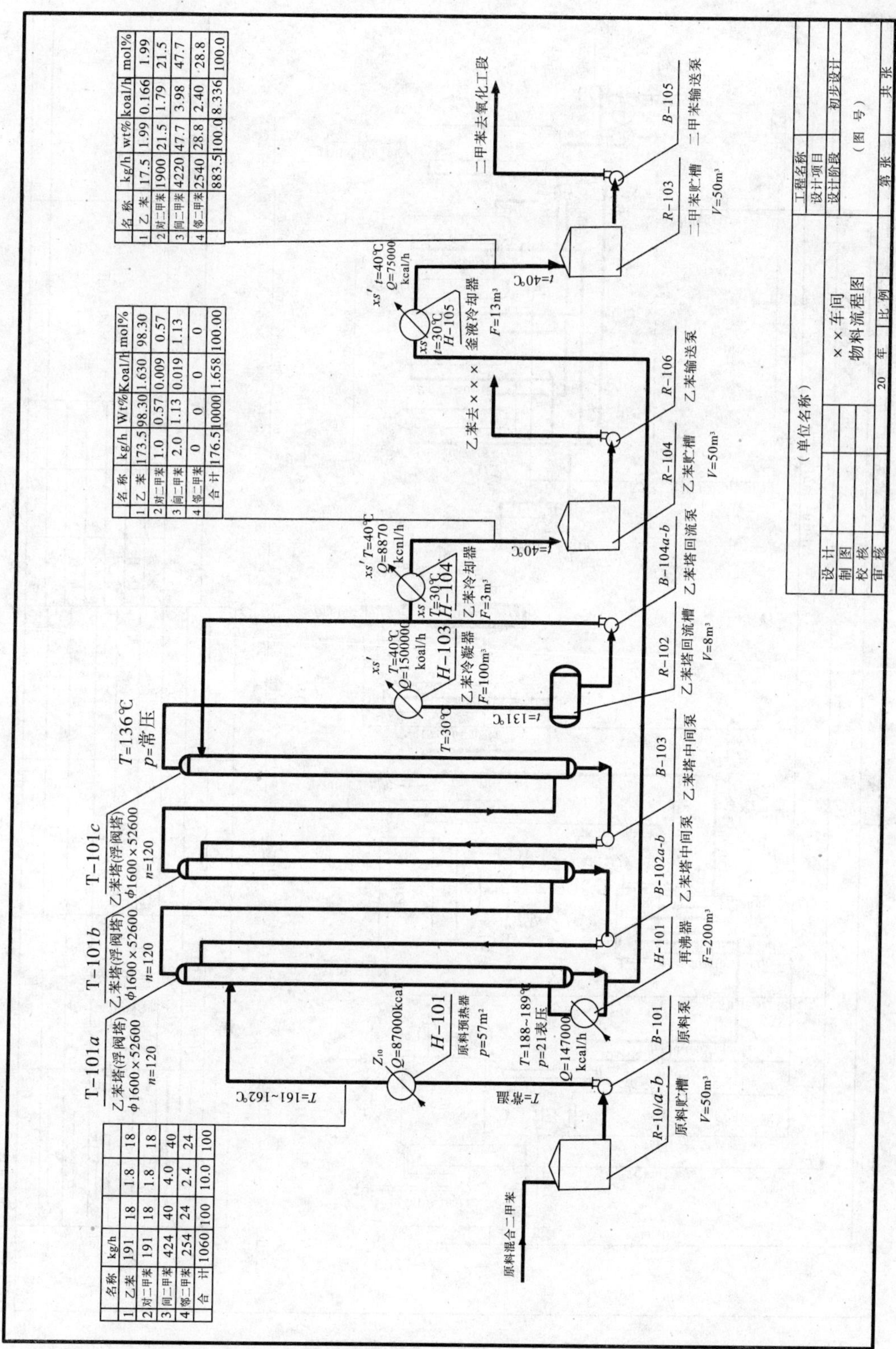
T-101a
乙苯塔(浮阀塔)
φ1600×52600
n=120
T-101b
乙苯塔(浮阀塔)
φ1600×52600
n=120
T-101c
乙苯塔(浮阀塔)
φ1600×52600
n=120
T=136℃
p=常压
H-101
原料预热器
Q=87000kcal
T=161~162℃
T=188~189℃
p=21表压
Q=147000
kcal/h
R-10/a-b
原料贮槽
V=50m³
B-101
原料泵
H-101
再沸器
F=200m³
B-102a-b
乙苯塔中间泵
B-103
乙苯塔中间泵
R-102
乙苯塔回流槽
V=8m³
t=131℃
B-104a-b
乙苯塔回流泵
H-103
乙苯冷凝器
F=100m³
T=40℃
Q=1500000
kcal/h
T=30℃
H-104
乙苯冷却器
F=3m³
T=40℃
Q=8870
kcal/h
t=40℃
R-104
乙苯贮槽
V=50m³
R-106
乙苯输送泵
乙苯去×××
H-105
釜液冷却器
F=13m³
t=40℃
Q=75000
kcal/h
t=30℃
R-103
二甲苯贮槽
V=50m³
B-105
二甲苯输送泵
二甲苯去氧化工段
原料混合二甲苯
名称 kg/h
1 乙苯 191 18 1.8 18
2 对二甲苯 191 18 1.8 18
3 间二甲苯 424 40 4.0 40
4 邻二甲苯 254 24 2.4 24
合计 1060 100 10.0 100
名称 kg/h Wt% Kcal/h mol%
1 乙苯 173.5 98.30 1.630 98.30
2 对二甲苯 1.0 0.57 0.009 0.57
3 间二甲苯 2.0 1.13 0.019 1.13
4 邻二甲苯 0 0 0 0
合计 176.5 100.00 1.658 100.00
名称 kg/h wt% koal/h mol%
1 乙苯 17.5 1.99 0.166 1.99
2 对二甲苯 1900 21.5 1.79 21.5
3 间二甲苯 4220 47.7 3.98 47.7
4 邻二甲苯 2540 28.8 2.40 28.8
883.5 100.0 8.336 100.0
（单位名称）
工程名称
设计项目
设计阶段
初步设计
××车间
物料流程图
（图号）
设计
制图
校核
审核
20 年
比例
第 张
共 张

图 4-3　物料流程图

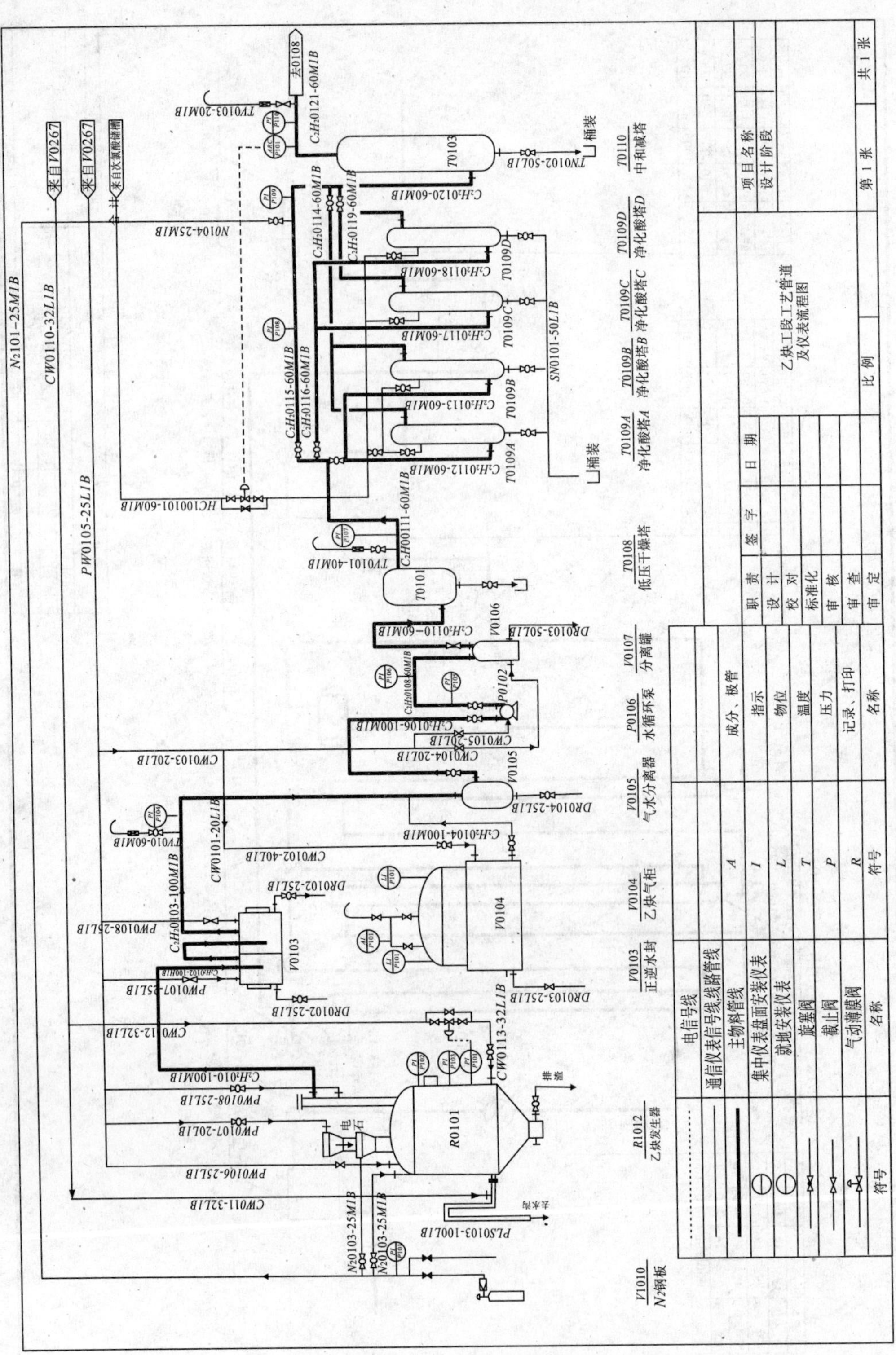

图 4-4 工艺管道及仪表流程图

(1)画出设备上的全部管接口,并标注出管口编号。

(2)在管道流程线上画出阀门、管道附件、仪表及控制点,并予以标注。

(3)在管道流程线上标注出管道号(或组合号),对特殊的管道(如伴热管道、隔声管道等)还应画出相应的图例符合。

(4)为了方便读图和统一绘图,一般在流程图的右上角或其他合适位置,画出图样上所采用或涉及的相关图例及代号说明等;当图样(纸)张数较多时,还应画出首页图。

第四节　带控制点流程图的绘制

在上述各类工艺流程图中,带控制点的流程图是一种最接近生产实际的图样。它表达的内容最详尽、最具深度,也是各类流程图中相对较为复杂的一种。其绘制内容及方法,已基本涵盖上述各类流程图。掌握了这种图样绘制方法,就容易对其他流程图进行绘制及识读。

化工工艺流程图的绘制受国家《技术制图》等标准规定的约束。在现行国家化工行业制图标准中,目前执行的最新标准是 HG20519-2009《化工工艺设计施工图内容和深度统一规定》和标准 HG20505-2000《过程检测和控制系统用文字和图形符号规定》,详见第三章第一节、第四节常用标准规定的介绍。

标准 HG20519. 2-2009《第二部分工艺系统》是绘制化工工艺流程图的主要依据文件,其中包括首页图、管道及仪表流程图、管道及仪表流程图中设备、机器图例,管道及仪表流程图中管子、管件、阀门及管道附件图例,设备名称和位号、物料代号、管道标注等规定;标准 HG20505-2000 是绘制化工工艺流程图中仪表图形、代号和文字说明的主要文件。

以下介绍带控制点流程图的绘制方法:

一、首页图

在工艺流程图绘制过程中,若流程图样较复杂,且分成多张图纸绘制时,为方便读图和统一设计绘图,将图样中所采用或涉及的有关图例符号汇集在一起,用图表的形式绘制成单独的首页图(置于其他图纸前面),如图 4-5 所示。当流程图比较简单、图纸张数较少时,不需单独绘制首页图,可将图样中有关规定图例符号直接绘制在流程图上,参见图 4-4 右下角首页图表格。

首页图一般包括如下内容:

(1)有关线形、阀门及管件图例、管道编号、设备位号、物料代号等标注说明。

(2)仪表图例及自控代号等。

(3)装置及主项代号和编号等。

(4)其他有关需要说明的事项。

二、设备的画法及标注

1. 设备的画法

行业不同,标准的新旧程度不同,设备图形略有区别。国家化工行业标准 HG20519. 2. 8-2009《管道及仪表流程图中设备、机器图例》画法及类别代号参见本书附录一。

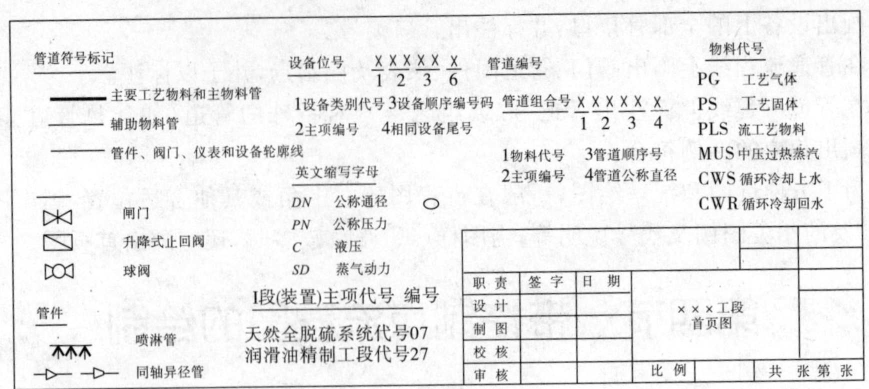

图 4-5 首页图示例

(1)确定图幅,根据工艺流程先后顺序,在一个平面内,从左至右用细实线画出全部设备、机器规定的图例符号,各设备图形之间应保留适当距离,以便布置和绘制管道、阀门、管件、仪表控制点及标注等,如图 4-4 所示。

(2)对标准中未规定(或非标)设备、机器的图例,可按照其实际外形特征简化画出,同类设备图形应一致。

(3)设备外形尺寸一般按比例绘制,各设备之间大小相互协调,对外形尺寸过大或过小的设备适当缩小或放大比例。

(4)用细实线画出设备管接口,如有可能,也应画出设备上的人孔、卸料口等。

2. 设备的标注

设备位号及含义标注如图 4-6 所示。

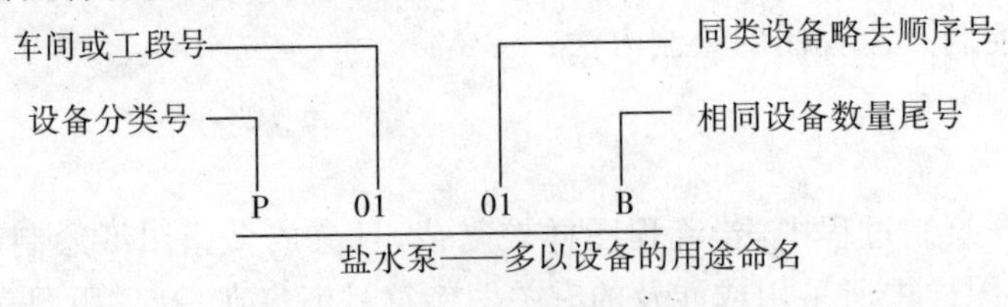

图 4-6 设备位号的标注

(1)设备名称。设备名称用中文或英文表示。在所有工艺设计图中,设备名称均应与初步设计所确定的名称一致。

(2)设备位号。每个设备均应编一个位号,设备位号是由一组字母和数字组成的组合号,一般由四个单元组成,如图 4-6 所示。其含义从左至右依次是:

①设备类别代号:一般取设备英文名词的第一个大写字母来表示。

②设备所在的主项编号或工段代号:在工程设计中,主项或工段代号由设计总负责人编制给定,一般采用 2 位数字表示,如从 01 至 99。

③主项内同类设备顺序号:按照工艺物料的流向及设备位置顺序的先后编写设备位号,一般采用 2 位数字,即从 01 至 99。其中,设备数超过 100 时,可增加数字位数。

④相同设备的数量尾号:同一主项内,有两台或两台以上相同设备连接时,它们的前几项完全相同,最后一项用不同的尾号予以区别,即按数量和排列先后顺序,依次用英文大写字母 A、B、C……作为每台设备的尾号。

(3)设备名称及位号标注。设备名称及位号标注在流程图上有规定位置。一是在靠近每台设备图形的下方,用粗实线画出水平位号线,所有位号线高度保持一致,排列整齐,尽量靠近和正对设备,位号线上方注写设备位号,需要时位号线下方注写设备的中文(或英文)名称;二是标注在每台设备内或近旁,为识读图方便,也可在设备下方和设备内同时标注。如图 4-4 所示。

三、管道的画法及标注

1. 管道(流程线)的画法

带控制点的工艺流程图中,一般应画出所有工艺物料和辅助物料的管道流程线。当辅助系统管道比较简单时,可把辅助物料总管绘制在流程图的上方,然后向下引线至有关设备。如辅助物料管道系统较复杂,则需另外绘制辅助系统管道流程图予以补充。

(1)主要工艺物料管道用粗实线画出,辅助物料管道用中粗实线画出。化工工艺图常用图线宽度图例见表 4-1。

表 4-1 化工工艺图设计常用图线宽度图例(HG20519.1.6-2009)

名　称	图　例		名　称	图　例
主要物料及单线管道		粗实线 0.9～1.2mm	电伴热管道	
其他物料管道及双线管道		中粗线 0.5～0.7mm	夹套管	
引线、设备、管件、阀门、仪表等图例		细实线 0.15～0.3mm	管道隔热层	
伴热(冷)管道			柔性管	

(2)工艺管道流程线应画成水平或垂直线,转弯处画成直角。

(3)在两设备之间的管道线上至少画出一个流向箭头,管道较长或流向发生改变时,可适当增加流向箭头数量。

(4)管道流程线尽量不要穿过设备或交叉。当不可避免时,根据正投影的原理,依据管道的前后或上下投影关系,将其后(下)面被遮挡的一根断开一段(约 3mm)距离。必要时,也可采用绕弯通过。如图 4-7 所示。

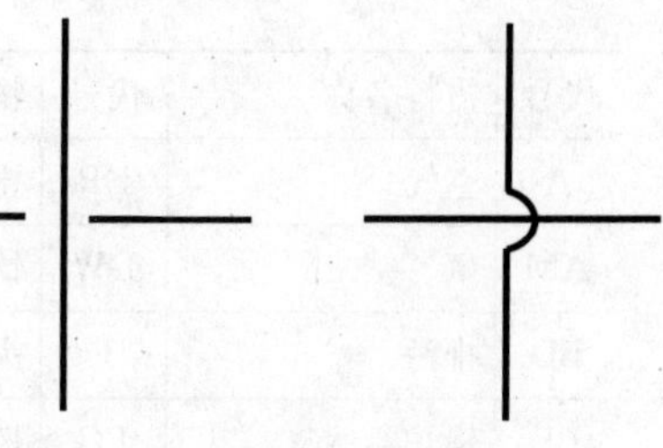

图 4-7　流程线交叉的表示方法

(5)有隔热、隔声、伴热的管道,在适当位置画出其规定的图例符号并标注其代号。隔热、伴热图例符号见表 4-1;隔热、隔声代号见表 4-2。

2. 管道的标注

(1)管道来源和去向。在物料管道流程线开始和终止处,用细实线画出一个空心箭头,在箭头框内注写各自的物料管道的来源与去向的图(纸)号,空心箭头上方注写出物料管道的来源及去向的设备位号，如图 4-8 所示。

表 4-2 隔热、隔声代号(HG20519.2.7-2009)

代号	功能类型	备注
H	保温	采用保温材料
C	保冷	采用保冷材料
P	人身防护	采用保温材料
D	防结露	采用保冷材料
N	隔声	采用隔声材料

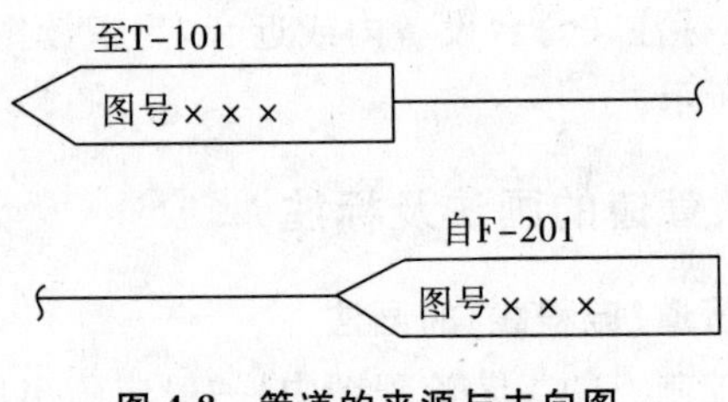

图 4-8 管道的来源与去向图

(2)管道号标注。管道号由物料代号、工段号、管道顺序号三部分组成；流程图中每段管道上都要标注相应的管道号。水平(横向)管道标注在管道的上方，垂直(竖向)管道标注在管道的左方，若标注位置不够时，可用引出线引出标注。管道号及组合号标注形式如图 4-9 所示。

(3)管道组合号标注。管道组合号是由三单元四部分组成，每个单元之间用“-”隔开；四部分分别为管道号(物料代号、工段号和管道顺序号)、管径、管道等级代号、隔热(或隔声)。

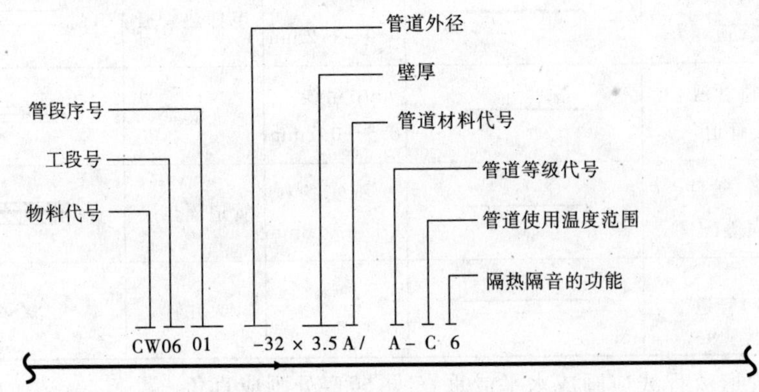

图 4-9 管道号及管道组合号标注形式示例图

表 4-3 物料代号(摘自 HG20519.2.11-2009)

代号	物料名称	代号	物料名称	代号	物料名称	代号	物料名称
A	空气	DR	排液、排水	IA	仪表空气	PW	工艺水
AM	氨	DW	饮用水	IG	惰性气体	R	冷冻剂
BD	排污	F	火炬排放气	LO	润滑油	RO	原料油
BF	锅炉给水	FG	燃料气	LS	低压蒸汽	RW	原水
BR	盐水	FO	燃料油	MS	中压蒸汽	SC	蒸汽冷凝水
CA	压缩空气	FS	熔盐	NG	天然气	SL	泥浆
CS	化学污水	GO	填料油	N	氮	SO	密封油
CW	循环冷却水上水	H	氢	O	氧	SW	软水

续表

代号	物料名称	代号	物料名称	代号	物料名称	代号	物料名称
CWR	冷冻盐水回水	HM	载热体	PA	工艺空气	TS	伴热蒸汽
CWS	冷冻盐水上水	HS	高压蒸汽	PG	工艺气体	VE	真空排放气
DM	脱盐水	HW	循环冷却水回水	PL	工艺液体	VT	放空气

第一单元表示管道号，由下列三项组成：

①物料代号：物料代号分为工艺物料和化学品、辅助、公用物料两大类。编制方法是按物料名称和状态，取其英文名词的字头（缩写）组成。一般采用2～3个大写英文字母来表示物料代号。化工行业规定常用物料代号见表4-3。

②主项代号：与设备主项代号相同，按工程设计总负责人给定的主项代号填写，一般由2位数字组成，即从0至99。

③管道顺序号：按管道的流程先后顺序编号，根据管道数量的多少，一般由2位或3位数字组成，即从01～99或从001～999。

第二单元由下列④和⑤两项组成：

④管道公称直径（通径）：公称直径代号DN，单位为mm，如DN100表示公称直径为100mm，仅注写数字；也有用外径×壁厚表示，如图4-9中32×3.5，表示管子外径为32mm，管道壁厚为3.5mm(DN25)。

⑤管道等级代号：管道等级代号一般由三项组成，如图4-9所示。

第一项为字母，代表公称压力等级代号，（公称压力的单位MPa），公称压力等级及代号见表4-4。当流程简单且管道不多时，管道等级标注可省略。

表4-4 管道压力等级代号(摘自HG20519.6.2-2009)

压力等级(用于ANSI标准)		压力等级(用于国内标准)			
代号	公称压力/LB	代号	公称压力/MPa	代号	公称压力/MPa
A	150	L	1.0	T	20.0
B	300	M	1.6	U	22.0
C	400	N	2.5	V	25.0
D	600	P	4.0	W	32.0
E	900	Q	6.4		
F	1500	R	10.0		
G	2500	S	16.0		

第二项为数字，表示管道顺序号，管道顺序号可按车间或工段顺序编制，也可与管道号中的顺序号一致。

第三项代表管道的材质类别代号，管道材质类别代号见表4-5。

表 4-5 管道材质类别(HG20519.6.2-2009)

材料类别	铸铁	碳钢	普通低合钢	合金钢	不锈钢	有色金属	非金属	衬里及内防腐
代 号	A	B	C	D	E	F	G	H

第三单元由⑥一项组成：

⑥隔热或隔声代号，用英文大写字母表示。常用隔热、隔声等代号，见表 4-2。当工艺流程简单且管道种类不多时，可直接在管道上画出隔热、伴热或隔声图例符号，标注可以省略。

表 4-6 管道及仪表流程图中管子、管件、阀门及管道附件图例(HG20519.2.9-2009)

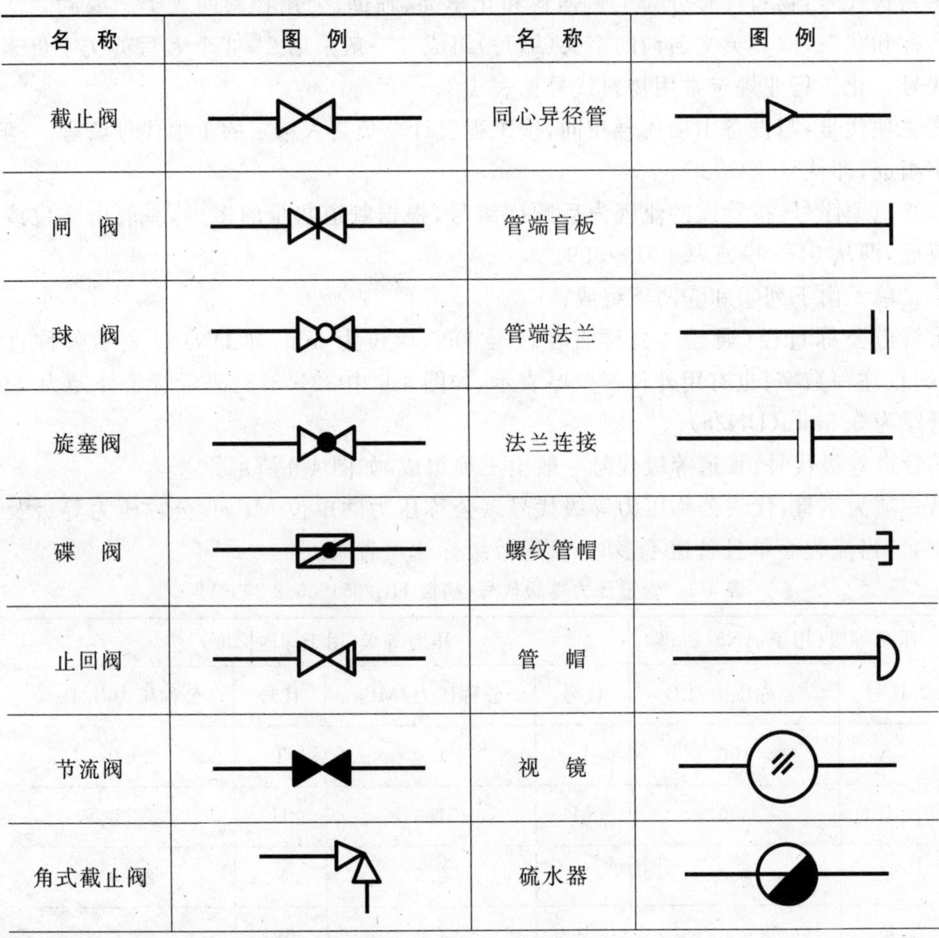

名 称	图 例	名 称	图 例
截止阀		同心异径管	
闸 阀		管端盲板	
球 阀		管端法兰	
旋塞阀		法兰连接	
碟 阀		螺纹管帽	
止回阀		管 帽	
节流阀		视 镜	
角式截止阀		疏水器	

四、阀门、管件等的画法及标注

(1)用细实线画出阀门、管件和管路附件。流程图上常用阀门、管件及管路附件图形规定画法见表 4-6。更详尽的图例符号参见本书附录二。

(2)自控调节阀门由两部分组成，一是执行机构，二是阀门体部分，执行机构规定图例符号参见第三章表 3-3，其组合图例符号如图 4-10 所示。

(3)流程图中的管件，如弯头、法兰、三通管接头等，无特殊需要，均不予画出。

(4)图中绘制的阀门和管道附件的位置尽量靠近实际安装位置。

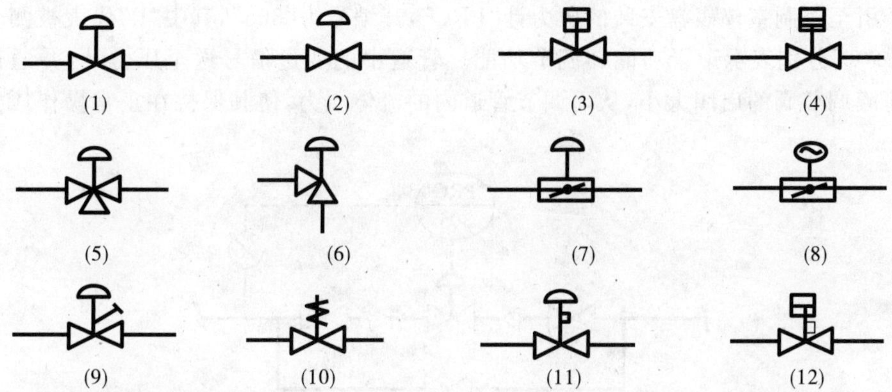

(1)气动薄膜调节阀(气闭式) (2)气动薄膜调节阀(气开式) (3)气动活塞式调节阀
(4)液动活塞式调节阀 (5)气动三通调节阀 (6)气动角形调节阀 (7)气动蝶形调节阀
(8)电动蝶形调节阀 (9)气动薄膜调节阀(带手轮) (10)电磁调节阀
(11)带阀门定位器的气动薄膜调节阀 (12)带阀门定位器的气动活塞式调节阀

图 4-10 自控阀门的组合图形符号

五、仪表及控制点的画法及标注

工艺流程图中应画出全部与工艺相关的自控仪表、自控调节阀组等控制系统、取样阀及分析取样点位置等。流程图上的仪表及控制点应该画在相关管道流程线上,并大致按安装位置画出。

1. 自控仪表的图形符号画法

仪表及控制点的图形符号均用细实线画出。常见仪表安装位置及图形符号见表 4-7。

表 4-7 自控仪表的图形符号(HG20505-2000)

序 号	名 称	符 号	序 号	名 称	符 号
1	变送器		7	锐孔板	
2	就地安装仪表		8	转子流量计	
3	机组盘或就地仪式表盘安装仪表		9	靶式流量计	
4	控制室仪表盘安装仪表		10	电磁流量计	
5	处理两个参量相同(或不同)功能的复式仪表		11	蜗轮流量计	
6	检测点		12	变压计	

2. 自控仪表及控制点连接的画法

将仪表图形用引出线(中虚线或细实线)连接到工艺物料管道(或设备图形)的测量点上。仪表图形符号与管道的连接形式参见本书第三章图 3-31 或图 4-11 所示。图 4-11 中,表示一个引至控制室仪表盘安装的压力计“PRC”，其编号为“305”，其中“P”代表被测变量压力，“R”和“C”分别表示记录功能和调节功能。管道中的变送信号送至压力计，并通过它控制气动薄膜调节阀的启闭大小，从而调节管道内的流体压力，使其保持在正常操作压力范围之内。

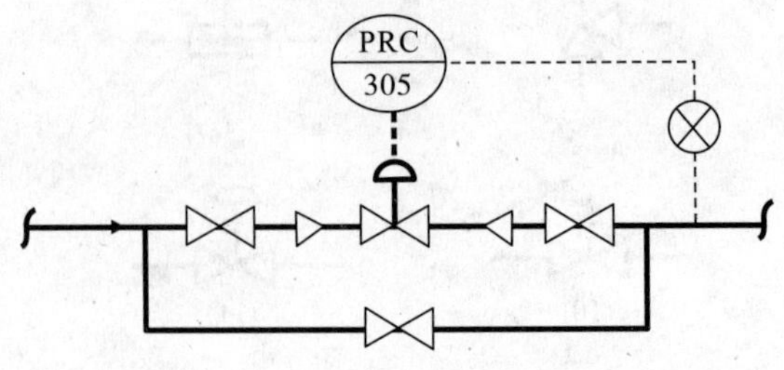

图 4-11 仪表控制点的连接画法

3. 仪表位号

仪表位号一般由两单元四部分组成，两单元之间用“-”隔开，仪表位号分别用英文大写字母和阿拉伯数字表示，仪表位号的组成含义见第三章图 3-32，仪表图形符号标注形式参见第三章图 3-33。

仪表位号组成含义分别是：

①被测变量代号：仪表位号中第一部分为字母，表示被测变量代号。常用被测变量及仪表功能代号见表 4-8。

表 4-8 常见被测变量及仪表功能字母组合示例(HG20505-2000)

被测变量 仪表功能	温度 T	温差 TD	压力或 真空 P	压差 PD	流量 F	分析 A	密度 D	位置 Z	速率或 频率 S	黏度 V
指示	TI	TdI	PI	PdI	FI	AI	DI	ZI	SI	VI
指示、控制	TIC	TdIC	PIC	PdIC	FIC	AIC	DIC	ZIC	SIC	VIC
指示、报警	TIA	TdIA	PIA	PdIA	FIA	AIA	DIA	ZIA	SIA	VIA
指示、开关	TIS	TdIS	PIS	PdIS	FIS	AIS	DIS	ZIS	SIS	VIS
记录	TR	TdR	PR	PdR	FR	AR	DR	ZIR	SR	VR
记录、控制	TRC	TdRC	PRC	PdRC	FRC	ARC	DRC	ZRC	SRC	VRC
记录、报警	TRA	TdRA	PRA	PdRA	FRA	ARA	DRA	ZRA	SRA	VRA
记录开关	TRS	TdRS	PRS	PdRS	FRS	ARS	DRS	ZRS	SRS	VRS
控制	TC	TdC	PC	PdC	FC	AC	DC	ZC	SC	VC
控制、变送	TCT	TdCT	PCT	PdCT	FCT	ACT	DCT	ZCT	SCT	VCT
报警	TA	TdA	PA	PdA	FA	AA	DA	ZA	SA	VA
开关	TS	TdS	PS	PdS	FS	AS	DS	ZS	SS	VS
指示灯	TL	TdL	PL	PdL	FL	AL	DL	ZL	SL	VL

②仪表功能代号：仪表位号中第二部分为字母，表示仪表的功能代号。

③仪表所在工段号：仪表位号中第三部分为数字，表示仪表所在工段号。工段号可按车间或工段进行编制，也可与上述管道序号中的工段号相同。

④仪表顺序号:仪表位号中第四部分为数字,表示仪表顺序号,顺序号可按车间或工段进行编制,也可与上述管道序号相同。

4. 仪表位号的填写

将字母(被测变量、功能代号)填写在圆圈内的上半部分,数字(工段号、管道序号)填写在圆圈内的下半部分,如图 4-11 及第三章图 3-33 所示。

5. 典型设备上自控仪表与自控阀门连接的标注举例

(1)泵类。

①泵出口流量调节如图 4-12 所示。图中在离心泵出口止回阀和切断阀后面,安装了气动薄膜调节阀自动调节泵出口流量。图中圆圈表示就地安装仪表,"FRC"分别表示流量和具有自动记录及控制功能;"PI"表示泵出口管道上安装有压力指示。

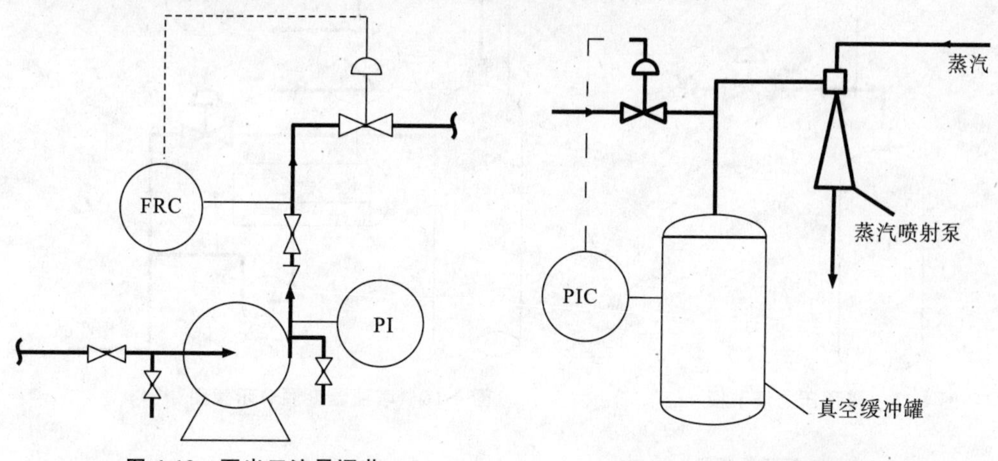

图 4-12 泵出口流量调节

图 4-13 泵入口流量调节

②泵入口流量调节如图 4-13 所示。图中在蒸汽喷射泵(真空泵)的入口处就地安装气动薄膜调节阀,调节蒸汽进入泵的流量,从而调节蒸汽喷射泵喷射时形成的真空度。图中"PIC"分别表示压力和具有指示及控制功能。

(2)换热器类。换热器流量一温度的调节如图 4-14 所示。

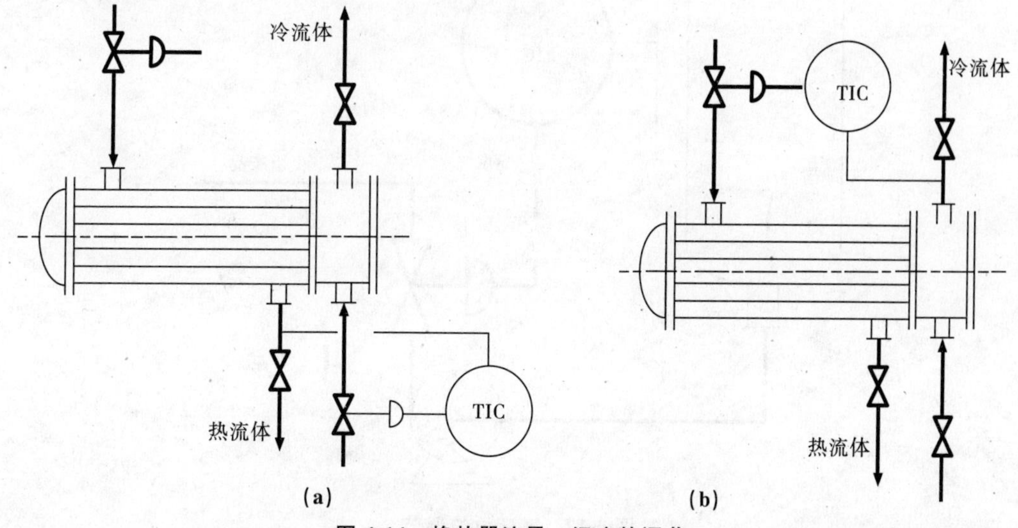

图 4-14 换热器流量一温度的调节

(a)图中在换热器左上端热流体的进口管道上,安装气动薄膜调节阀,自动调节进入换热器热流体的流量,从而调节右上端冷流体出口的温度。

(b)图中在换热器右下端冷流体的进口管道上,安装气动薄膜调节阀,自动调节进入换热器冷流体的流量,从而控制热流体的出口温度。图中"TIC"分别表示温度和指示及控制功能。

(3)塔类。

①塔顶压力调节如图 4-15 所示。图中自动调节阀安装在塔顶出口管道上,调节塔顶流体出口压力,从而实现塔顶或塔内压力稳定。图中"PIC"分别表示压力和指示及控制功能。

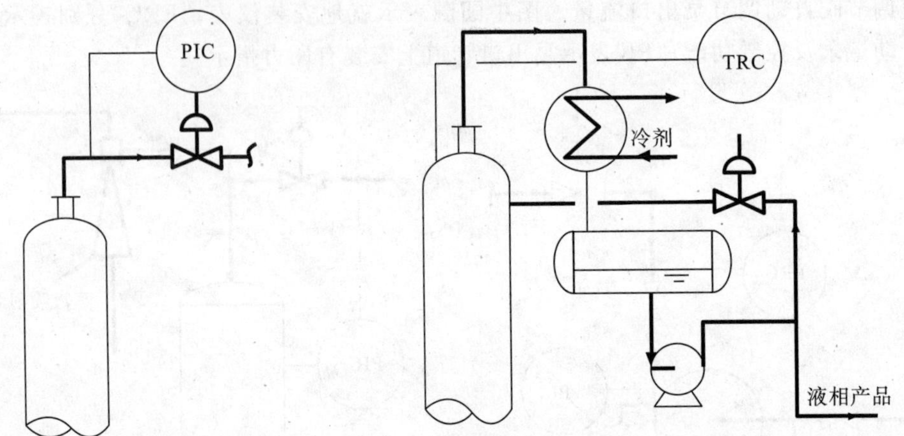

图 4-15　塔顶压力调节图　　图 4-16　塔顶温度调节示意图

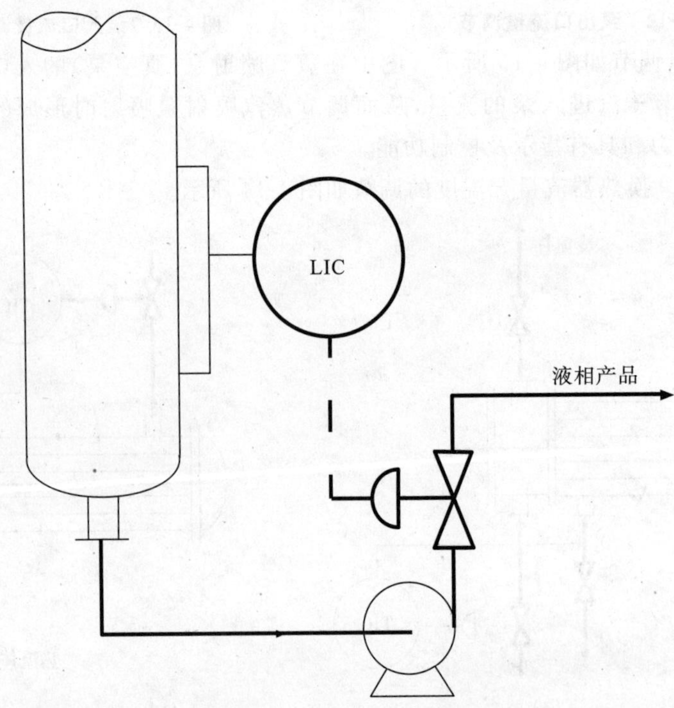

图 4-17　塔液位的调节

②塔顶温度调节如图 4-16 所示。图中精(分)馏塔顶的气体，经冷凝器冷凝后进入回流罐成为液相产品，一部分再由泵输送到塔顶继续精馏(称为“冷凝回流”)。在泵出口与塔进口的管道上安装调节阀，控制冷凝回流量，从而自动调节塔顶的温度。图中“TRC”分别表示温度和自动记录及控制功能。

③塔液位的调节如图 4-17 所示。图中在泵的出口管道上安装调节阀，控制泵出口流量，从而自动调节塔内的液位。图中“LIC”分别表示液位指示灯和液位指示及自动控制功能。

第五节　带控制点流程图的阅(识)读

如图 4-4 所示，为某工段用电石来生产乙炔气的工艺管道及仪表流程图。其阅读方法及步骤大致如下。

一、查看标题栏及首页图

由标题栏得知该图名称为“乙炔生产流程图”；查看首页图或图例符号，本图中无单独绘制首页图，但图下方绘制了该流程图中所采用的图例符号。了解图例符号的含义。

二、看图形

1. 了解主要设备的名称、数量和位号

该工段共有大小设备 13 台，其中有 4 台相同型号的净化酸塔(T0109A、T0109B、T0109C、和 T0109D)、1 个氮气钢瓶(V0101)、1 台乙炔发生器或反应釜(R0102)、1 台安全水封(V0103)、1 台乙炔气柜(V0104)、1 台气水分离器(V0105)、1 台循环压缩机(C0106)、1 台分离罐(V0107)、1 台干燥塔(T0108)、1 台中和碱塔(T0110)。

2. 熟悉主要工艺物料(乙炔气体)的流程

电石和水在乙炔发生器(R0102)里发生化学反应，生成乙炔气及其它气体和杂质，并放出热量。乙炔气体易燃易爆，为了防止其与空气接触，在发生器的上方与氮气钢瓶连接，用氮气封住乙炔气，使发生器生成的乙炔气体进入正(逆)安全水封(V0103)；乙炔气从水封出来后，一部分流入气柜(V0104)来维持系统压力平衡，一部分流入气水分离器(V0105)将乙炔气中的水分分离出来；然后经循环压缩机(C0106)到分离罐(V0107)，继续分离水分及杂质，而后进入低压干燥塔(T0108)进行干燥处理，进一步除去乙炔气中的水分；再依次进入 4 台净化酸塔(T0109)，与塔内的次氯酸钠溶液反应，分离出乙炔气中的 H、S、P 等杂质，最后进入中和碱塔(T0110)，除去乙炔气体中残余的次氯酸钠，最终生产出成品乙炔气体。成品乙炔气被送入下一容器(V0108)储存。

3. 了解其他辅助系统管道流程

阅读流程线上方或左边标注的管道代号及图右上角带箭头方框内的标注，可知该图中除主要物料乙炔气体流程外，有与电石反应的工艺用水(PW)、冷却水(CW)、次氯酸钠溶液(HC)分别来自与外管连接的容器(V0207)等。

4. 了解仪表控制点及阀门等

(1)仪表控制点。从图中可以看到,该流程图中共有 8 个压力表、2 个分析记录表、1 个温度表、2 个物位表。其中有多个为集中仪表盘面安装仪表,也有现场安装仪表。有 2 个自动控制装置,一个是分析显示乙炔发生器中温度高低,从而自动控制调节阀进入发生器的冷却水量大小;另一个是分析发生器出口乙炔气体中所含 S、P 等杂质成分多少,从而自动控制加入净化塔中次氯酸的量。

(2)阀门。该流程中采用有较多旋塞和截止阀,分别安装在各设备进口或出口、旁路管、放空管、设备底部排放管上。电石生产乙炔产出大量的电石渣子及杂质,旋塞可排放带有颗粒杂质的流体。

(3)其他图中有 4 个放空管道,其中 1 个直接安装在乙炔气柜上方,另外 3 个分别安装在乙炔气水封出口、干燥塔出口和中和碱塔出口的管道上。

第五章　化工设备图

学习提示：

本章介绍了化工设备的类型、作用及结构特点；重点讲解了化工设备图的基本格式、画法、特性和典型零部件的表达方式，对化工设备图的识读、画法进行了举例分析。

1. 掌握化工设备图的基本内容以及其图示特点和焊接的基本知识。

2. 掌握化工通用件的基本知识，能够按要求绘制常用的化工设备图。

3. 熟悉阅读典型化工设备图的方法和步骤。本章内容量大、涉及面广，同时又具有很强的专业性、实践性，学习时要注意综合应用已经学过的有关知识，调整和完善自己的学习方法，注意理论联系实践，在理解和掌握基本标准的基础上，培养分析和解决问题的能力。

第一节　化工设备的类型

化工设备通常被分为动设备和静设备两大类。

动设备：其主要作用部件是运动的，如各种泵、鼓风机、压缩机、过滤机、破碎机、离心机、旋转窑、搅拌机、旋转干燥机等。

静设备：主要是指作用部件是静止的或者只有很少运动的机械设备，如各种容器（槽、罐、釜等）、普通窑、塔器、反应器、换热器、普通干燥器、蒸发器，反应炉、电解槽、结晶设备、传质设备、吸附设备、流态化设备、普通分离设备以及离子交换设备等。

静设备是本章讲述的重点内容。因化工生产条件苛刻，技术含量高，生产原理多样，各种工艺装置的任务不同，所采用的设备也不相同。这些设备种类繁多，用途各异，尺寸大小不一，形状结构差别非常大。设备的分类方法很多，与化工制图密切相关的分类如下：

(1)按结构特征和用途分为容器、塔器、换热器、反应器（包括各种反应釜、固定床或流化床）和各种锅炉等。

(2)其他分类方法见表 5-1。

表 5-1 化工设备的其他分类方法

分类方法	设备种类
几何形状	球形设备、筒形设备、锥形设备、方形设备
制造方法	焊接设备、铸造设备、锻造设备、铆接设备、组合式设备
安放形式	立式设备、卧式设备、斜式设备
材质	钢制设备、铸铁设备、有色金属设备、非金属设备
工作温度	高温设备、中温设备、常温设备、低温设备
安装方式	固定式设备、移动式设备
厚度	薄壁设备、厚壁设备

第二节 化工设备的作用及结构特点

1. 化工设备的作用

化工产品的质量、产量和成本，在很大程度上取决于化工设备的完善程度，而化工设备本身的特点必须能适应化工过程中遇到的高温、高压、高真空、超低压、易燃、易爆以及强腐蚀性等特殊工作条件。化工生产要求化工设备具有连续运转的安全可靠性、在一定操作条件下（如温度、压力、腐蚀性介质等）具有足够的机械强度、优良的耐腐蚀性，密封性等。

2. 化工设备的结构特点

化工设备本身的特点主要有：功能原理多样化，单件生产成本高；外壳多为压力容器；化工、机械、电气一体化；设备结构大型化。

虽然不同类型的设备服务对象不同、形式多样，功能原理及内部构造也不同，但就其总体结构而言有其共同之处。主要表现在以下几点：

（1）设备主壳体以回转体为主，即大多为圆柱形、球形、椭圆形和圆锥形。

（2）设备主体上有较多的开孔和接管口，为连接管道和装配各种零部件，包括进料口、出料口、排污口，以及测温管、测压管、液位计接管和人（手）孔等。如图 5-1 所示，容器上边有人孔和接管口，筒体上则有液面计的 2 个接管口。

（3）设备中的零部件大量采用焊接结构。如图 5-1 中筒体由钢板弯卷后焊接成形（形成纵焊缝），筒体与封头（形成环焊缝）、接管口、支座、人孔等的连接也都采用焊接结构。

（4）采用标准化、通用化、系列化的零部件，如封头、支座、人孔、补强圈、法兰、液面计、视镜等均采用标准件或通用件，以方便选用。如图 5-1 中的封头、法兰是标准化的零部件。常用的化工零部件的结构尺寸可在相应的手册中查到。

（5）结构尺寸相差悬殊。如精馏塔的高度和壁厚，大型容器的直径和壁厚或某些细部结构的尺寸相差悬殊。

（6）对材料有特殊要求。要有一定的强度、刚度、耐腐蚀性，具有良好的塑性、焊接性能。

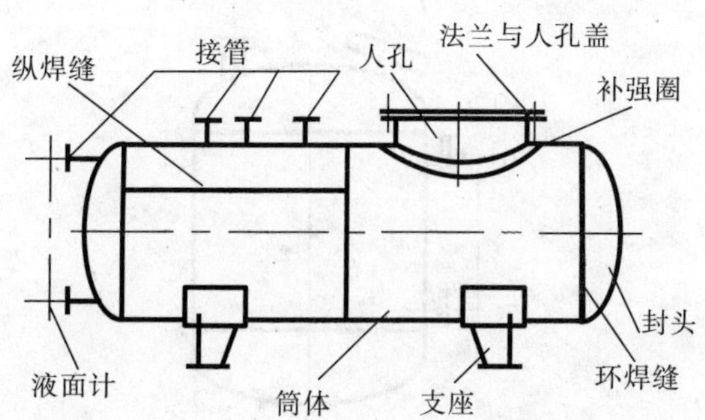

图 5-1　卧式化工设备示意图

第三节　化工设备图的表达方法

一、化工设备图的图示(形)表达方法

1. 基本视图的选择和配置

由于化工设备大多是回转体，设备形体狭长，主、俯(或主、左)视图难以在幅面内按投影关系配置时，允许将俯(左)视图配置在其他位置处，但必须标注名称字样。当设备所需视图较多时，允许将部分视图分画在数张图纸上。一般采用1～2个基本视图即可表达设备的主体。立式设备通常采用主、俯两个基本视图，卧式设备则通常采用主、左两个基本视图，用以表达设备的主体结构，而且主视图为表达设备的内部结构常采用全剖视或局部剖视。

2. 多次旋转的表达方法

化工设备壳体上分布有众多的管口及其他附件，为了在主视图上表达它们的结构形状和位置高度，可使用多次旋转的表达方法。即假想将设备周向分布的接管和其他附件按顺时针(或逆时针)方向旋转至与投影面平行位置，然后再进行投影。

图5-2所示人孔是按逆时针方向(从俯视图看)假想旋转45°之后，在主视图上画出其投影图的，液面计则是按顺时针方向旋转45°后，在主视图上画出的。

采用多次旋转的表达方法时，一般不作标注。但这些结构的周向方位以管口方位图(或俯、左视图)为准。

3. 化工设备图中的简化画法

在绘制化工设备图时，为了减少一些不必要的绘图工作量，提高绘图效率，在不影响视图正确、清晰地表达结构形状，又不使读者产生误解的前提下，可采用简化画法。

(1)有标准图、复用图或外购的零部件的简化画法。标准零部件在设备图中不必详细画出，可按比例画出其外形特征的简图。外购零部件在设备图中，只需根据尺寸按比例用粗实线画出其外形轮廓简图，并在明细栏中注写名称、规格、标准号等。

(2)管法兰的简化画法。化工设备图中，不论法兰的连接面是什么型式(平面、凹凸面、榫槽面)，管法兰的画法均可简化成图示的形式，如图5-3所示。

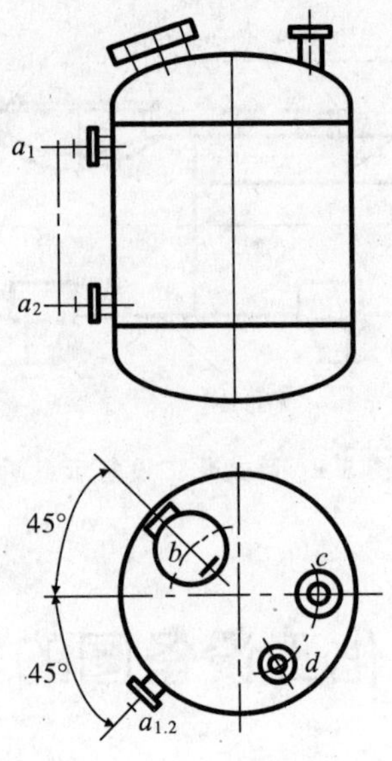

图 5-2 多次旋转表达方法举例

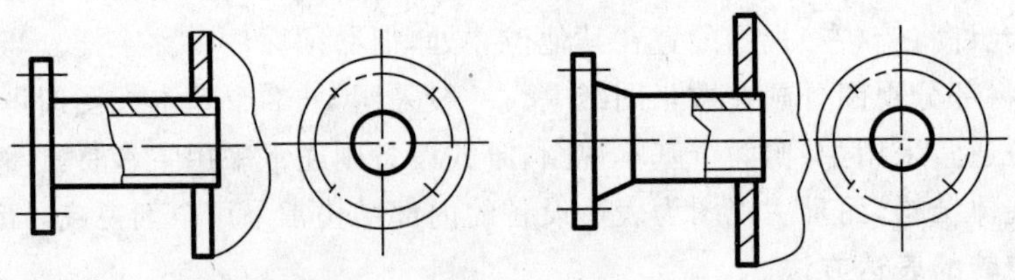

图 5-3 管法兰的简化画法

(3)重复结构的简化画法。如螺栓孔和螺栓连接的表示方法，填充物、填料的表示方法，多孔板孔眼的表示方法，管板的表示方法等，如图 5-4 所示。

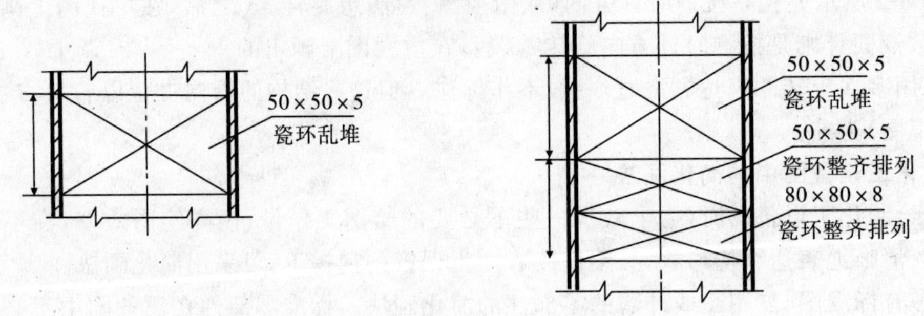

图 5-4 填料的表示方法

(4)设备结构用单线表示的简化画法。设备上某些结构已有零部件图，或另外用剖视、断面、局部放大图等方法已表示清楚时，设备图上允许用单线（粗实线）表示，而其他零部件仍按装配图的要求画出。如换热器的折流板，拉杆与定距管等，如图 5-5 所示。

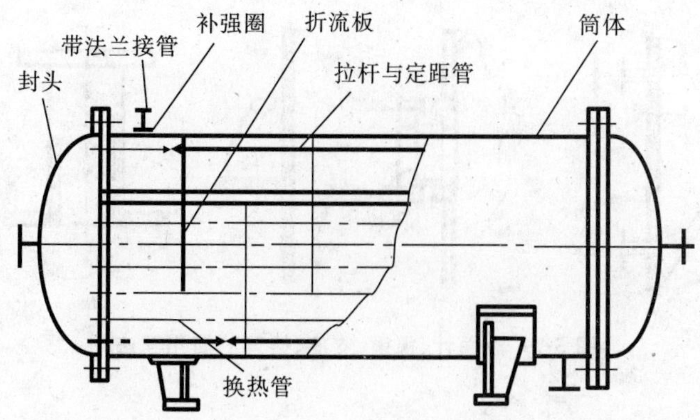

图 5-5　换热器中某些单线表示的简化画法

(5)衬层和涂层的表达方法。设备内外表面很多时候需要进行内衬或喷涂处理，产生了诸如薄衬层、厚衬层、薄涂层、厚涂层。如图 5-6 所示。

①薄涂层是指在基层上喷涂耐腐蚀金属材料或塑料、搪瓷、涂漆等。图中只需在涂层表面绘制与表面轮廓线平行的粗点画线，并标注涂层内容，图样中不编件号，详细要求可以写入技术要求中。

②薄衬层是指设备内衬金属套、橡胶、聚氯乙烯薄膜和石棉板，可用与设备轮廓线间隔 1～2mm 的细实线表示，此时须加编序号，并在明细表的备注栏中注明层数、材料及厚度。

③厚衬层是指诸如塑料板、耐火砖、辉绿岩板之类，须用局部放大图样详细表示衬层的结构和尺寸，并分别编注件号。

④厚涂层是指各种胶泥、混凝土等，此时须用局部放大图详细表达其结构和尺寸。

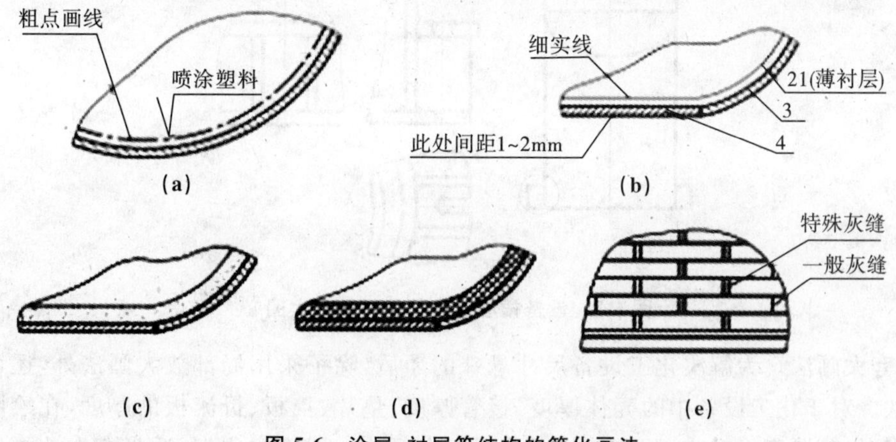

图 5-6　涂层、衬层等结构的简化画法

(6)液面计的简化画法。在设备图中，带有两个接管的玻璃管液面计，可用细点画线和符号"＋"(粗实线)简化表示。如图 5-7 所示。

(7)管束的表示法。当设备中有密集的管子，且按一定的规律排列或成管束时(如列管式换热器中的换热管)，在装配图中可只画出其中一根或几根管子，而其余管子均用中心线表示。如图 5-5 中换热管的表示。

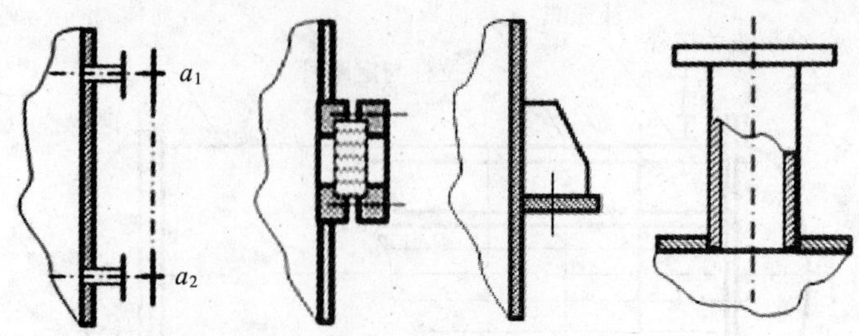

图 5-7 液面计、视镜、支座、接管的简化画法

4. 细部结构的表达方法

由于总体和某些零部件的大小尺寸相差悬殊，若按所选定的比例画，则根本无法表达清楚该零部件的细部形状结构，因此在化工设备图上较多地采用了局部（节点）放大图和夸大画法来表达。

（1）局部放大图。化工设备图中较多地采用了局部放大图和夸大画法来表达局部结构并标注尺寸。局部放大图的画法和要求与机械制图相同，即表达局部结构时，可画成局部视图、剖视或剖面等形式，可按比例，也可不按比例，但需注明。局部放大图可按所放大结构的复杂程度，采用视图、剖视、剖面等方法进行表达，而且还可以根据需要采用两个或两个以上的视图来表达。

如图 5-8 所示放大部位“I”是塔设备裙式支座支承圈的一部分，主视图采用单线简化画法，而在放大图中用三个视图表达该部分结构。

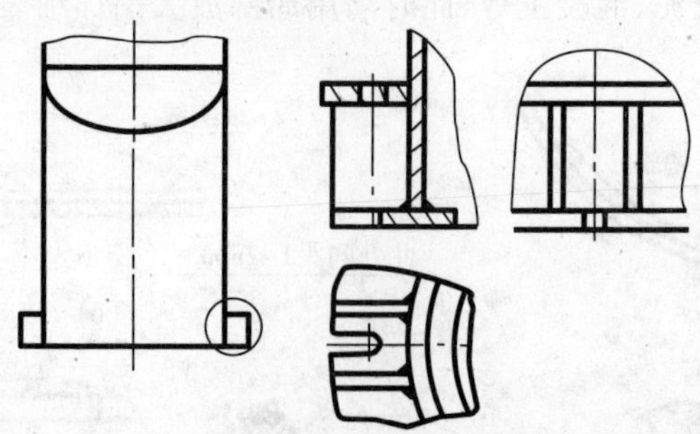

图 5-8 设备裙座螺栓处的局部放大图

（2）夸大画法。为解决化工设备尺寸悬殊的矛盾，除了采用局部放大画法外，还可采用夸大画法。对于化工设备中的壳体厚度、接管厚度、垫片、挡板、折流板的厚度，在绘图比例缩小较多时，其厚度经常难以画出，就可采用夸大画法。即不按比例，适当夸大地画出它们的厚度。其余细小结构或较小的零部件也可采用夸大画法。此画法中允许薄壁部分的剖面符号采用涂色的方法，如图 5-8 所示。

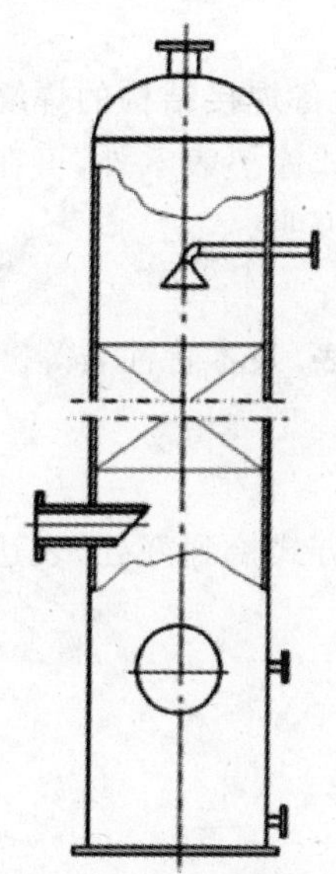

图 5-9 断开画法示例图图

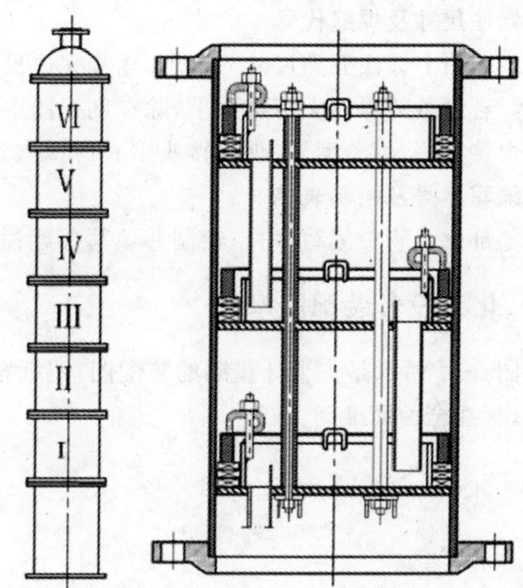

图 5-10 分层画法示例图(右图为第 Ⅳ 塔节图)

5. 断开、分段(层)及整体图的表达方法

较长(或较高)的设备，当沿其轴线方向有相当部分的形状和结构相同或按规律变化和重复时，就可以采用断开画法。即用双点画线将设备中重复出现的结构或相同结构断开，使图形缩短，简化作图，便于选用较大的作图比例，合理使用图纸幅面。

若由于断开画法和分层画法造成设备总体形象表达不完整时，可采用缩小比例、单线条画出设备的整体外形图或剖视图。在整体图上，可标注总高尺寸、各主要零部件的定位尺寸及管口的标高尺寸。图 5-9 采用了断开的画法，省略部分是形状、结构完全相同的塔节部分。图 5-10 为塔体的分层(段)画法。这种画法有利于图面布置和采用较大的比例作图。

二、化工设备图的绘制

绘制化工设备图一般可通过两种途径：一是测绘化工设备，其方法与一般机械的测绘步骤类似；二是设计化工设备，通常以化工工艺设计人员提出的“设备设计条件单”为依据，进行设计绘图。

绘制化工设备图的具体方法和步骤与绘制机械装配图基本相似。其步骤简述如下：

1. 复核材料确定结构

先经调查研究，并核对设计条件单中的各项设计条件后，设计和选定该设备的主要结构及有关数据，如选用筒体和封头用法兰连接，选用回转人孔及支承式支脚等。

2. 确定视图表达方案

按所绘化工设备的结构特点确定表达方案。该设备除采用主、俯两个基本视图外，还常采用局部放大图，分别表示支脚及接管口的装配结构。主视图常采用多次旋转剖视的习惯表达方法以及常用的一些简化画法。

3. 确定比例绘制视图

按设备的结构大小选作图比例，考虑视图表达与表格位置等情况布置视图。然后按画装配图的作图步骤绘制化工设备图。

4. 标注尺寸及焊缝代号

按装配图上标注五类尺寸的要求，逐步完成尺寸标注，并对设备焊接结构的焊缝标注焊接代号。若设备的焊缝无特殊要求，除在剖视图中按焊缝接头型式涂黑表示外，可在技术要求中对焊接方法、焊条型号、焊接接头型式（搭焊、角焊）等作统一说明。

5. 编写序号及绘制表格

对零部件及管口编写序号，绘制并填写标题栏、明细表、管口表、技术特性表等。

三、化工设备装配图举例

如图 5-11 所示是一个计量罐的装配图，图纸布局合理，表达方式恰到好处，表达内容清晰明了，标注全面而准确。

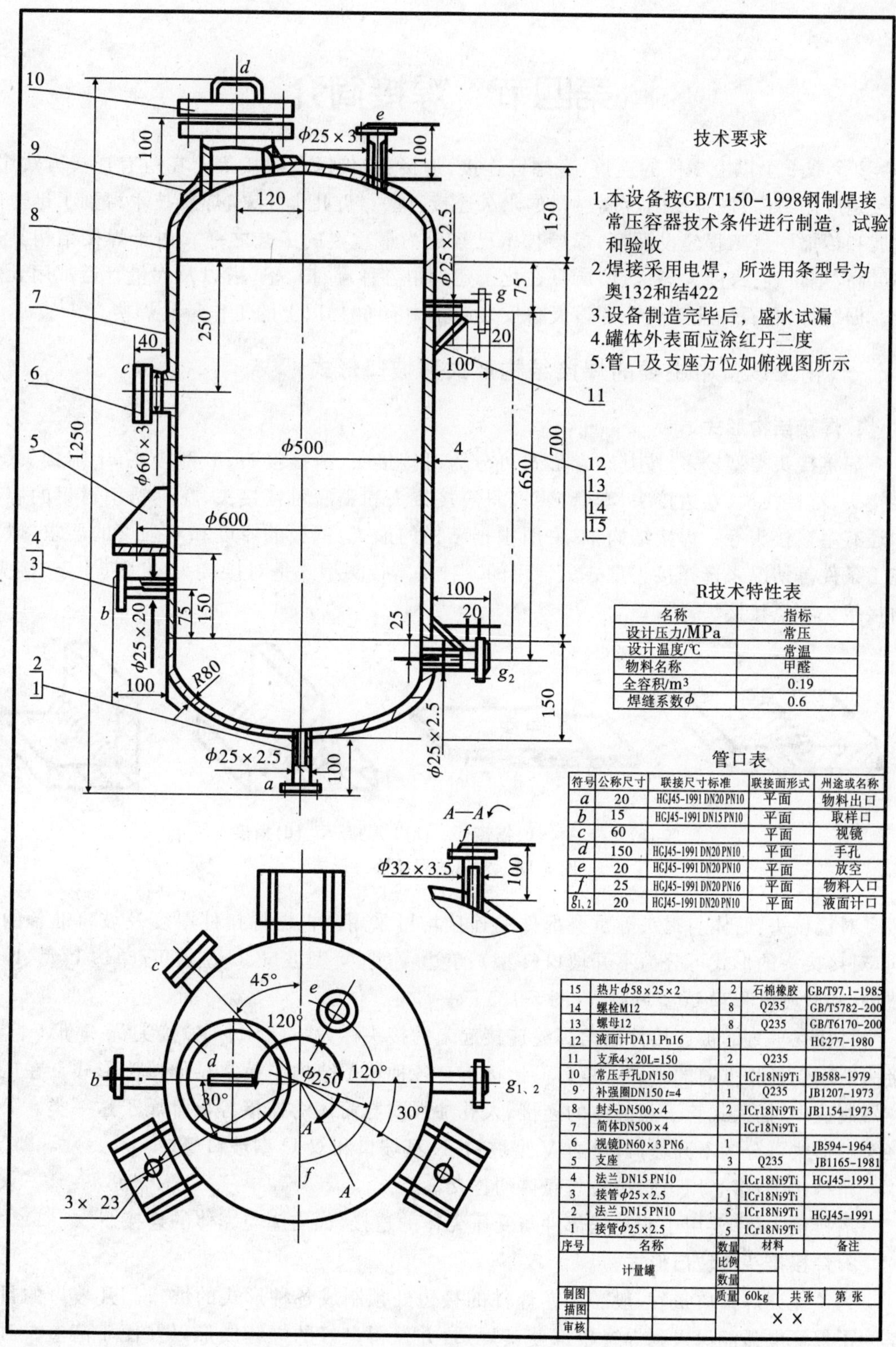
技术要求
1.本设备按GB/T150-1998钢制焊接常压容器技术条件进行制造，试验和验收
2.焊接采用电焊，所选用条型号为奥132和结422
3.设备制造完毕后，盛水试漏
4.罐体外表面应涂红丹二度
5.管口及支座方位如俯视图所示
R技术特性表
名称 指标
设计压力/MPa 常压
设计温度/℃ 常温
物料名称 甲醛
全容积/m3 0.19
焊缝系数φ 0.6
管口表
符号 公称尺寸 联接尺寸标准 联接面形式 用途或名称
a 20 HGJ45-1991 DN20 PN10 平面 物料出口
b 15 HGJ45-1991 DN15 PN10 平面 取样口
c 60 平面 视镜
d 150 HGJ45-1991 DN20 PN10 平面 手孔
e 20 HGJ45-1991 DN20 PN10 平面 放空
f 25 HGJ45-1991 DN20 PN16 平面 物料入口
g1、2 20 HGJ45-1991 DN20 PN10 平面 液面计口
15 热片φ58×25×2 2 石棉橡胶 GB/T97.1-1985
14 螺栓M12 8 Q235 GB/T5782-200
13 螺母12 8 Q235 GB/T6170-200
12 液面计DA11 Pn16 1 HG277-1980
11 支承4×20L=150 2 Q235
10 常压手孔DN150 1 ICr18Ni9Ti JB588-1979
9 补强圈DN150 t=4 1 Q235 JB1207-1973
8 封头DN500×4 2 ICr18Ni9Ti JB1154-1973
7 筒体DN500×4 ICr18Ni9Ti
6 视镜DN60×3 PN6 1 JB594-1964
5 支座 3 Q235 JB1165-1981
4 法兰 DN15 PN10 ICr18Ni9Ti HGJ45-1991
3 接管φ25×2.5 1 ICr18Ni9Ti
2 法兰 DN15 PN10 5 ICr18Ni9Ti HGJ45-1991
1 接管φ25×2.5 5 ICr18Ni9Ti
序号 名称 数量 材料 备注
计量罐 比例 数量 质量 60kg 共张 第张
制图 描图 审核 ××
A—A
φ25×3 φ25×2.5 φ500 φ600 φ60×3 φ25×20 φ32×3.5 φ250 R80 1250 700 650 250 150 100 120 75 40 20 25 4
45° 120° 30° 3×23

图 5-11　计量罐装配图

第四节 焊接简介

2个或2个以上零件的连接，有螺钉连接、铆接、胶接以及焊接等。在所有连接方法中，焊接是应用最广、最重要的金属材料的永久连接方法。近几十年来，焊接技术得到了迅速的发展和传播。就工程建设而言，焊接技术已经成为最重要的工艺之一。由于焊接结构具有强度高、重量轻、跨度大等优点，所以在化工建设中各种罐、槽、釜、塔以及大量管道都用到焊接。据统计，在石油化工企业建设设备安装施工中有60%以上的工作量是焊接。

一、化工设备中主要的焊接结构形式和坡口形式

1. 焊接结构形式

焊接接头类型较多，按其结合形式可分为对接接头、搭接接头、T型接头、十字接头、角接接头、端接接头、卷边接头、套管接头、斜对接接头和锁底对接接头，在不锈钢衬里的容器中还有塞接接头等。焊接结构中，一般根据结构的形式、钢板的厚度和对强度的要求，以及施工条件等情况来选择接头型式。常用的4种基本接头型式是对接接头、T型(十字)接头、角接接头和搭接接头。

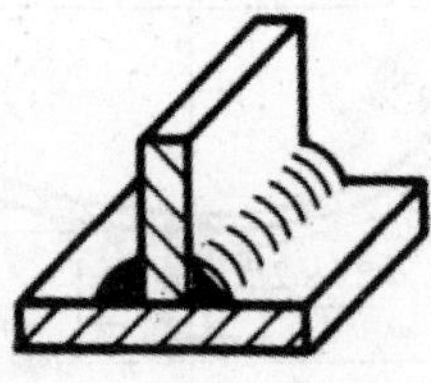

(a)对接　(b)搭接　(c)T形接　(d)角接

图5-12　常见的焊接接头形式

对接接头：筒体与封头等重要部件的连接均可采用。根据焊接件厚度及坡口准备的不同，对接接头的形式可分为不开坡口(I型)、单边V型、V型坡口、U型坡田、单边U型、K型坡口、X型坡口和双U型坡口等(图5-13)。

将相互垂直的被连接件用角焊缝连接起来的接头称为"T形(十字)接头"。T形(十字)接头能承受各种方向的力和力矩。T形接头是各种箱型结构中最常见的接头形式。在压力容器制造中，插入式管子与筒体的连接、人孔加强圈与筒体的连接等也都属于这一类。T形接头的形式可分为不开坡口、单边V型坡口、K型坡口和双U型坡口等。

角接接头：多半用于管接头与壳体的连接。

搭接接头：主要用于非受压部件与受压壳体的连接，如支座与壳体的连接。

2. 焊接接头的坡口形式

为了保证焊接质量，一般需要在焊件的接边处预制成各种形式的坡口。开坡口的目的是为了保证电弧能深入到焊缝根部使其焊透，并获得良好的焊缝成形以及便于清渣。对于合金钢来说，坡口还能起到调节母材金属和填充金属比例(即熔合比)的作用。常用的坡口形式如图5-13所示，有X形、V形、U形等。其他焊缝焊接坡口的基本形式与尺寸可查阅有

关标准、规定设计。

3. 焊缝的画法

国家标准(GB/T12212-1990)规定：

(1)在图样中一般用焊缝符号表示焊缝，也可采用图示法表示。

(2)在视图中需画出焊缝时，可见焊缝用粗线和用细实线绘制的栅线(允许徒手绘制短线表示，线型为细实线，长度一般大于 2mm)表示，粗线(粗于可见轮廓线)表示可见焊逢，栅线表示不可见焊缝，栅线应与焊缝垂直；也可采用特粗线(2d～3d)表示，但在同一图样中，只允许采用一种方式。

(3)在剖视图或断面图中，焊缝的接头则按不同的形式画出剖面的实际形状，焊缝的金属熔焊区应用细密网格或涂色表示。如图 5-14 所示。

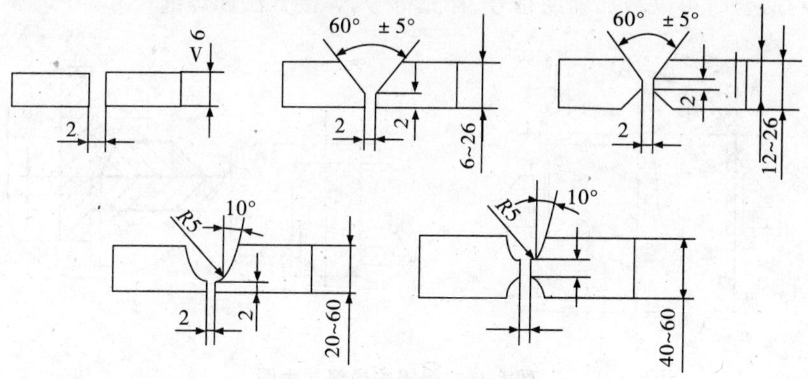

图 5-13　对接焊缝坡口形式

(4)在焊接件图中，当焊缝分布比较简单时，可不画焊缝，而用一般可见轮廓线表示可见焊缝，用虚线表示不可见焊缝。如图 5-15 所示。

(5)焊缝画法因焊缝宽度或焊角高度缩小比例后，图形线间距的实际尺寸大于或小于 3mm 而不同。小于 3mm 时，视图中对接焊缝的图形线只需画一条粗实线，视图中角焊缝则因已有原有零件轮廓线，故可不画；大于 3mm 时，焊缝轮廓线应按实际焊缝的形状投影后用粗实线画出。如图 5-15 所示。

(6)视图中的焊缝，可省略不画，对于中、高压设备或其他设备上某些重要的焊缝，则需用局部放大图，详细地表示出焊缝结构的形状和有关尺寸。如图 5-16 所示。

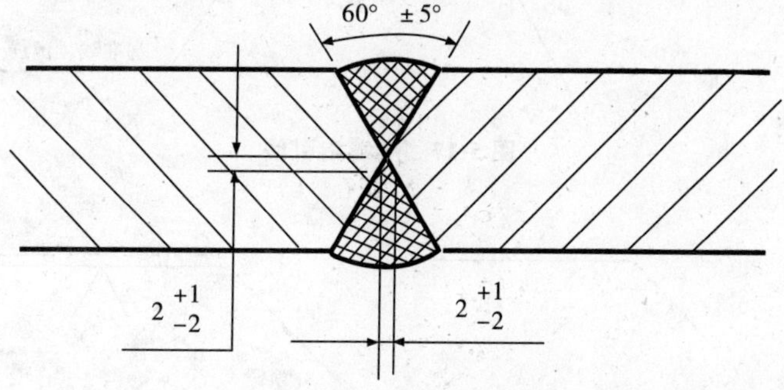

图 5-14　化工设备焊缝节点图

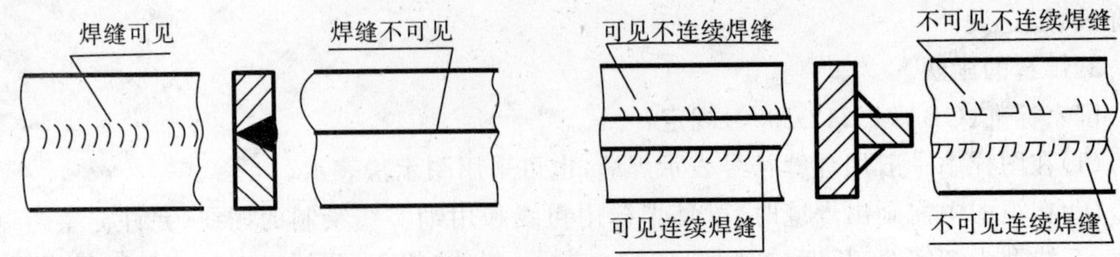

图 5-15 焊缝的规定画法

4. 常用焊缝的符号及标注

当焊缝结构比较简单时,可用焊接结构图表示。当焊缝分布简单或图样比较小、焊缝表达不清楚且没有局部放大图时,可在焊缝处标注符号加以说明。焊缝的标注由基本符号和指引线组成,必要时可以增加辅助符号、补充符号、焊接方法和焊缝尺寸。

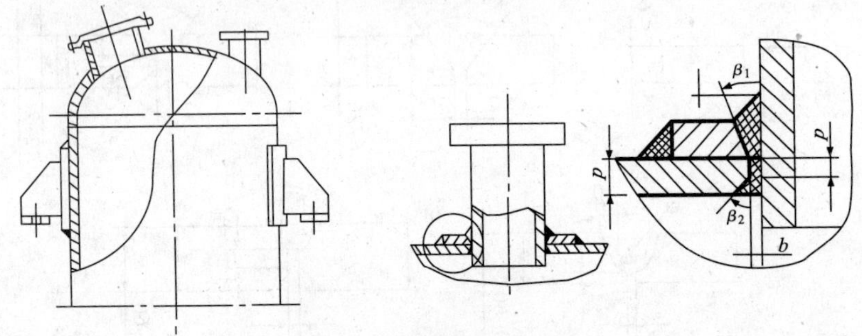

图 5-16 焊缝的局部放大图

(1)焊缝指引线。焊缝的指引线一般用带有箭头的细实线和两条基线(一条实线和一条虚线)组成,如图 5-17 所示。必要时允许箭头线弯折一次。基准线的虚线可以画在基准线的实线上侧或下侧。基准线一般应与主标题栏平行,但在特殊条件下亦可与底边垂直。

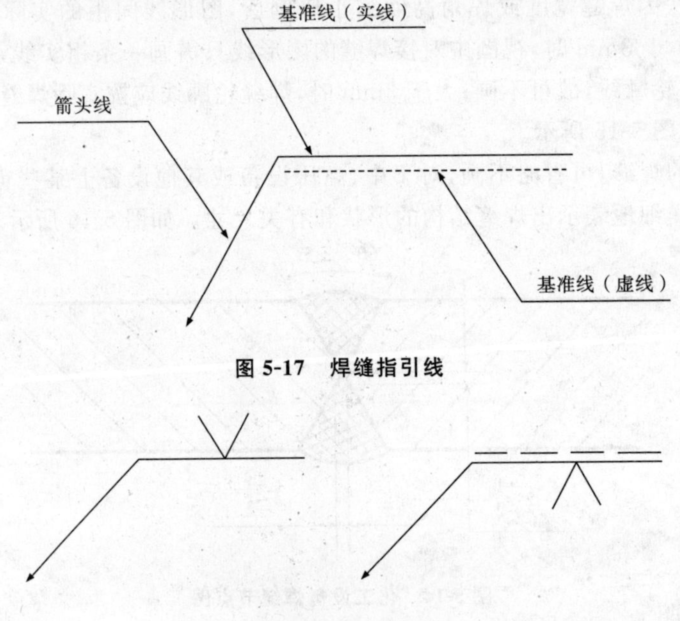

图 5-17 焊缝指引线

(a)焊缝在接头的箭头侧

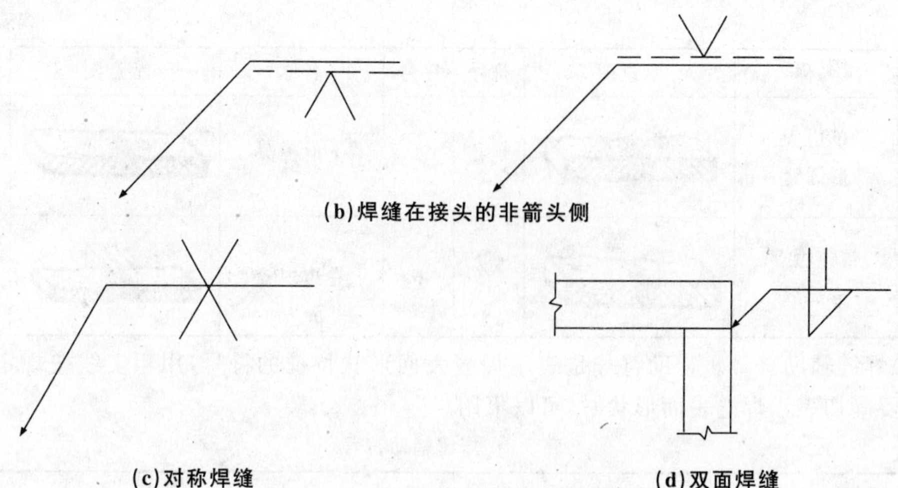

(b)焊缝在接头的非箭头侧

(c)对称焊缝

(d)双面焊缝

图 5-18　基本符号与基准线的相对位置

焊缝符号必须通过指引线及有关规定才能准确地表示焊缝。国标规定，箭头线应指到焊缝处，相对焊缝的位置一般没有特殊要求，但在标注 V 形、单边 V 形、J 形焊缝时，箭头线应指向带有坡口一侧的工件。如图 5-18 所示。

(1)如果焊缝和箭头线在接头的同一侧，则将焊缝基本符号标在基准线的实线侧。

(2)相反，如果焊缝和箭头线不在接头的同一侧，则将焊缝基本符号标在基准线的虚线侧。

(3)对称焊缝以及在明确焊缝分布位置的双面焊缝允许省略虚线。如图 5-19 所示。

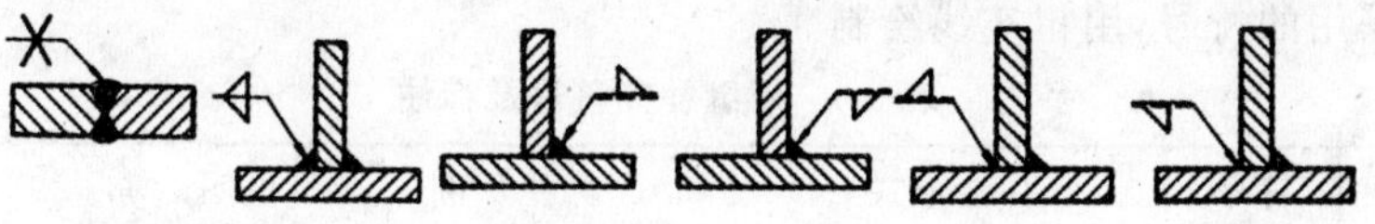

(a)对称焊缝与双面焊缝　(b)焊缝在接头的箭头所指的一侧　(c)焊缝在接头的非箭头所指的一侧

图 5-19　焊缝标注示例图

(2)焊缝基本符号。焊缝基本符号是表示焊缝横断面形状的符号，见表 5-2(详见 GB/T324-2008)。

表 5-2　焊缝基本符号表

序号	名称	示意图	符号	序号	名称	示意图	符号
1	角焊缝			5	带钝边单边 V 形焊缝		
2	V 形焊缝			6	带钝边单边 U 形焊缝		

续表

序号	名称	示意图	符号	序号	名称	示意图	符号
3	单边 V 形焊缝		⊬	7	I 形焊缝		‖
4	带钝边 V 形焊缝		Y	8	卷边焊缝		八

(3)焊缝辅助符号。辅助符号是表示焊缝表面形状特征的符号，用粗实线按规定绘制，若不需要确切表示焊缝表面形状时，可以不用。

表 5-3　**焊缝辅助符号**

名称	符号	焊缝形式	标注示例	说明
平面符号	—		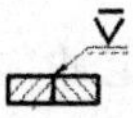	表示 V 形对接焊缝表面平齐（一般通过加工）
凹面符号	◡			表示角焊缝表面凹陷
凸面符号	◠			表示双面 V 形对接焊缝表面凸起

(4)焊缝补充符号。若对焊缝的焊接有补充要求，可采用焊缝补充符号补充说明焊缝的某些特征而采用的符号，用粗实线绘制。

表 5-4　**焊缝补充符号及标注**

名称	符号	焊缝形式	标注示例	说明
带垫板符号	▭			表示 V 形焊缝的背面底都有垫板
三面焊缝符号	⊏		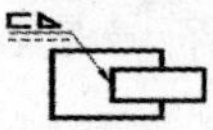	工件三面施焊，为角焊缝
周围焊缝符号	○			表示在现场沿工件周围施焊，为角焊缝
现场施工符号	 ▶			
尾部符号	<		 5▷100<111 4条	111 表示用手工电弧焊，4 条表示有 4 条相同的角焊缝，焊缝高为 5mm 长为 100mm

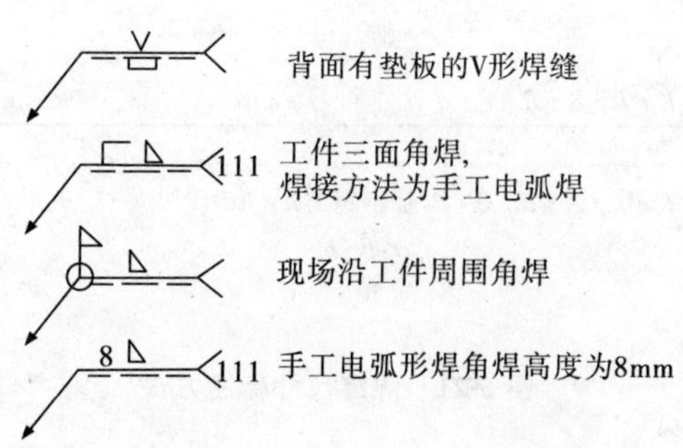

图 5-20　焊缝符号标注示例

(5)焊缝尺寸符号。焊缝尺寸符号是表示坡口和焊缝各特征尺寸的符号。焊缝尺寸符号一般不标注,若设计、制造或施工需要注明焊缝尺寸时,按如下原则进行标注:

①焊缝横截面上的尺寸,标在基本符号的左侧。

②焊缝长度方向尺寸,标在基本符号的右侧。

③坡口角度、坡口面角度、根部间隙,标在基本符号的上侧或下侧。

④相同焊缝数量符号标在尾部。

⑤当需要标注的尺寸数据较多,又不易分辨时,可在数据前面增加相应的尺寸符号。

表 5-5 焊缝尺寸符号及标注

符号	名　称	示　意　图	符号	名　称	示　意　图
δ	工作厚度		c	焊缝宽度	
α	坡口角度		K	焊脚尺寸	
β	坡口面角度		d	点焊:熔核直径 塞焊:孔径	
b	根部间隙		n	焊缝段数	$n=2$
p	钝边		l	焊缝长度	
R	根部半径		e	焊缝间距	
H	坡口深度		N	相同焊缝数量	$N=3$
S	焊缝有效厚度		h	余高	

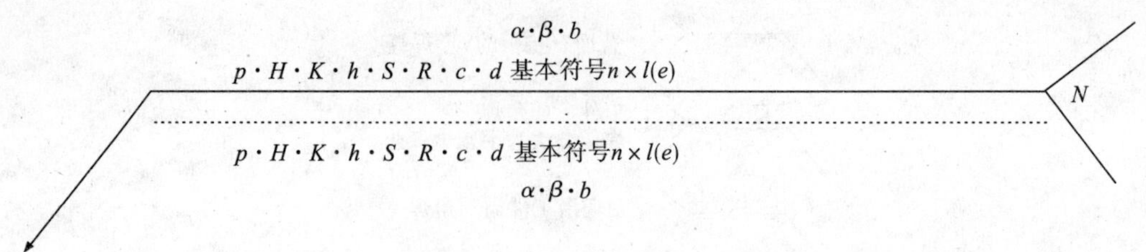

图 5-21 焊缝尺寸标注方法

第五节 化工设备的零件图及标准化

化工设备中常使用一些作用和结构相同的零部件，例如筒体、封头、支座、法兰、人（手）孔、视镜、液面计及补强圈等。为了便于设计、互换及批量生产，这些零部件都已经标准化、系列化，并在各种化工设备上通用。熟悉这些零部件的基本结构以及有关标准，有助于化工设备图的绘制和阅读。

化工容器一般由筒体、封头、支座（基本件）、接管、法兰（对外连接件）、人孔、手孔、附件（液面计、安全附件、密封装置、压力表、温度计、隔热或保冷设施以及球罐上设置的梯子和平台）以及一些内构件等零部件组成。如图 5-1 所示。

一、筒体

就如同房子四周的墙，筒体和封头是构成化工设备的主体结构（属主要受压元件）。筒体一般由钢板卷焊成形，大小按压力、容积、换热量等工艺要求确定。筒体按形状的不同，可以分为圆筒壳体、圆锥壳体、球壳体、椭圆壳体、矩形壳体等。当直径小于 500mm 时，可直接使用无缝钢管。筒体较长时，可由多个筒节焊接组成，也可用设备法兰连接组装。筒体的主要尺寸是公称直径（内径）、高度和厚度。公称直径可按国家标准中的尺寸系列选取。筒体公称直径（代号 Dg）一般是指筒体内径，但当采用无缝钢管作筒体时，公称直径是指钢管的外径。

二、封头

封头是设备的重要组成部分。它与筒体一起构成设备壳体，封头与筒体可以直接焊接，形成不可拆卸的连接；也可分别焊上法兰，用螺栓、螺母锁紧，构成可拆卸的连接。常见的封头形式有椭圆形封头、半球形封头、碟形封头、锥形封头及平板封头等。封头的最新标准为 GB/T25198-2010，它是针对 JB/T4746-2002《钢制压力容器用封头》修订而成，并调制为现行国家标准。

常用封头的名称、断面形状、类型代号及形式参数可以见表 5-6 和 5-7。表 5-6 和表 5-7 中类型代号的最后一个字母 A 或 B，分别代表以内径为基准或以外径为基准。表 5-7 所示锥形封头类型代号中括号里标注的数字为设计要求的锥形封头半顶角角度。

表 5-6　半球形、椭圆形、碟形和球冠形封头的断面形状、类型及形式参数表

名称		断面形状	类型代号	形式参数关系
半球形封头		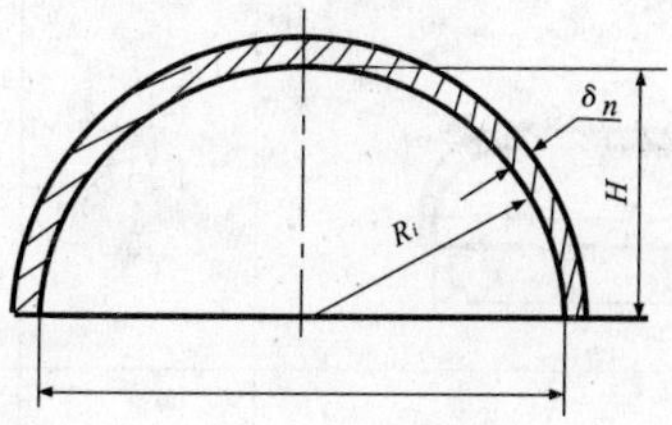 δ_n，H，R_i	HHA	$D_i=2R_i$ $DN=D_i$
椭圆形封头	以内径为基准	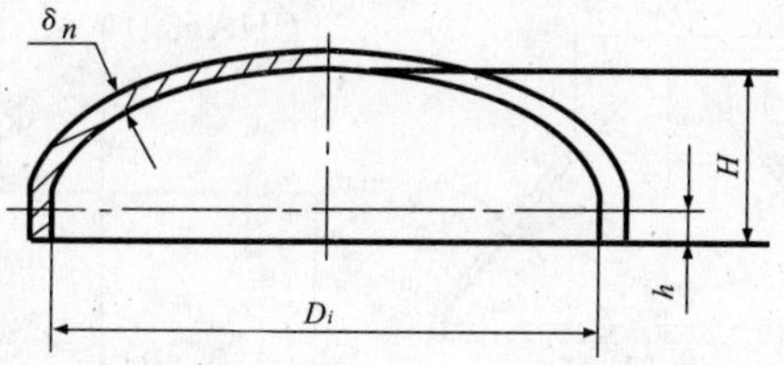 δ_n，H，h，D_i	EHA	$\frac{D_i}{2(H-h)}=2$ $DN=D_i$
	以外径为基准	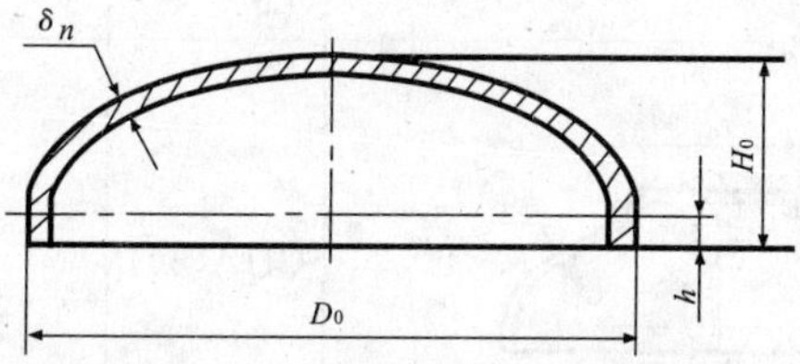 δ_n，H_0，h，D_0	EHA	$\frac{D_0}{2(H_0-h)}=2$ $DN=D_0$
碟形封头	以内径为基准	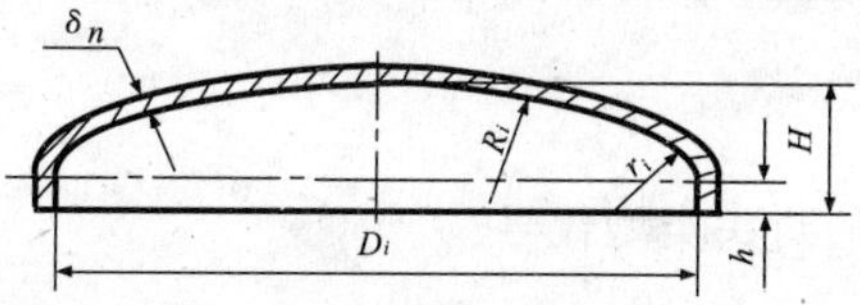 δ_n，R_i，r_i，H，h，D_i	THA	$R_0=1.0D_0$ $r_0=0.10D_0$ $DN=D_0$
	以外径为基准	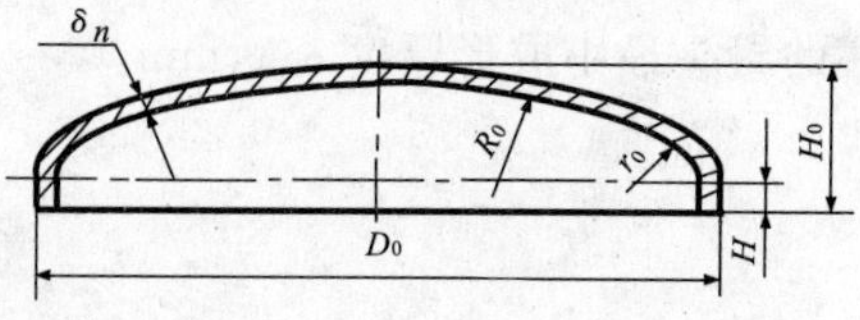 δ_n，R_0，r_0，H_0，H，D_0	SDH	$R_0=1.0D_0$ $r_0=0.10D_0$ $DN=D_0$
半冠形封头		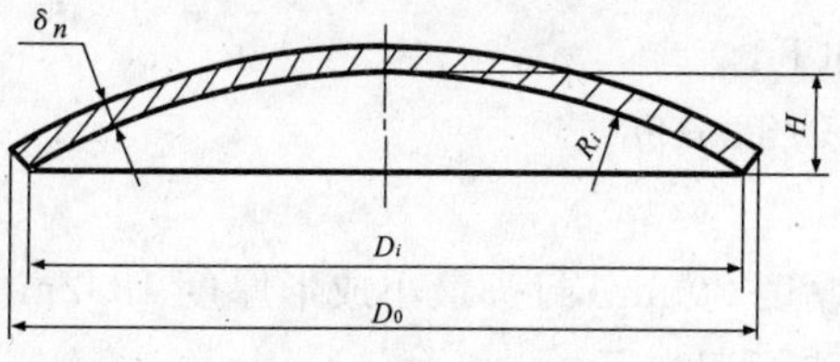 δ_n，H，R_i，D_i，D_0	SDH	$R_i=1.0D_i$ $DN=D_0$

注：半球形封头 3 种形式：不带直边的半球（$H=R_i$）、带直边的半球（$H=R_i+h$）和准半球（接近半球 $H<R_i$）

表 5-7 平底形、锥形封头的断面形状、类型及形式参数表

名称	断面形状	类型代号	形式参数关系
平底形封头	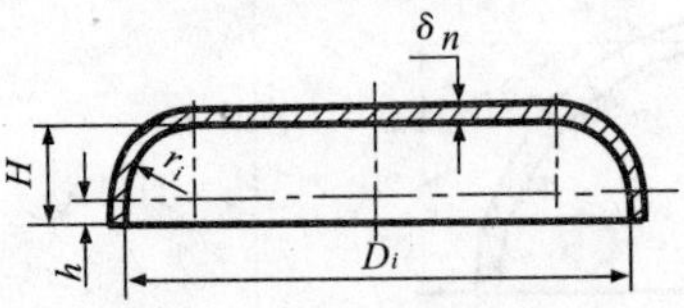	FHA	$r_i \geqslant \delta_n$ $H=r_i+h$ $DN=D_i$
锥形封头	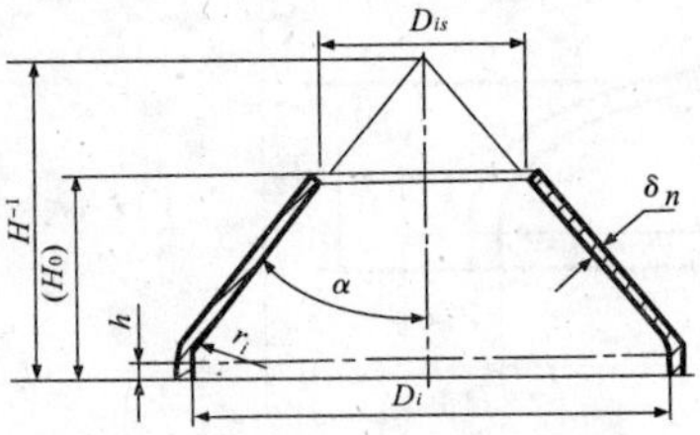	CHA(30)	$r_i \geqslant 0.10D_i$ 且 $r_i \geqslant 3\delta_n$ $a=30^n$ DN 以 D_i/D_{in} 表示
		CHA(45)	$r_i \geqslant 0.10D_i$ 且 $r_i \geqslant 3\delta_n$ $a=45°$ DN 以 D_i/D_{is} 表示
	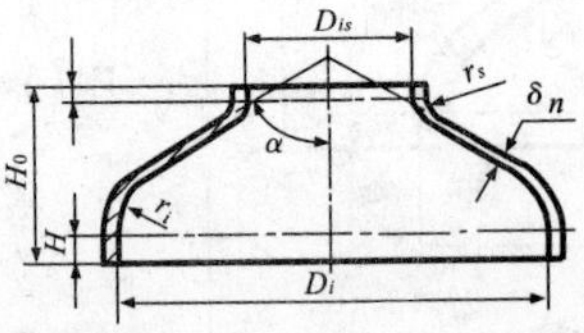	CHA(60)	$r^i \geqslant 0.10D_i$ 且 $r_i \geqslant \delta_n$ $r_a \geqslant 0.05D_{is}$ 且 $r_a \geqslant 3\delta_i$ $a=60^n$ DN 以 D_i/D_{is} 表示

封头设计标记按如下规定：

①②×③(④)—⑤⑥

①——按表 5-6 与表 5-7 规定的封头类型代号。

②——数字，为封头公称直径，mm。

③——数字，为封头名义厚度 δ_n，mm。

④——数字，为设计图样上标注的封头最小成形厚度 δ_{min}，mm。

⑤——封头的材料牌号。

⑥——标准号：GB/T25198。

示例 1：

公称直径 325mm、封头名义厚度 12mm、封头最小成形厚度 10.4mm、材质为 Q345R 的以外径为基准的椭圆形封头标记如下：

EHB325×12(10.4)—Q345GB/T25198

示例 2：

公称直径 2400mm、封头名义厚度 20mm、封头最小成形厚度 18.2mm、Ri＝1.0Di、材质为 Q345R 的以内径为基准碟形封头标记如下：

THA2400×20(18.2)—Q345GB/T25198

封头成品标记规定和设计标记相似，不同的是：

③——数字，为封头材料厚度 δs，mm。

④——数字，封头成品最小厚度，即成品封头实测厚度最小值 $\delta 1_{min}$，mm。

三、法兰

法兰连接是应用相当广泛的一种可拆连接，由一对法兰、密封垫片和螺栓、螺母、垫圈等零件组成。其连接方法是将一对法兰分别焊在筒体（或管子）和封头（或管子）上。然后在两法兰之间加放一垫片，用螺栓、螺母加以连接，通过紧固螺栓（螺柱）压紧垫片来实现密封。所以法兰设计要防止泄漏，既要保证强度，也要有足够刚性，以保持良好密封性。

化工设备用的标准法兰有 2 类：一类是用于连接管道的管法兰，另一类是用于连接筒体和封头的压力容器法兰（也称"设备法兰"）。

标准法兰的主要参数是公称直径（DN）、公称压力（PN）和密封面形式。

1. 管法兰

管法兰用于管道之间或设备上的接管与管道之间的连接。管法兰按其与管子的连接方式分为平焊法兰、对焊法兰、插焊法兰、螺纹法兰、活动法兰、整体法兰和法兰盖等。法兰密封面形式主要有凸面、凹凸面和榫槽面。其中板式平焊、带颈平焊、带颈对焊法兰是常用的法兰类型；而密封面形式则可根据压力、介质特性等加以选择，常用突面、凹凸面、榫槽面。管法兰公称直径是一个名义直径，其数值接近于管子内径。

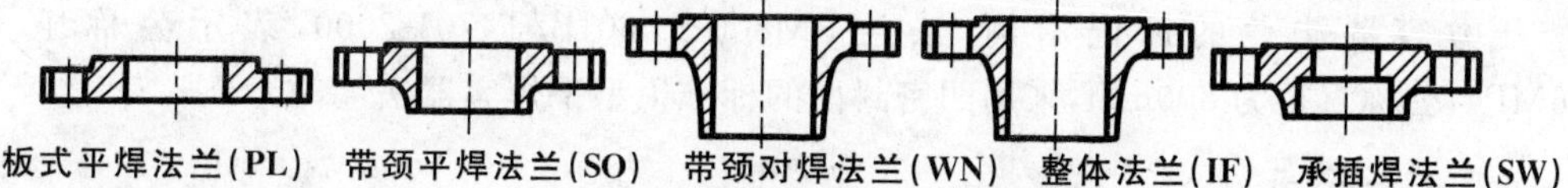

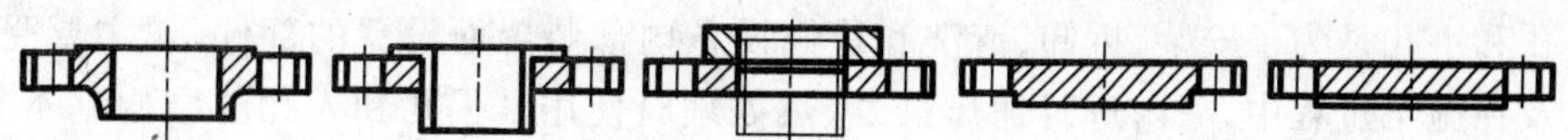

图 5-22 管法兰密封面形式及代号（按照与管路的连接方式分类）

管法兰的标记示例：HGJ47-91FM300-2.516Mn，表示公称直径为 300mm，公称压力为 2.5MPa 的凹凸面板式平焊钢制管法兰。法兰密封面形式及代号如图 5-22 所示。

法兰标记由七部分组成，按如下规定：

①-②③-④/⑤-⑥⑦

①——法兰名称及代号。

②——密封面形式代号。

③——公称直径，mm。

④——公称压力，MPa。

⑤——法兰厚度，mm。

⑥——法兰总高度，mm。

⑦——标准编号（材料代号）。

当法兰厚度及法兰总高度均采用标准值时，此两部分标记可省略。为了扩充应用标准法兰，在满足 GB150 中的法兰强度计算要求下，可以对标准值进行修改，应在标记中注明。

2. 设备法兰

压力容器法兰用于设备筒体(或封头)的连接,分为甲型平焊法兰、乙型平焊法兰和长颈对焊法兰。密封面形式有平面(RF)(分为 PI 和 PII 型)、凹(FM)凸(M)面和榫(T)槽(G)面3 种,如图 5-23 所示。压力容器法兰、垫片及紧固件采用 JB4700-4707-92 标准,对于压力容器法兰而言,其公称直径通常是指容器的内径。

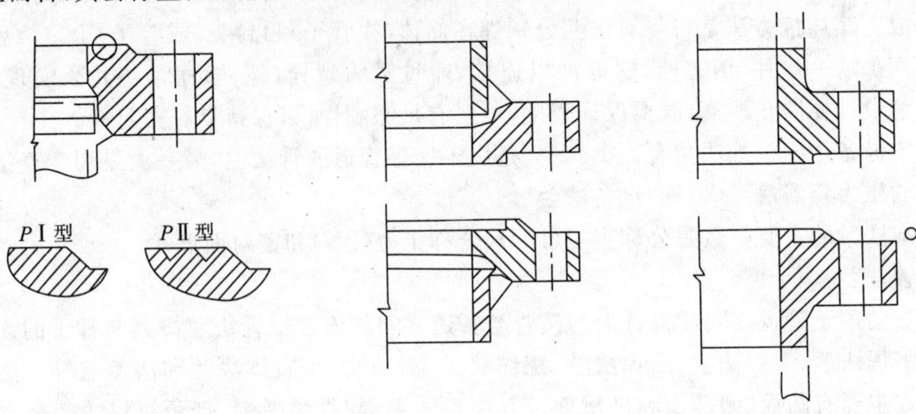

(a)甲型平焊法兰(平密封面) (b)乙型平焊法兰(凹凸密封面) (c)长颈对焊法兰(槽密封面)

图 5-23 设备法兰按照结构形式分类图

压力容器法兰的标记示例:法兰-FM800-1. 60JB/T4701-2000,表示公称压力为1. 6MPa,公称直径为 800mm,采用凹密封面的标准甲型平焊容器法兰。

四、人(手)孔

人孔和手孔是为了安装、拆卸、清洗和检修设备内部装置而设置的部件(属主要受压元件),以及在施工过程中,罐内进行通风排气、热处理时使用。手孔和人孔的结构基本相同:在短筒节上焊一个法兰,盖上人(手)孔盖,用螺栓、螺母连接压紧,两个法兰密封面之间放有垫片,盖上有手柄。

人孔有圆形和长圆形两种,圆形人孔的公称尺寸有 DN400、450、500、600mm 四种。长圆形人孔有 400mm×300mm 及 450mm×350mm 两种规格大小。手孔尺寸一般为 150 和250 两种。

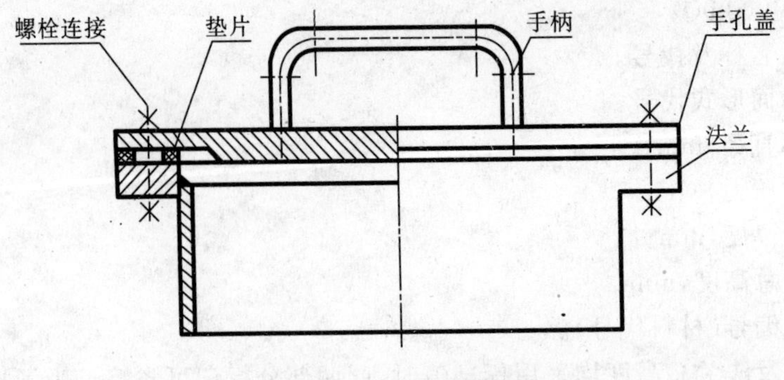

图 5-24 人(手)孔结构图

人孔(手孔)的标记:人孔 RFIII(A·C)A450-1. 0HG21517-95。

其中 RF 是(突面)密封面的代号,Ⅲ是材料类别的代号,A·C 是垫片材料的代号,A 是盖轴耳形式的代号,450 是人孔的公称直径数,1.0 是人孔的公称压力数。

五、视镜和液面计

视镜主要用来观察设备内物料及其反应情况,也可作料面指示镜。供观察用的视镜玻璃夹紧在接缘和压紧环之间,用双头螺栓连接。接缘可直接焊在设备壳体上,也可以接一短管,然后焊在设备上,这种结构称为"带颈视镜"。

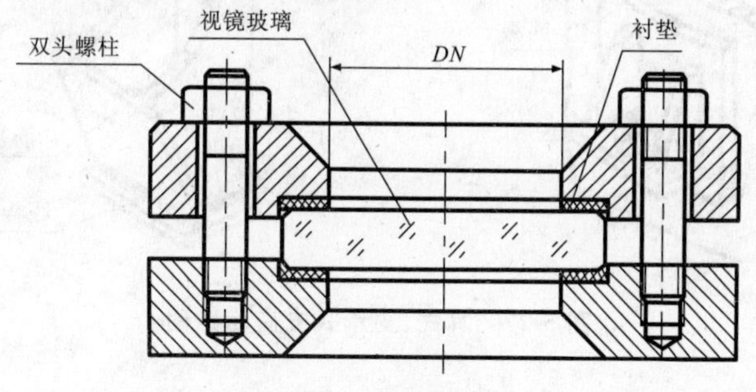

图 5-25　视镜结构图

压力容器视镜的标准号为 HGJ501-86 及 HCJ502-86,尺寸系列有 50、80、100、125 及 150mm 五种。公称压力有 1、1.6、2.5MPa。

标准视镜的标记方式为:

视镜 I(或Ⅱ)PN1.6DN80HGJ501-86-5(或 15)。

带颈视镜 I(或Ⅱ)PN1.6DN100HGJ502-86-8(或 18),

其中,I 和Ⅱ分别表示材料为碳钢及不锈钢,标准号后面的数字表示标准图图号。

液面计是用来观察设备内液面位置的装置。最常用的是玻璃管液面计、玻璃板液面计。其基本结构如图 5-26 所示。

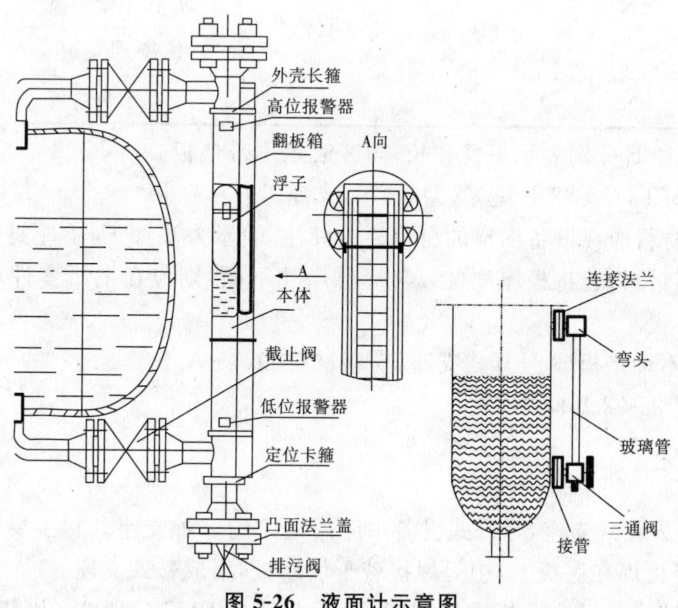

图 5-26　液面计示意图

六、支座

支座用于支承设备的重量和固定设备的位置。典型支座有：立式设备有悬挂式支座、支承式支座和支脚；卧式设备有鞍式支座、圈式支座和支脚。

按设备的结构形状、安放位置、材料和载荷情况不同，支座有多种形式。

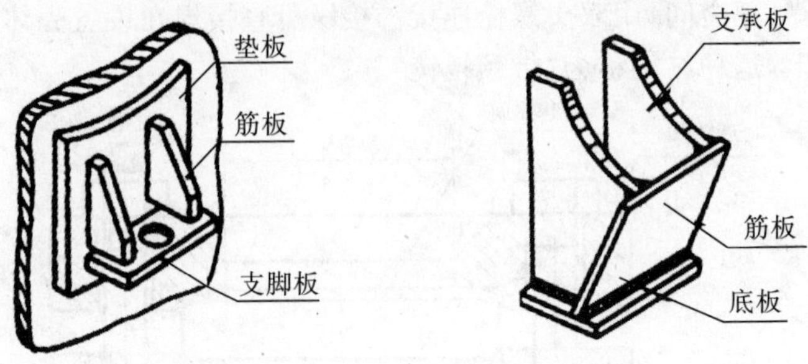

图 5-27 耳式、支承式支座示意图

1. 耳式支座

耳式支座简称"耳座"，广泛用于立式设备，如图 5-27 所示。它是由两块筋板、一块底板(支脚板)和一块垫板组成。然后将垫板焊在设备的筒体壁上，耳座的底板搁在楼板上，底板上有螺栓孔，用螺栓固定设备。

耳式支座已制定行业标准，标准号为 JB/T4725-92(取代原标准 JB1165)。其形式特征见表 5-8。

表 5-8 耳式支座形式特征

型号	支座号	适用公称直径(mm)	结构特征
A	1-8	DN300-400	短臂、带垫板
AN	1-3		短臂、不带垫板
B	1-8		长臂、带垫板
BN	1-3		长臂、不带垫板

表 5-8 中，A 和 B 分别表示短臂和长臂，N 表示不带垫板。

标记示例：JB/T4725-92 耳座×(型号)×(支座号)。

支座及垫板材料应在设备图样的材料栏内标注，表示方法如下：支座材料/垫板材料；无垫板时，只标支座材料；若垫板厚度(δ_3)与标准尺寸不同，则应在图纸零件名称栏或备注栏中注明。

例： A 型，不带垫板，3 号耳式支座，支座材料 Q235-A. F。

标记：JB/T4725-92 耳座 AN3。

材料：Q235-A. F。

2. 鞍式支座

图 5-29 所示为鞍式支座，是卧式设备中应用最广的一种支座。它主要由一块竖板支撑着一块鞍形板，竖板焊在底板上，中间焊接若干块筋板，组成鞍式支座。

鞍式支座的结构和尺寸已标准化，其行业标准号为 JB/T4712-92(代替原 JB1167)。鞍式支座分为轻型(代号 A)和重型(代号 B)2 种,重型鞍座按包角、制作方式及附带垫板情况又分 5 种型号,即 BI～BV。此外,鞍座的安装形式又可分为固定式(代号 F)和滑动式(代号 S)。

若鞍座高度(h)、垫板宽度($b4$)、垫板厚度(δ)、底板活动长孔长度与标准尺寸不同,应在设备图样明细栏零件名称栏或备注栏中注明,材料的注写方式与耳座相同。

例　DN1800,120°包角轻型带垫板滑动鞍座,鞍座材料为 Q235-A. F,垫板材料 0Cr19Ni9,鞍座高度 400mm。

标记:JB/T4712-92 鞍座 A1800-S,h=400

材料:Q235-A. F/0Cr19Ni9

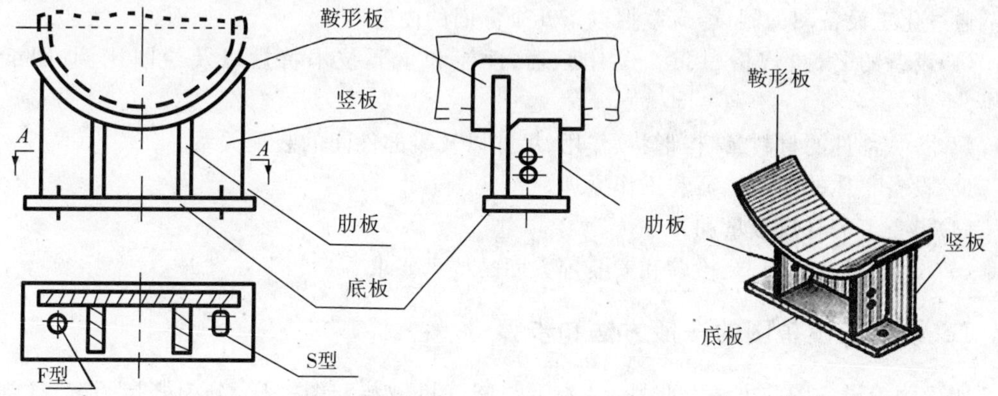

图 5-29　鞍式支座结构图与示意图

七、补强圈

补强圈是指在壳体开孔周围贴焊的一圈钢板。设备上开孔过大将削弱设备器壁的设计强度,因此,需采用补强圈加强器壁强度。补强圈应与器壁很好地贴合,使焊接后能与器壁同时受力。为了焊接方便,补强圈可以置于器壁外表面或内表面,或内外表面对称放置,但为了焊接方便,一般是把补强圈放在外面单面补强。为了检验焊缝的紧密性,补强圈上有一个 M10 的小螺纹孔。从这里通入压缩空气进行焊缝紧密性试验。补强圈现已标准化。采用补强圈结构补强时应遵循 GB150-1998 的规定。

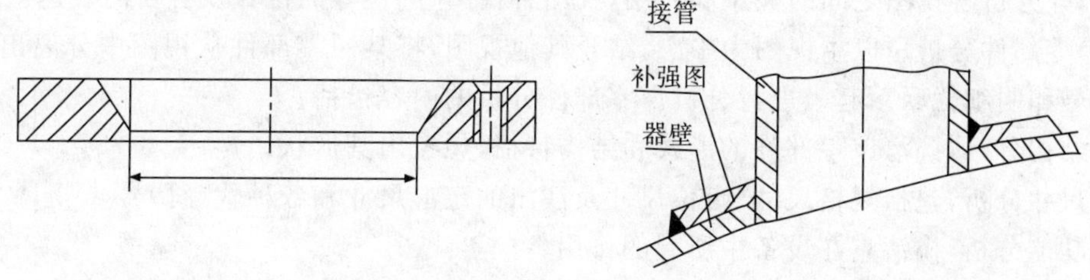

图 5-30　补强圈示例图

标记示例:公称直径 100mm,厚度 8mm,坡口型式为 B 型的补强圈,其标记为:

补强圈 DN100×8-BJB/T4736-2002。

第六节　化工设备图阅读

化工设备图样是化工生产中化工设备设计、制造、安装、使用、维修的重要技术文件，也是进行技术交流、设备改造的工具。因此，作为从事化工生产的专业技术人员，必须具备熟练阅读化工设备图的能力。

一、读化工设备图的基本要求

通过化工设备图的阅读，应掌握以下几个方面的内容。

(1)设备的名称、规格、用途、工作原理、性能和主要技术特性以及绘图比例、图纸张数等。

(2)各零部件的材料、结构形状、作用、尺寸以及零部件间的装配关系。

(3)设备整体的结构特征和工作原理。

(4)设备上的管口数量和方位。

(5)设备在设计、制造、检验和安装等方面的技术要求。

二、读化工设备图的一般方法和步骤

阅读化工设备图的方法和步骤，基本上与阅读机械装配图一样，分为概括了解、详细分析、归纳总结等步骤。在阅读前，需具有一定的化工设备基础知识，初步了解典型设备的基本结构。在读总装配图对一些部件进行分析时，应结合其部件装配图一同阅读。在读图过程中，应注意化工设备图所独特的内容和图示特点。一般可按下列步骤进行。

1. 概括了解

首先看标题栏，了解设备名称、规格、绘图比例等内容；看明细栏，了解零部件的数量及主要零部件的选型和规格等；粗看视图，并概括了解设备的管口表、技术特性表及技术要求中的基本内容。

2. 详细分析

(1)视图分析。了解设备图上共有多少个视图，哪些是基本视图，各视图采用了哪些表达方法，并分析各视图之间的关系和作用，找出各视图、剖视等的位置及各自的表达重点。

(2)零部件分析。以主视图为中心，结合其他视图，将某一零部件从视图中分离出来，并通过序号和明细栏联系起来进行分析。零部件分析的内容包括：

①结构分析，搞清该零部件的形式和结构特征，想象出其形状。

②尺寸分析，包括规格尺寸、定位尺寸及注出的定形尺寸和各种代(符)号。

③功能分析，搞清它在设备中所起的作用

④装配关系分析，即它在设备上的位置及与主体或其他零部件的连接装配关系。

对于标准化零部件，还可根据其标准号和规格查阅相应的标准进行进一步的分析。

分析接管时，应根据管口符号把主视图和其他视图结合起来，分别找出其轴向和径向位置，并从管口表中了解其用途。管口分析实际上是设备的工作原理分析的主要方面。

化工设备的零部件一般较多，一定要分清主次，对于主要的、较复杂的零部件及其装配关系要重点分析。此外，零部件分析最好按一定的顺序有条不紊地进行，一般按先大后小、先主后次、先易后难的步骤，也可按序号顺序逐一地进行分析。

通过对视图和零部件的分析，对设备的总体结构全面了解，并结合有关技术资料，进一步了解设备的结构特点、工作原理和操作过程等内容。

3. 分析工作原理

结合管口表分析每一管口的用途及其在设备的轴向和径向位置，从而搞清各种物料在设备内的进出流向，这也是化工设备的主要工作原理。

分析技术特性和技术要求：通过技术特性表和技术要求，明确该设备的性能、主要技术指标和在制造、检验、安装等过程中的技术要求。

4. 归纳总结

经过对图样的详细阅读后，可以对所有的资料进行归纳和总结，从而对设备获得一个完整、正确的概念。在零部件分析的基础上，将各零部件的形状以及在设备中的位置和装配关系加以综合，并分析设备的整体结构特征，从而想象出设备的整体形象。还需对设备的用途、技术特性、主要零部件的作用、各种物料的进出流向即设备的工作原理和工作过程等进行归纳和总结，最后对该设备获得一个全面、清晰的认识。

如能在阅读化工设备图的时候，适当地了解该设备的设计资料，了解设备在工艺过程中的作用和地位，将有助于对设备设计结构的理解，也将大大提高读图的速度。

三、热交换器读图举例

1. 概括了解

如图 5-31 所示，从标题栏可知，该设备图为甲醇换热器装配图，公称直径为 800mm，绘图比例为 1:10。全图用一个主视图、一个左视图表达了整个冷凝器的主要内外结构形式以及管口方位。为表达一些局部结构，还采用了局部放大图分别表达了拉杆（件号 11、12）与管板（件号 4、18）的连接方式、换热管（件号 15）与管板的连接方式、管板与筒体和管箱（件号 1）的连接以及隔板与管板的连接方式；采用了两个放大图表达密封结构；左视图采用了一个管板位置的 A－A 局部剖视图来表达。

从明细栏可知，该设备共编了 28 个零部件编号。从“代号”一栏可查，除总装图外，还有 2 张零部件图；代号中附有 GB、JB、HG 符号的零部件均为标准件或外购件。

从管口表可知，该设备有 a、b、c、d、e、f 共 6 个管口符号，在主、左视图上可以分别找出它们的位置。从制造检验主要数据表可了解设备的管程设计压力为 0.6MPa，壳程设计压力也为 0.6MPa，管程设计温度为 100℃，壳程设计温度也为 100℃，管程物料为循环水，壳程物料为甲醇。设备主要受压元件材料为 16MnR，换热面积为 107.5m^2。

2. 详细分析

首先进行零部件结构分析。如图 5-31 所示，该设备的筒体为圆柱形，卧放。筒体的内径为 800mm，壁厚 10mm，材料为 16MnR，筒体的左端分别焊接管箱（件号 1），管箱中间用隔板隔开，以形成上、下两部分空腔，上部接循环水出口 a，下部接循环水入口 f。管箱为一较复杂组合件，另绘有零件图。局部放大图 I 显示了筒体与管板的焊接结构以及管板与管箱的连接结构。由于是固定管板壳式换热器，所以管板与筒体是焊接为一体的，同时管板兼带有法兰与管箱法兰连接。

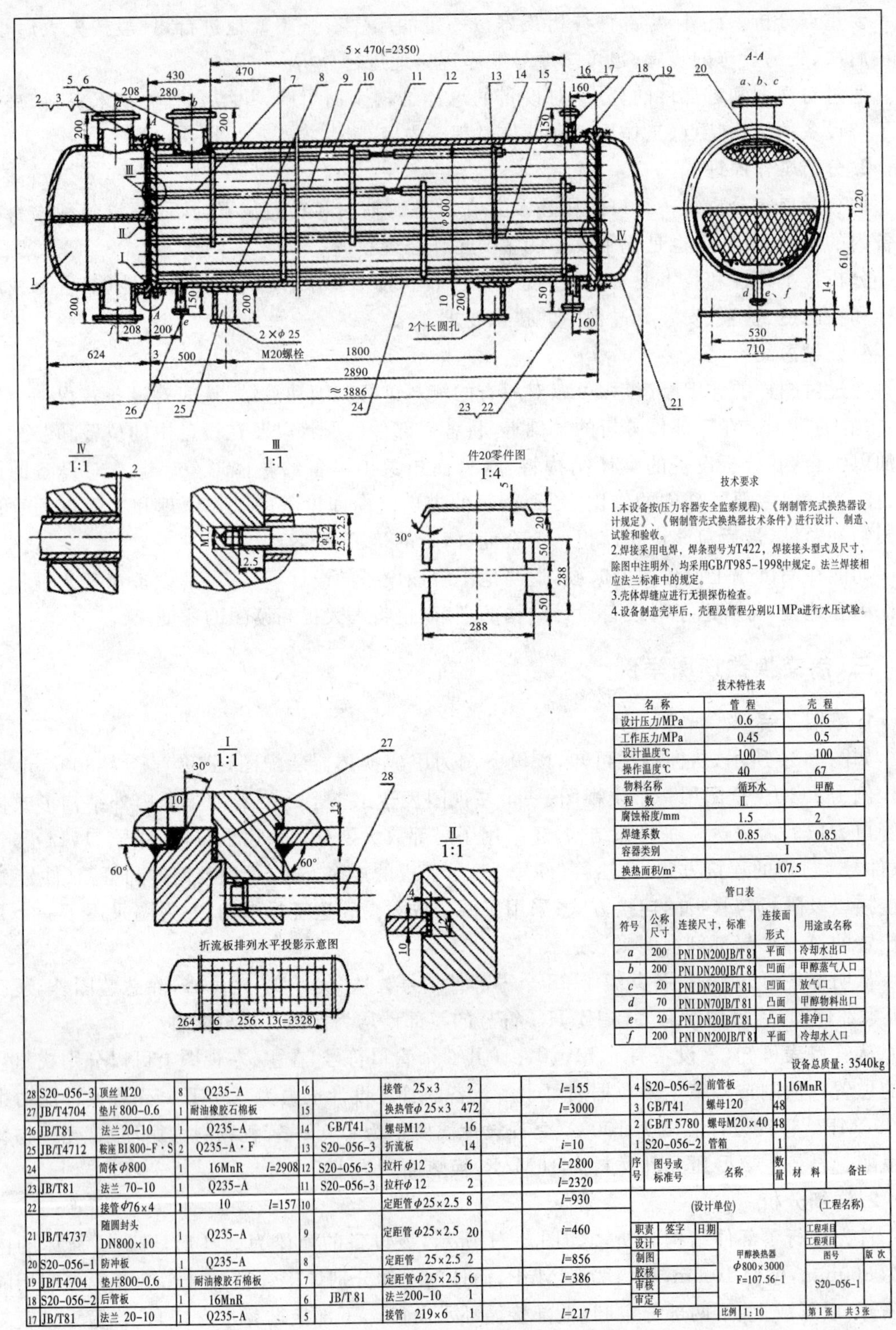

技术要求

1.本设备按(压力容器安全监察规程)、《钢制管亮式换热器设计规定》、《钢制管壳式换热器技术条件》进行设计、制造、试验和验收。

2.焊接采用电焊，焊条型号为T422，焊接接头型式及尺寸，除图中注明外，均采用GB/T985-1998中规定。法兰焊接相应法兰标准中的规定。

3.壳体焊缝应进行无损探伤检查。

4.设备制造完毕后，壳程及管程分别以1MPa进行水压试验。

技术特性表

名 称	管 程	壳 程
设计压力/MPa	0.6	0.6
工作压力/MPa	0.45	0.5
设计温度℃	100	100
操作温度℃	40	67
物料名称	循环水	甲醇
程 数	Ⅱ	Ⅰ
腐蚀裕度/mm	1.5	2
焊缝系数	0.85	0.85
容器类别	Ⅰ	
换热面积/m²	107.5	

管口表

符号	公称尺寸	连接尺寸，标准	连接面形式	用途或名称
a	200	PNI DN200JB/T 81	平面	冷却水出口
b	200	PNI DN200JB/T 81	凹面	甲醇蒸气人口
c	20	PNI DN20JB/T 81	凹面	放气口
d	70	PNI DN70JB/T 81	凸面	甲醇物料出口
e	20	PNI DN20JB/T 81	凸面	排净口
f	200	PNI DN200JB/T 81	平面	冷却水入口

设备总质量：3540kg

序号	图号或标准号	名称	数量	材料	备注
28	S20-056-3	顶丝 M20	8	Q235-A	
27	JB/T4704	垫片 800-0.6	1	耐油橡胶石棉板	
26	JB/T81	法兰 20-10	1	Q235-A	
25	JB/T4712	鞍座 BI800-F · S	2	Q235-A · F	
24		筒体 φ800	1	16MnR	l=2908
23	JB/T81	法兰 70-10	1	Q235-A	
22		接管 φ76×4	1	10	l=157
21	JB/T4737	随圆封头 DN800×10	1	Q235-A	
20	S20-056-1	防冲板	1	Q235-A	
19	JB/T4704	垫片800-0.6	1	耐油橡胶石棉板	
18	S20-056-2	后管板	1	16MnR	
17	JB/T81	法兰 20-10	1	Q235-A	

序号	图号或标准号	名称	数量	材料	备注
16		接管 25×3	2		l=155
15		换热管 φ25×3	472		l=3000
14	GB/T41	螺母M12	16		
13	S20-056-3	折流板	14		i=10
12	S20-056-3	拉杆 φ12	6		l=2800
11	S20-056-3	拉杆 φ12	2		l=2320
10		定距管 φ25×2.5	8		l=930
9		定距管 φ25×2.5	20		i=460
8		定距管 25×2.5	2		l=856
7		定距管 φ25×2.5	6		l=386
6	JB/T 81	法兰200-10	1		
5		接管 219×6	1		l=217

序号	图号或标准号	名称	数量	材料	备注
4	S20-056-2	前管板	1	16MnR	
3	GB/T41	螺母120	48		
2	GB/T 5780	螺母M20×40	48		
1	S20-056-2	管箱	1		

(设计单位)				(工程名称)	
职责	签字	日期	甲醇换热器 φ800×3000 F=107.56-1	工程项目	
设计				工程项目	
制图				图号	版 次
胶核				S20-056-1	
审核					
审定					
年			比例 1:10	第1张	共3张

图 5-31 氨冷凝器装配图

热交换列管共有 472 根，主视图中用点画线表示密集的管束，其排列如图 5-32 所示，为等边三角形排列，列管的左右两端与管板焊接。

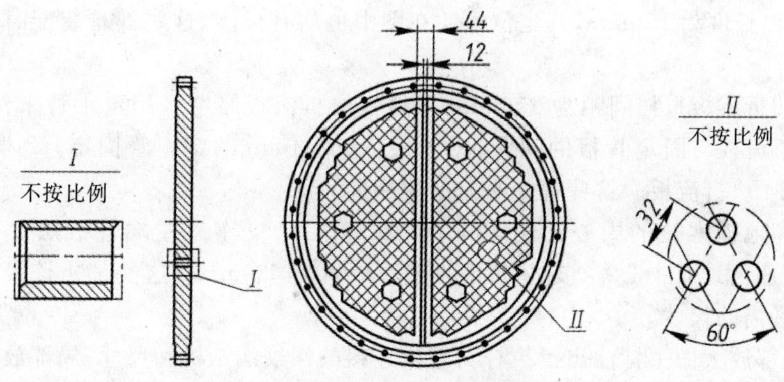

图 5-32　换热器管板零件图

折流板分别用 4 根 ϕ25×2.5 的定距管(件号 7、8、9、10)定距。定距管套在拉杆上，拉杆左端用螺纹连接，固定在管板(件号 4)上，拉杆的右端用螺母紧固。折流板数量为 14 块，6 块向上，6 块向下，间错安装排列。图 5-33 中给出了折流板及拉杆、定距管的装配示意图。

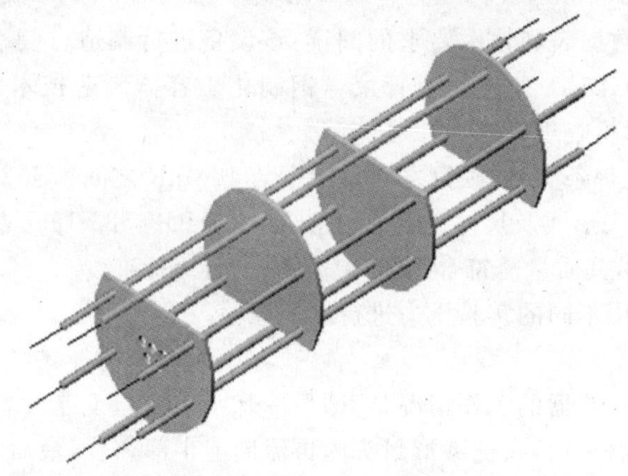

图 5-33　折流板及拉杆、定距管的装配示意图

隔板将管箱分为两半，因此隔板的左端与管箱匹配焊接，端面嵌入固定管板的槽中，由垫片密封(见局部放大图Ⅰ)。

该设备卧放，故采用鞍式支座(件号 25)。代号为 BI800-F、S，支座高度 200mm。从支座的安装示意图应可知支座的具体尺寸，并知一个为固定支座 BI800-F，另一个为活动支座 BI800-S，以便于消除热应力和安装定位。

尺寸的阅读：筒体的直径和壁厚为 ϕ800×10(mm)及其长度 $L=2890$mm；封头的公称直径和壁厚为 ϕ800×10mm；换热管的直径、壁厚和长度 ϕ25×2.5、$L=3000$mm；整个换热器装配后的总长约为 3886mm；各接管口的管径和壁厚尺寸以及管箱筒体等主要零部件的定形尺寸均可从图面上或明细栏内直接获得。

其他一些零件，如定距管、拉杆、垫片等，亦可直接从图面或明细栏内获得它们的定形尺寸。另外一些如双头螺柱、螺母、支座、法兰等标准件、通用件，其标准号和规格则可以从手册中查得有关尺寸。

各管口的伸出长度有 200mm 和 150mm 两种情况。为了装接方便并考虑到支座的高度，管口 e 伸出长度为 150mm，其定位尺寸在图中也均有标注，这些都是装配时必须知道的定位尺寸。

壳程内的折流板每挡间距为 256mm(包括一块折流板厚度)，用定距管来保证其间距。左端第一块折流板与固定管板的间距，用 3 根 $L=264$mm 的定距管固定。2 根拉杆(件号 11、12)穿过 14 块折流板。这些都是必需的装配尺寸。

两个支座地脚螺栓的中心孔距为 1800mm，第一个支座离左端管板法兰面的距离为 500mm(至支座的螺孔中心)。支座螺孔的前后距离为 530mm。这些都是该设备安装就位于地基上所必需的尺寸。

另外，局部放大图Ⅰ标注出了拉杆与管板连接的螺纹端结构和尺寸；局部放大图 II 注出了管板与隔板装配时密封槽尺寸；局部放大图防冲板的零件图、折流板排列的水平投影示意图也在图中加以表示，此外，还用一些焊接尺寸可以在其他零件图表示出来。

管口的阅读：从管口表知道，该设备共有 6 个管口，管口表不仅提供了各管口的公称直径和用途，而且列出了连接尺寸标准和连接面形式，可供配备相应的管材、管件和法兰。如管口 a、b 公称直径为 200mm，公称压力为 0.6MPa。

对制造检验主要数据表和技术要求的阅读：该设备进行制造、试验、验收的技术依据是《钢制管壳式换热器》GB151-1999Ⅱ级管束、《钢制化工容器制造技术要求》HG20584-1998 和《压力容器安全技术检查规程》(1999 版)。

焊接采用电弧焊，焊条牌号：碳钢之间及碳钢与 16MnR 之间为 J427，16MnR 与 16MnR 之间为 J507。焊接接头形式及尺寸除图中注明外，按 HG20583-1998 中的规定。对接焊缝长度的 20%进行探伤，其质量需符合 JB4730-1994 的Ⅲ级标准。

管程与壳程分别用不同的实验压力进行水压试验。

3. 归纳总结

此固定管板壳式换热器的工作情况是：循环冷却水由管口 f 进入下侧管箱，通过管板先经下半部分列管流向右端后，在椭圆形封头内再流向上半部列管，最后从左端管箱上方的管口 a 流出，通过列管的管壁，与壳程内的甲醇(或甲醇蒸汽)进行热量交换，将壳程内物料的热量带出。这就是管程的流动情况。

壳程内的甲醇蒸汽由管口 b 进入，沿折流板迂回流动，通过列管壁散热，甲醇的温度逐步降低，最后凝结为液氨，从管口 d 流出。

第七节 设备布置图

一、设备布置图简介

工艺流程设计所确定的全部设备，必须根据生产工艺的要求和具体情况在车间内合理地布置与安装。用以表达厂房建筑物内外设备安装位置的图样称为“设备布置图”。它是根据生产工艺的要求与场地现场的地形地貌，并考虑不同设备的具体情况与要求，将工艺流程设计所确定的全部设备在厂房建筑物的内外进行合理的布置，安装固定，确保生产的顺利进行。设备布置图是设备施工安装、管道布置图设计的文件依据。

绘制设备布置图的要求：为了清楚地表示需要表达的内容，设备布置图一般仅表达一个生产车间或工段（工序或分区）的生产设备及辅助生产装置，设备布置图均按正投影原理绘制。

1. 设备布置图

车间设备布置需要提供的图纸包括：设备布置图，首页图，设备安装详图和管口方位图。

设备布置图又可分为设备平面（剖视）布置图与立面（剖视）布置图。如图 5-34、5-35 所示。

设备平面与立面布置表达的内容很多，主要有：

(1)所在厂房建筑物的基本结构，以作为设备定位依据。

(2)设备在厂房内外的确切布置安排及定位情况，为设备的安装提供依据。

(3)方向标，用以作为设备安装定位的基准。

(4)设备一览表，用详细列出设备布置图上的各设备的名称、位号、型号规格、数量及所在图号等相关信息，以便为进一步了解设备的布置提供参考。

(5)标题栏，用以说明图名、图号、比例和设计阶段等内容。

对于比较复杂的装置或有多层构筑物的装置，则必须分层（次）或分区域绘制设备布置的平（剖）面图，用来表达下面被遮挡设备的布置情况。在画剖平面图时，设备按规定可作不剖处理；其剖切位置（标高或楼层）应在剖平面图上标注清楚，如(EL)0.000 平面、EL4.500（二楼平面）……同时画出与设备布置有关的厂房建筑的建筑轴线、墙、柱、地面、屋面、平台、平台楼梯、设备基础、操作平台等相关位置尺寸。

2. 设备安装详图

详细表达在现场为安装、固定设备必需提供的各种附属装置结构的图样，表达的主要对象为：安装、固定设备所需的支架、吊架、挂架与平台，以及在实际操作中所需的操作平台、高位设备之间的栈桥、旋梯等。表达方式类似于机械制图和建筑制图。

3. 管口方位图

详细表达现场所需安装设备上各管口及支座、地脚螺栓周向安装方位的图样。其主要内容是：表示设备管口位置的管口方位简图；指示设备安装方位的方向标；详细说明与设备相连管道的代号、管径、材质、用途等情况的接管表。

4. 首页图

提供设备布置图所在界区的位置，以及与相关生产车间（装置）之间的相对位置与相互关系的图样。主要用于大型联合生产企业中一张设备布置图图面难以表达清楚的情况，使阅图者能从整体上全面了解生产装置的概貌与现场布置情况，以及图示车间或工段所在的具体位置。其主要内容为：

(1)生产装置所在厂房内外的大致情况与分区范围，包括建筑物、构筑物的总体尺寸、地面标高、定位轴线，主要建筑指标与方向标等。

(2)图面分区方式与界区范围及分区的名称与代号。

(3)各公用工程的接管位置。

(4)生产装置及各分区外接管道的位置。

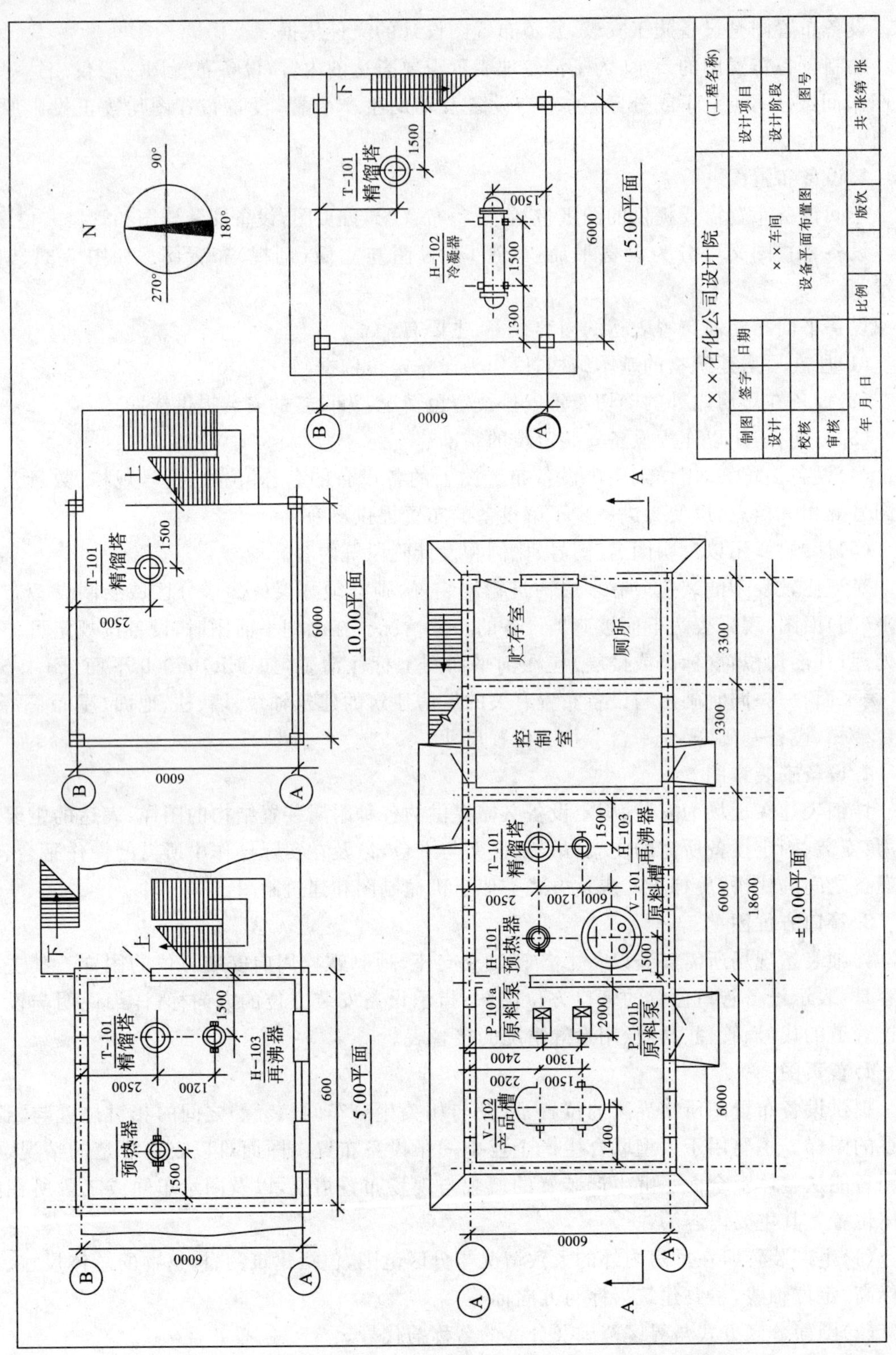

图 5-34　设备平面布置图

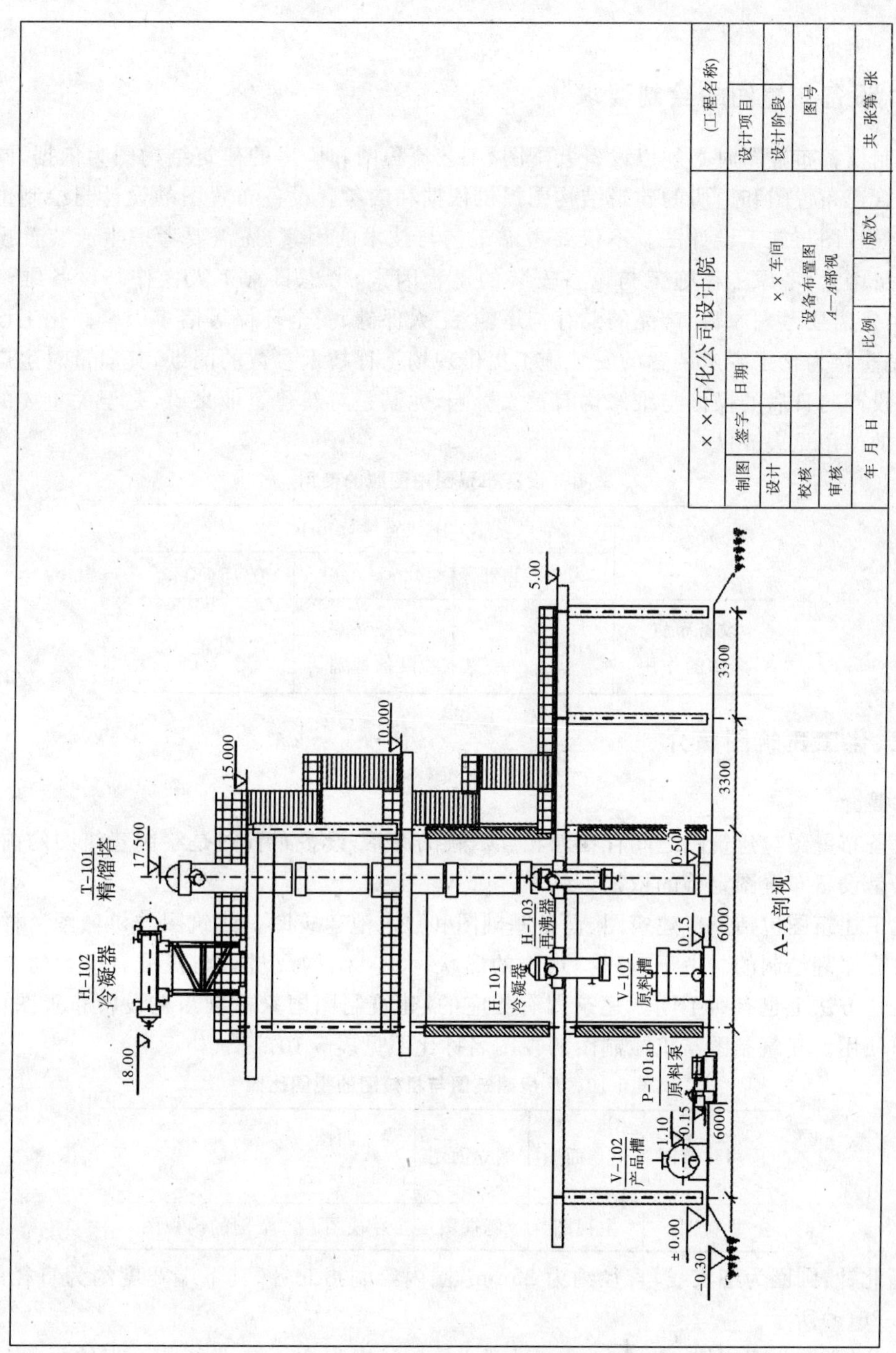

图 5-35　设备立面布置图

(5)生产装置的外接管道一览表，用以详细说明外接管道的编号、名称、规格、标高和用途，以及管道的来源与去向等。

二、设备布置图的绘制要求

绘制设备布置图时必须以设备装配图、工艺流程图和厂房的建筑结构图为依据，同时它又要为管道布置图和厂房的建筑结构图提供依据和参考。设备布置图的设计与绘制也同样分初步设计图与施工设计图。不仅要考虑工艺与技术的因素，还需要考虑生产装置投资成本的经济因素，考虑工程施工与设备安装的工程因素，考虑日常工人操作与设备维修等因素，甚至还需要考虑原料、产品的贮存与运输、工人保健、安全环保等诸多因素。化工设备布置图，是直接为化工生产装置的安装施工提供现场工程技术参数的图纸，其质量对生产装置的顺利投产与日后的操作与维修均有重大影响，尤其是对新建企业来讲，是至关重要的。关于图线的使用见表 5-9。

表 5-9 设备布置图中图线的使用

	图线宽度(mm)		
	0.9～1.2	0.5～0.6	0.15～0.3
设备布置图中的作用	设备轮廓	设备支架 设备基础	其他

三、化工建筑图简介

1. 简介

设备布置图与建筑图之间存在着相互依赖的关系，设备布置图是绘制建筑图的前提，建筑图又是设备布置图定稿的依据。

化工建筑图包括厂房建筑图、设备基础图和贮水池建筑图。建筑图与机械图一样，都是按正投影原理绘制的。由于建(构)筑物的形状、大小、结构及材料与机械有很大的差别，所以在表达方法上也有所不同。建筑图有相应的《建筑制图国家标准》，在设备布置图中也需要参照使用。建筑制图与机械制图的视图名称比照见表 5-10。

表 5-10　厂房建筑图与机械图的视图比照

厂房建筑图	正立面图	侧立面图	背立面图 平面剖视图	
机械图	主视图	侧视图	后视图	全剖的俯视图

指北针：圆圈为细实线，直径约为 25mm，圈内绘制指北针，其下端宽度约为直径的1/8。如图 5-36(a)所示。

方位标：圆为粗实线，直径 14mm，过圆心绘制长度为 20mm、且互相垂直的两条直线，用 N 或“北”标明真实地理北向，并从北向开始顺时针分别标注 0°、90°、180°、270°字样。同时，可另用一条带箭头的直线指明建筑物的朝向。如图 5-36(b)所示。

玫瑰方向标：在项目工程的总平面图中，常采用玫瑰方向标标明工程所在地每年各风向发生的频率。如图 5-36(c)所示。

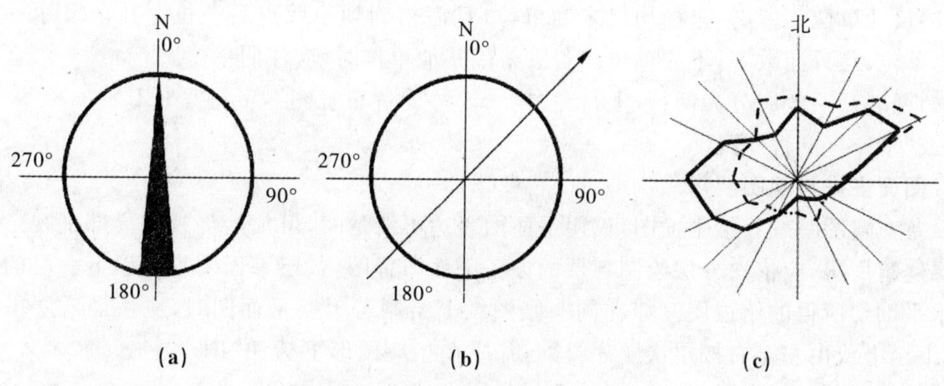

图 5-36 指北针、方向标、玫瑰方向标

2. 设备基础图

主要的化工生产装置一般都需要安装在设备基础上，因此常常需要为设备绘制单独的设备基础图。图 5-37 给出了落地立式设备基础图，更多规定可查阅相关文献。

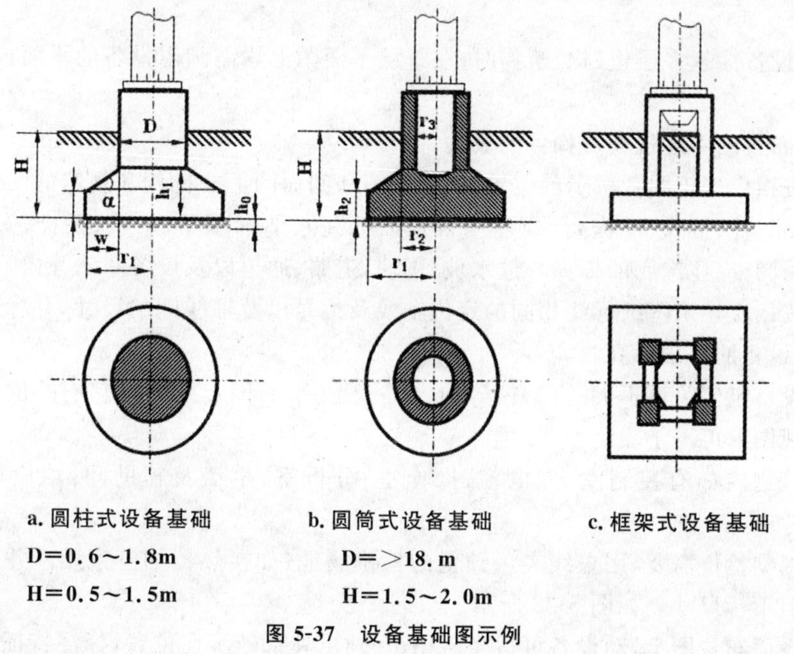

图 5-37 设备基础图示例

四、设备布置图

设备布置图中视图的表达内容主要是两部分：一是建筑物及其构件，二是设备。

1. 设备布置图的视图

(1)比例。通常采用 1∶100，根据情况也可采用 1∶50 或 1∶200。如需分区域、分层次绘制设备布置图时，必须采用同一比例，比例大小均应在标题栏中注明。

(2)图幅。一般采用 A1 图幅，不宜加长加宽，特殊情况也可采用其他图幅。同一车间应尽可能绘于同一张图纸上，也可分开绘在几张图纸上，但要求采用相同的幅面，以求整齐，并利于装订及保存。

(3)尺寸单位。标高、坐标均以米为单位,且需精确到小数点后三位。其余尺寸一律以毫米为单位,且只注数字,不注单位。若需采用其他单位时,应注明单位。

(4)图名。一般应分为两行,上行写“××××设备布置图”,下行写“EL×××.×××平面”或“×－×剖视”等。

2. 图面安排与视图要求

设备布置图一般只绘平面图,仅用平面图表达不清楚时,可加绘剖视或局部剖视。对于有多层建筑厂房,应依次分层绘制各层的设备平面布置图,各层平面图均是以上一层的楼板底面水平剖切所得的俯视图。如在同一张图纸上绘制若干层平面图时,应从最低层平面开始,由下至上或由左至右按层次顺序排列,并应在相应图形下标注“EL×××.×××平面”等字样。

一般情况下,每层只需画一张平面图。当有局部操作平台时,主平面图可只画操作平台以下的设备,而操作平台和在操作平台上面的设备应另画局部平面图。如果操作平台下面的设备很少,在不影响图面清晰的情况下,也可两者重叠绘制,将操作平台下面的设备画为虚线。

当一台设备穿越多层建(构)筑物时,在每层平面图上均需画出设备的平面位置,并标注设备位号。

3. 设备布置图中建筑物及构件的表达

(1)需按相应建筑图纸所示的位置,在平面图和剖面图上按比例和规定的图例画出建筑物的门、窗、墙、柱、楼梯、操作台(应注平台顶面标高)、下水篦子、吊轨、栏杆、安装孔、管廊架、管沟和明沟(应注沟底的标高)、散水坡、围堰、道路、通道以及设备基础等相关构件。

(2)需按相应建筑图纸标注相同的定位轴线及编号以及轴线间的尺寸,并标注室内外的地坪标高和设备的基础标高。

(3)与设备定位关系不大的门、窗等构件,一般在平面图上要画出它们的位置与开启方向等,其他视图上可不予表示。

(4)建筑物内如有控制室、配电室、操作室、分析室、生活及辅助间,均应标注各自的名称。

(5)应根据检修需要,用虚线表示预留的检修场地(如换热器抽管束用),并按图纸相同比例画出,但不标尺寸。如图 5-38 所示。

(6)在平面布置图上,动设备可适当简化,只画出其基础所在位置,标注特征管口和驱动机的位置,并在设备中心线的上方标注设备位号,下方标注支承点的标高“POSEL××××”或主轴中心线的标高“EL××××”。如图 5-39 所示。

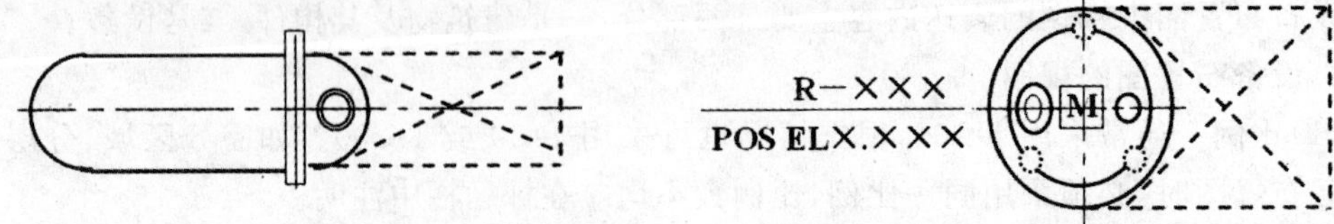

(a)换热器预留检修场地　　(b)有电机搅抖的釜

图 5-38　预留检修场地表示方法

(a)带电机驱动的泵　　(b)特征管口的方位角需详细注明

图 5-39　动设备的简化画法

4. 设备的图示(形)

(1)定型设备。用粗实线按比例画出外形轮廓,被遮盖的轮廓线不予画出。相同设备多于 3 台时,可只表示首末 2 台外形,中间的仅画基础,或用双点画线方框表示。

(2)非定型设备。采用简化画法画出外形,包括操作台、梯子和支架(应注明支架图号)。无管口方位图的设备,应画出其特征管口,并注明其方位角。卧式设备则应画出其特征管口或标注其固定端支座方位。

(3)设备图例(形)。均应符合 HG20519.3-2009《设备布置图》的规定。无图例的设备,可按实际外形简略画出。

(4)设备穿过楼板被剖切。在相应的平面图中设备的剖视图应按规定方法表示,图中楼板孔洞不必画阴影部分。若钢筋混凝土基础与设备的外形轮廓组合在一起时,可将其与设备一起画成粗实线。如图 5-40 所示。

(5)室外设备。位于室外而又与厂房不连接的设备和支架、平台等,一般只需在底层平面图上表示即可。

(6)剖面图中设备的图示。为使设备表示清楚,可按需要不画后排设备。当需绘两个以上剖面图时,设备在各剖面图上一般只出现一次,无特殊需要,不予重复画出。

(7)预留的设备安装位置,可在图中用双点画细线绘制。

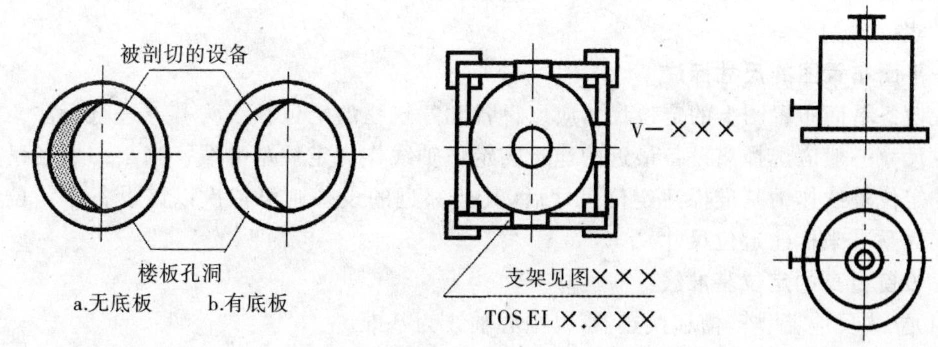

图 5-40　设备布置图中设备剖视、俯视的简化画法

5. 设备布置图的尺寸标注

(1)标注内容。与设备布置和定位有关的建筑物与构筑物尺寸、设备尺寸,建筑物和构筑物与设备之间、设备与设备之间的定位尺寸,设备的位号与名称,建筑物的定位轴线与编号,必要的文字说明等。

(2)建筑物、构筑物的尺寸标注。与建筑制图的要求相同,以相应的定位轴线为基准,平面尺寸以毫米为单位，高度尺寸以米为单位，用标高表示，图中不必注明。

(3)以建筑物的定位轴线和设备中心线的延长线作为尺寸界线。尺寸线的起止点采用45°的倾斜短线表示，在尺寸链最外侧的尺寸线应超出尺寸界线外3～5mm。尺寸数字应标注在尺寸线上方的中间位置，当尺寸界线间的距离较窄而无法注写数字时，允许将数字标注在相应尺寸界线的外侧、下方，或采用引出方式标注在附近适当位置。

(4)标高符号以细实线绘制，标高符号的尖端应指向被注高度的位置，尖端一般向下，也可向上；室外的地坪标高符号，宜采用涂黑的三角形表示；对标注部位较窄的地方，也可采用其他规定的形式。在图样的同一位置需表示几个不同标高数字时，标高亦可采用其他规定的形式表达。标高数字以米为单位，注写至小数点后面第三位。零点标高注写成±0.000，正标高不注“+”，负标高需注“－”。如图5-41所示。

(5)相互有关的尺寸与标高，尽量不注在同一水平线和垂直线上。

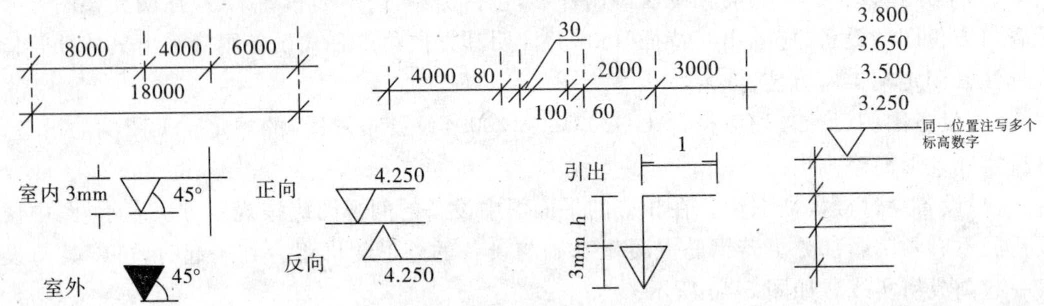

图5-41 标高标注示例

6. 设备的尺寸标注

需标注的内容包括：设备的主要外形尺寸，如直径、总长与总高；设备中心轴线所在的平面与立面位置，以及支承点的标高位置；主要外接管口的坐标位置。

设备布置图一般不注设备的定形尺寸，只注设备之间或设备与厂房建筑物之间的安装定位尺寸。

7. 平面布置图的尺寸标注

在设备平面布置图上的定位尺寸应以设备和建筑物的定位轴线为基准进行标注。设备的定位尺寸一般应选择离设备最近的建筑物定位轴线作为定位基准线。当某一设备已选择建筑物定位轴线作为基准标注定位尺寸后，其他邻近的设备则可依次以该设备已定位的中心轴线为基准来标注定位尺寸。

8. 设备自身的定位基准线

(1)立式反应器、塔、槽和换热器，以中心轴线为基准。

(2)卧式容器和换热器，以设备和管口(如人孔、管程接口管)的中心轴线为基准。

(3)离心泵、压缩机、鼓风机、蒸汽透平机、离心机等，以设备中心轴线和出口管中心轴线为基准。

(4)往复泵、活塞式压缩机，以缸的中心轴线、曲轴和电机传动轴的中心轴线为基准。

(5)板式换热器、板框过滤机，以其中心轴线和某一出口管法兰的密封面为基准。

(6)直接与设备相连的附属设备，如再沸器、喷射器、回流冷凝器、螺旋送料器、旋风分离器等，应以与其相连的主要设备的中心轴线为基准予以标注。

9. 设备名称及位号的标注

设备布置图中的所有设备均需标出名称与位号，名称和位号应与工艺管道及仪表流程图一致，参见第四章图 4-6，且注写格式与工艺流程图相同。

10. 立面布置图(剖面图)的尺寸标注

设备立面布置图(剖面图)的尺寸标注一般以中心轴线、支承点和底座底面为基准，均以标高标注。

设备中心轴线的标高采用“EL×.×××”表示，支承点(底座底面)的标高采用“POSEL×.×××”表示，管廊、管架与塔设备，标注架顶(塔顶)的标高采用“TOSEL×.×××”表示。

11. 设备标高标注基准的选择

(1)卧式容器和换热器，以设备中心线标注标高。

(2)立式反应器、塔、槽和换热器，以设备支承面为基准标注标高。

(3)离心泵、压缩机、鼓风机、蒸汽透平机、离心机等，以设备中心轴线和底盘底面(即基础顶面)标注标高。

(4)设备在高度方向定位的标高，一般以地坪或楼面为基准，注出设备的基础面或中心线的标高来确定设备在高度方向的位置。

(5)立式设备一般标注设备的上法兰面(盖)或上环焊缝线的标高及位置，必要时也可标注设备的支架、吊架、主要管口中心线、设备最高点等的标高。

12. 设备布置图的安装方位标

设备布置图应在图纸的右上方绘制一个表示设备安装方位基准的安装方位标。安装方位标一般用北向或接近北向的建筑轴线为零度方位基准(即所谓的建筑北向)。该方位一经确定，设计项目中所有需表示方位的图样，如设备布置图、管口方位图、管段图等，均应采用统一的方位标和基准方位。

13. 设备一览表及标题栏

设备不多时，可将设备位号、名称、规格及设备图号或标准号等在图纸上列表注明；设备较多时，也可在设计文件中分类附加设备一览表，将车间所属设备分类编制表格，如非定型设备表、泵类设备表、压缩机、鼓风机类设备表、机电设备表等，以便订货、施工之用。

标题栏的格式与设备图一致。同一主项的设备布置图包括若干张图纸时，每张图均应单独编号而不得采用一个图号，并加上第几张、共几张的编法。

14. 附注

在标题栏或设备表的上方附注需注写的文字说明。

五、设备布置图的绘制与阅读

1. 绘图前的准备

(1)阅读相关图纸和资料。绘图前必须掌握相关的基本数据资料，包括厂房大小、层次高低、预留孔及基础的位置和尺寸；厂房内的设备名称、位号、数量及大小尺寸和这些设备与厂房的相对位置尺寸；操作温度、压力、位差等主要的工艺技术参数；必须了解工艺技术要求和物料特性等方面的基本资料，才能着手进行设备布置图图面的设计。

(2)设备布置图的初步设计。设备布置图的合理设计，不仅要充分考虑工艺流程的可行性，而且还需要充分考虑生产操作的安全性和可靠性、项目投资的经济性、设备安装与维修的方便性，以及人文环境的舒适性等诸方面因素。

满足生产工艺要求时，需考虑按工艺流程顺序排列设备，同时应尽量按岗位或工段集中安装设备；设备平面位置图的设计还应根据实际地形和厂房建筑的结构特点，因地制宜地合理布置；同时，设备安装的标高设计，必须充分满足工艺流程对设备的位差要求。

满足技术经济要求时，需考虑对于塔器、反应器、热交换器和压缩机、离心机、过滤机等装置，应以流程顺序为主，这样可减少管线长度与相应配件数量，减少热损失。对于锅炉、制冷、空压机和给排水系统，应选择适宜的中心位置，使管长尽可能短，以减少设备安装投资，减少热损失。贮罐与机泵类设备，应分区集中布置，以便于操作和维修。对有压差的设备，应尽可能利用现有位差，以节省动力消耗。设备应尽量露天布置，以紧缩厂房建筑面积，减少投资费用。对于原料堆场、库房和质检、机修等公用设施，应充分考虑运输、装卸和日常工作的方便，以尽可能降低辅助费用。

保证安全生产要求时，考虑到化工生产过程中易燃、易爆、有毒、有腐蚀的物料较多，设备布置必须充分保证设备之间有足够的安全距离。并尽量将加热炉、明火设备、产生有毒气体和有刺激性气味气体的设备布置在下风处；沉重和有振动的设备，应尽可能布置在厂房的底层。有毒有腐蚀的物料管道尽可能不要架空，尤其不要穿过人行道。管道穿过人行道应尽量走地下，不要横在路面上，以避免行人摔跤。高温设备与管道应尽量远离人行道，以免烫伤人。高空操作平台与楼梯，必须设计护栏，保护操作人员安全。有易燃、易爆原料的车间，必须与明火设备、电源插座等易引起火灾的装置完全隔离。

兼顾操作、安装与维修的要求，设备布置应考虑尽可能为工人的操作、安装与维修提供方便。如在装置所属的界区内应考虑留有足够面积的操作、检修用的通道和摆放设备零部件的场地，塔和立式设备的人孔、手孔应尽可能正对空旷场地或检修通道，而卧式设备的人孔则应布置在一条线上，反应釜的加料口、就地安装的读数仪表，应尽可能朝向操作通道，以便于日常操作与读数。

考虑到操作人员的健康与环境要求时，需要注意以下几点：允许露天布置的设备应尽可能布置在室外，装置安装的界区内和设备之间，应留有足够畅通的人行道和物品的运输通道，设备布置应尽可能避免妨碍门、窗的开启和通风、采光采暖，以及满足安全、健康与环境等方面的要求，并尽可能避免妨碍操作工人的视线等。

同时，设备布置还应适当留有一定设备安装的余地，以备今后的扩建与发展。

设备布置需考虑的问题是多方面的，应按具体情况，参考相关规定和文件资料，在充分听取工艺技术人员，建筑、电气仪表自动化和其他各方面工程技术人员和管理人员的意见后，再开始设备布置图的初步设计。

2. 不同设计阶段的设备布置图

(1)初步设计阶段设备布置图的基本要求：只绘制设备的平面布置图表达界区内设备布置的大致情况，而设备的管口方位等，因尚未最后确定，一般可不画。而立面图、剖面图和辅助视图等，一般也不予画出。厂房建筑只表示对厂房建筑基本结构（门、窗、柱、开间等）的大致要求，而其他要求，如设备安装孔洞、操作平台、基础等，则可不画，或简要表示。

(2)施工图阶段设备布置图的基本要求：需采用一组平、立面剖视图来详细表达设备确定的安装位置，以及主要的设备管口位置与安装方向。厂房建筑除要求表达建筑物的基本结构外，还需详细表达与设备安装定位有关的设备基础、操作平台、需预留的孔洞，以及坑、沟等与设备安装相关细部结构。给出安装方位标、设备一览表和设备安装详图等。

3. 设备布置图的绘制

(1)绘制步骤。

①草图设计。一般采用A1图幅，不宜加长加宽。根据相关资料收集的基本数据，设计一张非正式的、可表达界区内设备布置大致情况的平面布置草图，经审核无误后，才可开始绘制正式图纸。

②确定分区方案，绘制分区索引图。

③根据分区索引图的编号，确定各区的绘图范围。

④根据分区顺序，依次绘制各区的设备布置图。

⑤根据分区安排，绘制分区的设备布置草图，并确定所需的视图配置及适宜的图纸幅面及比例。

⑥根据草图绘制底层平面布置图。

⑦绘制各层平面布置图。

⑧绘制立面图。

⑨绘制必要的剖面图和其他辅助视图。

⑩检查、校核设备位号和管口方位，最后完成全部图样。

(2)平面布置图的绘制。确定图纸上各设备的相对位置与间距，确定适宜的绘图比例。用细实线画出与设备安装布置有关的厂房建筑的基本结构。用点画线绘制相应的定位轴线。用点画线依次画出设备、机泵的中心轴线。用细实线画出各设备、支架、基础以及相关附属装置的外形轮廓，并注意预留必要的维修与备用场地。用细实线画出相关的操作平台、需预留的孔洞，以及坑、沟等与设备安装相关的细部结构。确定设备主要管口的方位与朝向，绘制主要接管。标注尺寸以及各定位轴线的编号、设备位号与名称，绘制方位标。布置设备一览表，注写相关说明，填写标题栏。在同一张图纸上绘制几层平面图时，应从最低层平面图开始，将几层平面布置图按由下到上、由左到右顺序排列，在图形下方注明相应的标高，并在图名下画一粗实线。如：$\underline{\pm 0.00\text{ 平面}}$、$\underline{+7.00\text{ 平面}}$等。

4. 设备布置图的阅读

(1)明确视图关系，主要搞清楚设备与建筑物、设备之间的定位，设备标高问题。弄清布置图的数量，明确各张平面图、立面图的表达内容及剖视位置。

(2)看懂建筑结构，从平面图、立面图分析建筑物的层次、了解各层标高，每层中楼板、墙、柱、梁、楼梯、门窗及操作平台、坑、沟等结构及位置，由定位轴线间距算出厂房大小。

(3)分析设备位置，从设备一览表中了解设备种类、名称、位号和数量，再从平面图、立面图中分析设备与建筑物、设备之间的相对位置及设备标高。

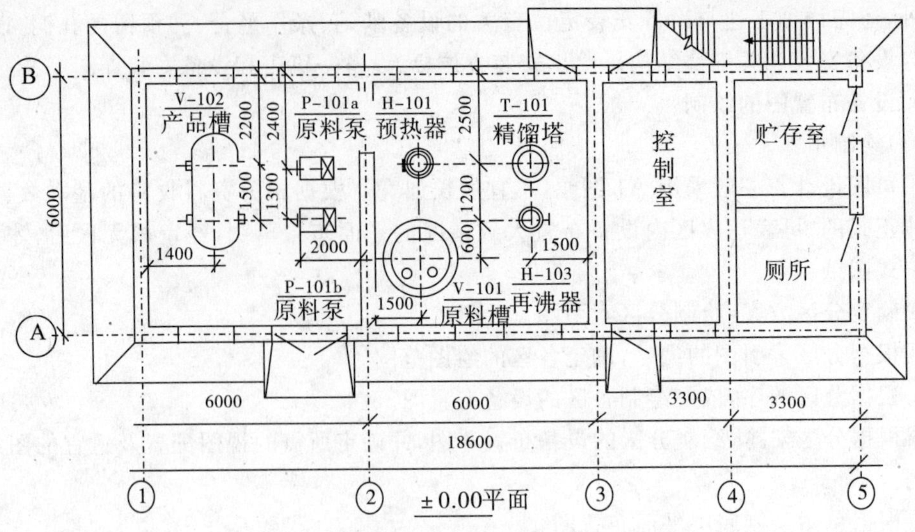

图 5-42 平面布置图示例

六、首页图(分区索引图)的绘制

当一个主项设计(车间、装置等)范围较大,除主要生产厂房或构筑物以外,还有生活室、控制室、分析室或较多的室外其他生产和辅助生产部分,按所选定的比例无法在一张图纸上完成界区内所有装置的图面布置设计时,就需要将界区内设备分区进行绘制。为方便了解界区内的分区情况和查找阅图,还应绘制分区索引图。分区索引图可在设备布置图的基础上进行绘制,即将设备布置图复制成2张,然后利用其中一张作为分区依据,一般可以定位轴线或生产车间(工段)为分区,加画分区界线,标注界线的坐标和分区的编号即可。首页图分区索引的简单画法如图 5-43 所示。

在首页图上分区范围可以用粗双点画线(约 0.9mm)表示。分区按 1 区、2 区……编号标注在相应部位,并画上细线矩形框(20mm×8mm)。在图样界区线的左下角画一坐标原点的符号(细线圆直径 10mm 左右),并用带箭头的细实线注明原点的北向(N 向)和东向(E 向)。"0E"、"0N"为东向和北向的零点符号,××××E、××××N 表示零点以东、以北多少毫米。

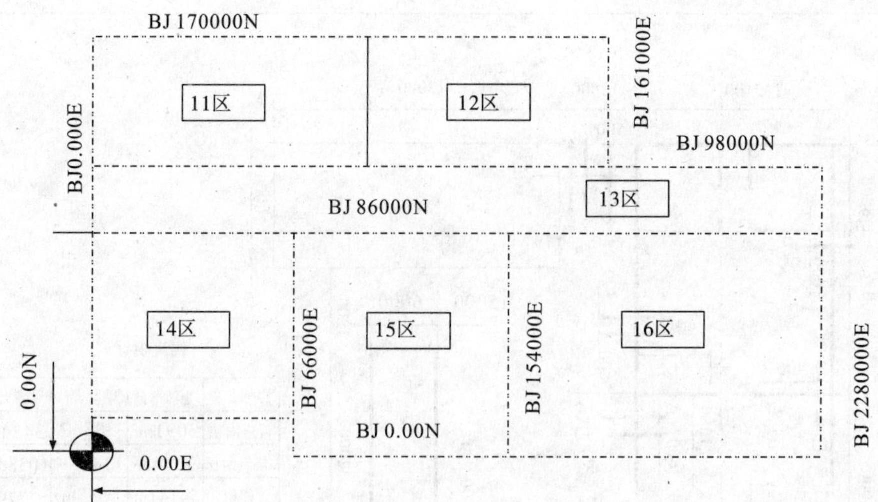

图 5-43　首页图(分区索引图)示例

分区一般遵循以下原则：界区内小区的总数不得超过 9 个，如果需要超过 9 个小区，应当采用大区和小区相结合的方法进行分区，但大区的总数同样也不得超过 9 个，各大区内再分的小区个数仍不能超过 9 个；确定小区的范围时，应注意，在确定的绘图比例情况下，必须使小区范围内的装置能完全绘制在一张图纸上。分区号一般写在各分区界线的右下角 16mm×6mm 的粗实线矩形框内，字高为 4mm。

详细的分区索引图还兼顾与外管连接的情况，如图 5-44 所示。包括以下内容：

(1)视图：表示车间(装置)的厂房轮廓和其他构筑物平面布置的大致情况、分区范围、与外部连接的管道情况。

表示方法：

①建筑物与构筑物：厂房建筑用单线(粗实线)画出其轮廓及分隔情况，门的位置以两细线短画表示，建筑物定位轴线以细点画线表示。

②设备：厂房内的设备不必画出。安装在室外的大型设备，用中实线画出简单外形，集中成区的室外设备，以中实线画出其区域轮廓。

③管道：在图上相应处画出短短一段粗实线，表示车间与外部联系的工艺物料管道和水、蒸汽、压缩空气、氮气等辅助及公用系统管道的平面位置，并画上箭头表示进出方向。局部管道进出布置比较集中时，可采用局部放大的立面剖视放大画出。

(2)尺寸和标注：表示建筑物、构筑物的分、总尺寸，地面标高，进出管道的位置，建筑定位轴线的编号等。

(3)方向标与指北针：标明总图北向(真实北向)及本车间安装方位基准(建筑北向)。

(4)建筑指标表：在图纸右上角绘制建筑指标表，逐项列出生产部门与辅助部门的占地面积、建筑面积、建筑体积及各项总和等内容。

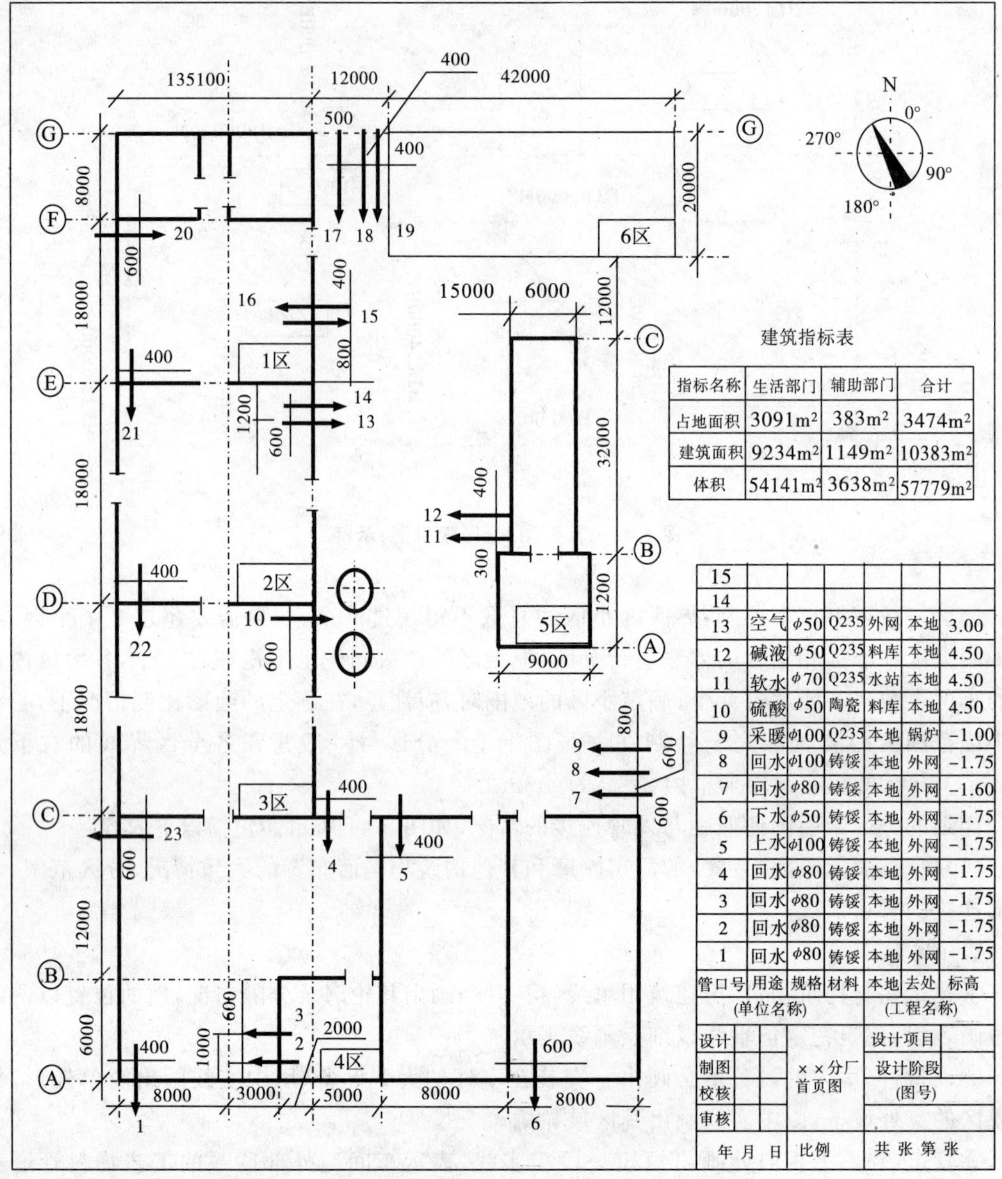

指标名称	生活部门	辅助部门	合计
占地面积	3091m²	383m²	3474m²
建筑面积	9234m²	1149m²	10383m²
体积	54141m²	3638m²	57779m²

管口号	用途	规格	材料	本地	去处	标高
15						
14						
13	空气	φ50	Q235	外网	本地	3.00
12	碱液	φ50	Q235	料库	本地	4.50
11	软水	φ70	Q235	水站	本地	4.50
10	硫酸	φ50	陶瓷	料库	本地	4.50
9	采暖	φ100	Q235	本地	锅炉	−1.00
8	回水	φ100	铸馁	本地	外网	−1.75
7	回水	φ80	铸馁	本地	外网	−1.60
6	下水	φ50	铸馁	本地	外网	−1.75
5	上水	φ100	铸馁	本地	外网	−1.75
4	回水	φ80	铸馁	本地	外网	−1.75
3	回水	φ80	铸馁	本地	外网	−1.75
2	回水	φ80	铸馁	本地	外网	−1.75
1	回水	φ80	铸馁	本地	外网	−1.75

(单位名称)			(工程名称)
设计		××分厂首页图	设计项目
制图			设计阶段
校核			(图号)
审核			
年 月 日		比例	共 张 第 张

图 5-44 详细的分区索引图

(5)车间外接管道一览表:在标题栏的上方,应绘制本车间与外接管道连接的管道一览表。按图中所编进、出管道的顺序,逐项注写物料名称、管道规格、来去方向、安装标高等内容。管道如需绝热、保温(冷),则在备注栏中注明。

(6)说明与附注:图中安装标高与总图上绝对标高的相对值及其他附注内容等,均可在图纸空白处用文字说明。

(7)标题栏。

七、设备安装详图及其绘制

为安装、固定设备而专门设计的专用非定型支架、操作平台、栈桥、扶梯，以及专用机座、防腐底盘、防护罩等单独绘制的图样，即设备安装详图，常作为设备安装和加工制作的依据。

设备安装详图的绘制：设备安装详图的绘制方法和要求与机械制图相近，但图上需用双点画线画出相关设备和有关的厂房建筑结构属次要表达内容，因此一般采用中实线（或双点划线）画出有关部分的轮廓，并标注位号和主要规格尺寸。图上常常还给出制造设备支架所需的材料和零配件的明细表，以详细说明所需材料和零配件的类别、规格、型号和数量等。必要时还应给出在加工制作时的技术要求，以便于现场施工。

另外，在设备安装详图中，螺栓、螺母等采用简化画法，图纸的右上方应画一个与设备布置图的北(N)向一致的方向标。对于结构复杂的支架、操作平台以及加工要求较高的零件，还需另绘零部件图。

设备安装详图应按图号单独绘制，即不同图号的设备安装详图，需分别绘制在不同的图纸上。如图 5-45 所举示例。

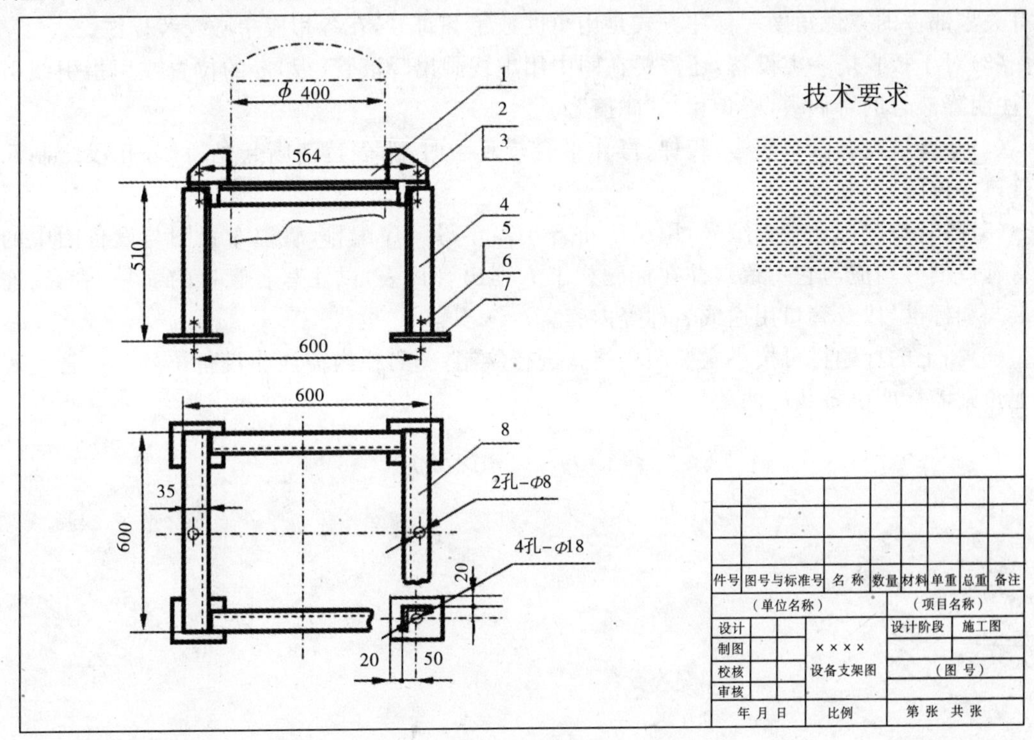

图 5-45　设备支架安装详图

八、管口方位图

1. 作用与内容

管口方位图是供制造设备时确定各管口方位、管口与支座、地脚螺栓等相对位置用的。也是设备安装时确定安装方位的依据，更是配管设计、管道布置及安装的技术文件和依据。

这些零部件在设备上的相对位置和设备的安装方位都是由工艺设计决定的，因此这种图一般由工艺人员绘制，交设备人员会签，并附入有关设备图。图 5-46 是管口方位图的图例，图样包括如下内容：

(1)视图：表示设备上各管口的方位情况。

(2)尺寸标注：表示各管口及有关零部件的安装方位角。

(3)方向标：表示安装方位基准的图标。

(4)管口编号及管口表：对应表示各管口的有关情况，如公称直径 DN、连接形式及标准、公称压力及用途等。

(5)标题栏：注写图名、图号等。

2. 画法

(1)管口方位图一般用 A4 幅面图纸绘制，每个位号的设备绘制一张。用粗实线画出设备主体轮廓以内各管口及地脚螺栓孔等。

(2)视图上，与方向标轴线方向一致的中心线，作为坐标轴，分别注以 0°、90°、180°、270°等字样。然后以 0°坐标轴为基准，按顺时针方向注明各管口及支座、设备本身的爬梯、吊柱等有关零部件的方位角度。标注方式是用角度数字和符号，在各相应中心线旁标注。

(3)对于板式塔一类设备，还需要在图中用虚线画出降液管(板)等的位置或用指引线引出，注明降液管的奇偶数，避免相互“碰撞”。

(4)某些塔设备管口较多，爬梯、操作平台较复杂时，为表达清晰起见，可分几段绘制几个管口方位图。

(5)各管口应标注管口编号，用汉语拼音小写字母顺序编排(管道布置图与设备图中的设备管口编号均应与它一致)，并在标题栏上方列出管口表，以注写各管口的编号、管径、连接形式和标准，以及管口用途或名称等内容。

(6)图上的标题栏可按小主标题栏格式进行绘制，图名栏内需注明设备位号。在管口表右上角则需标明设备装配图图号。

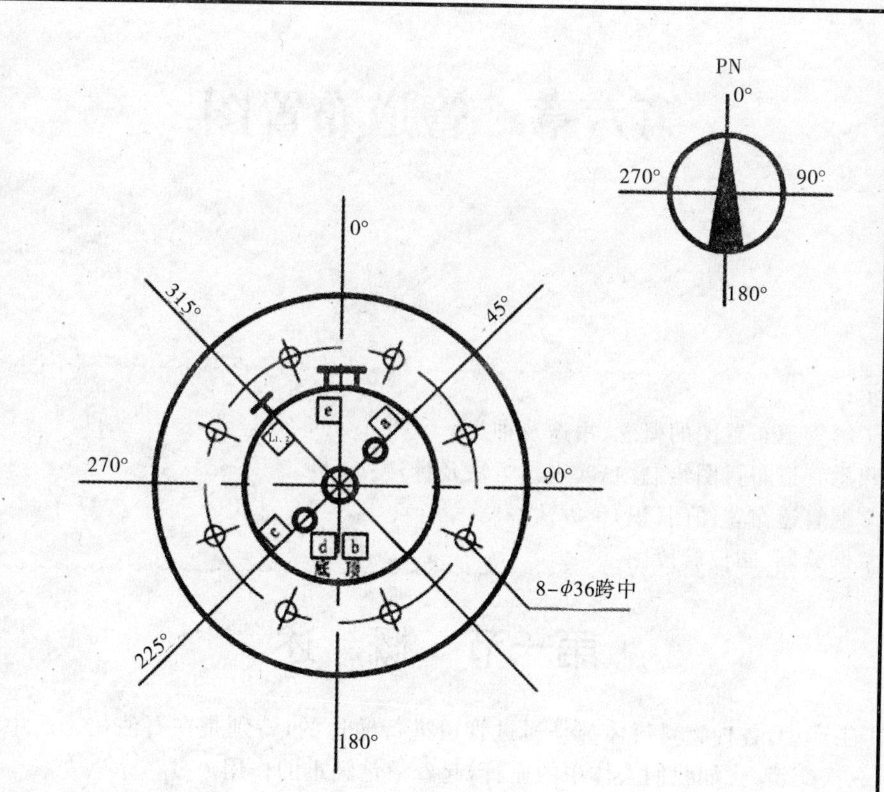

说明：1. 应在裙座或容器外壁上用油漆标明0°的位置，以便现场安装时识别方位用。
2.铭牌支架的高度应能使铭牌露在保温层之外。

设备装配图图号XXXX

管口符号	公称通径	连接形式或名称	用途或名称	管口符号	公称通径	连接形式或名称	用途或名称
c	25	HG20592 S025-2.5 RF	压力计口	L1、2	32	HG20592 S025-2.5 RF	进料口
b	80	HG20592 S025-2.5 RF	气体出口	e	500	HG20592 S025-2.5 RF	人孔
a	25	HG20592 S025-2.5 RF	温度计口	d	32	HG20592 S025-2.5 RF	液体出口

		工程名称		年	区号
		设计项目		设计阶段	
编制		TXXXX XXXX塔			
校核		管口方位图			
审核				第 页 共 页	版

图 5-46 管口方位图示例

第六章 管道布置图

学习提示：

1. 了解管道布置图的概念、用途及种类。
2. 熟悉管道布置图绘制内容、表达方法及标注。
3. 掌握管道布置图阅(识)读方法。
4. 掌握绘制、阅读管段图。

第一节 概 述

化工生产中，各种物料流体都是通过管道进行输送的，特别是在石油化工厂中，管道种类繁多，纵横交错，犹如我们人体中的血管，起着举足轻重的作用。

管道布置图是在施工图设计阶段进行绘制的。它是以带控制点工艺流程图、设备布置图、相关设备图、管口方位图及建筑图、自控及电气图等作为设计的基础资料，对管道及组成件进行合理布置的图样。

一、管道布置图的概念及用途

表达某装置(车间或工段)内、外设备(机器)间管道走向和管道组成件安装位置的图样称为“管道布置图”，又称“配管图”。管道布置图是管道安装施工的技术文件和依据。

二、管道布置图的图样种类

管道布置图一般为一组图样组成，常用图样类别如下：

(1)平面图：又称“俯视图”，包括在不同标高(或楼层)向下正投影得到的管道平面图或剖平面视图。

(2)立面图：包括正立面、剖立面视图、左(剖)立面视图和右(剖)立面视图。

(3)局部图：部分管道投影所得到的视图，是简化了的小范围的视图或剖视图。

(4)详图(管架及管件图)：表达管道组成件的详细图样。

(5)管段图：表达某一段管道及组成件布置情况的立体图样，又称“管道轴侧图”或“施工管段图”。

第二节　管道布置图的绘制内容及表达方法

本节介绍的管道布置图主要为平面图、立面图等绘制内容及表达方法，不包括管段图绘制，管段图绘制见本章第四节。

管道布置图绘制同样受国家《技术制图》等相关标准约束，目前主要执行的国家化工行业制图标准为 HG20519. 4-2009《管道布置》，其中 HG20519. 4. 2-2009《管道布置图》、HG20519. 4. 3《管道轴测图》、HG20519. 4. 9-2009《管口方位图》、HG20519. 4. 10-2009《管架编号和管道布置图中管架的表示法》、HG20519. 4. 11-2009（管道布置图和轴测图上管子、管件、阀门及特殊件图例）等，是绘制管道布置图及管段图必须执行和遵循的标准规定。

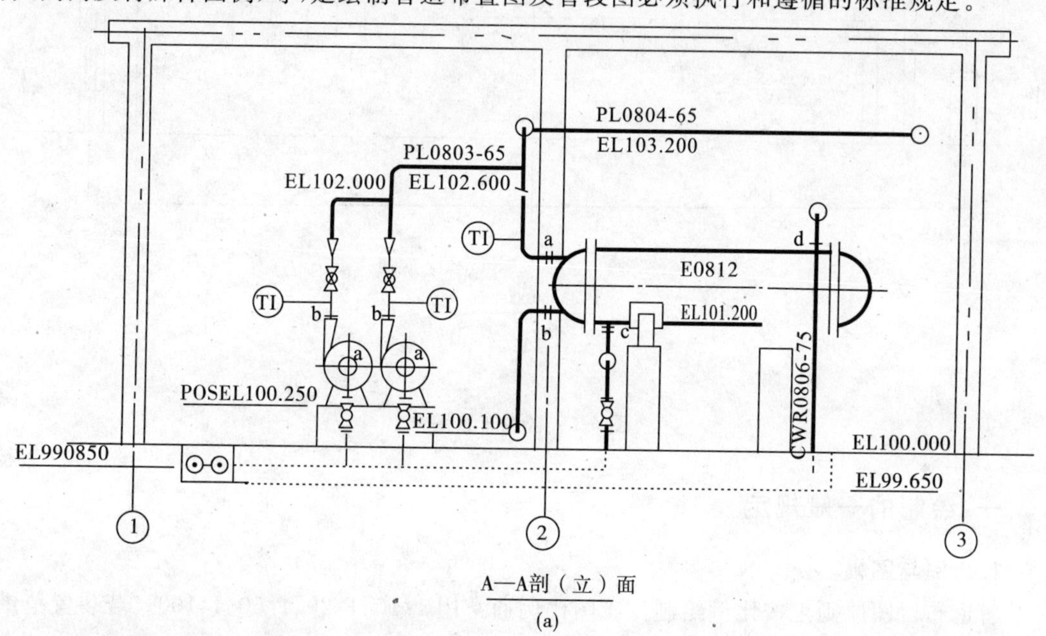

A—A剖（立）面

(a)

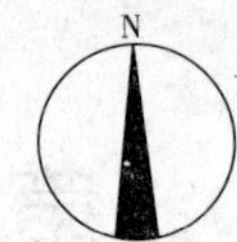

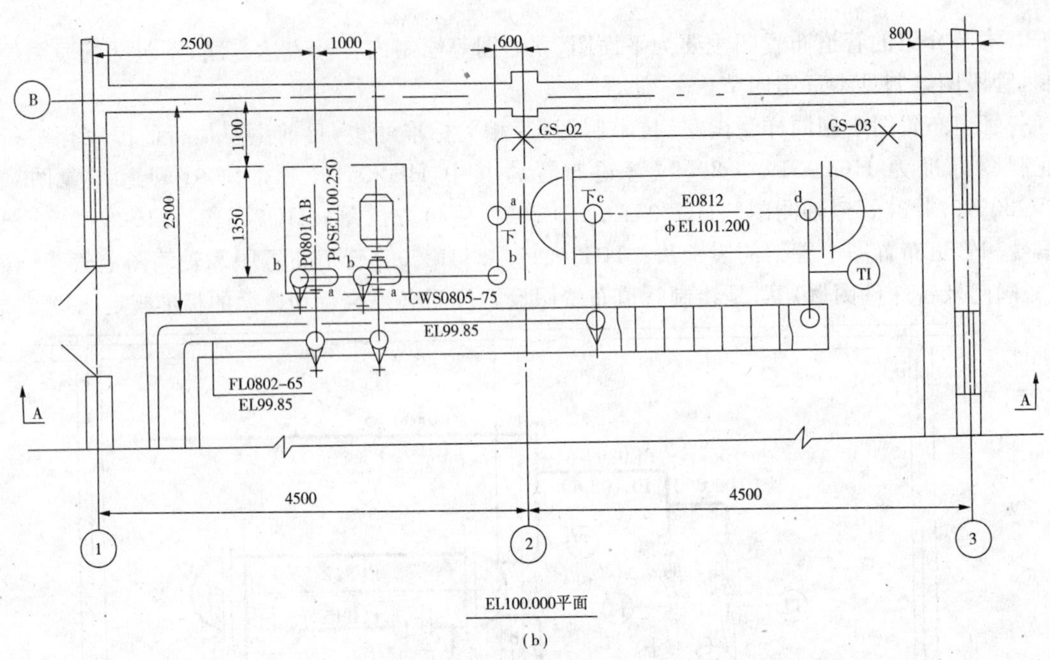

图 6-1 管道布置图

一、绘制的一般规定

1. 比例与图幅

管道布置图原则上按比例绘制。绘图比例通常用 1:10、1:20、1:50、1:100。若装置范围大,必要时,可考虑使用 1:200 等更大比例。图幅一般选用 A0,比较简单的也可采用 A1 或 A2,同区域的图一般采用同一图幅。

2. 安装方位标(或指北针)

安装方位标是用指北针表示车间或装置的定位轴线地理方向的图标,也是设备、管道安装的实际建北方向。一般绘制在平面图的右上角,如图 6-1(b)右上角所示。其绘制方法参见第五章图 5-36 左图。

3. 分区域

管道布置图一般以主项(车间、工段)为单元进行绘制,当主项范围较大,以主项为单元绘制图样不能表达详细和清晰时,则应绘制首页图,由首页图提供分区情况。首页图分区索引图例参见第五章图 5-43,详细的分区索引图参见第五章图 5-44。然后按首页图上所划分的区域,再分别绘制各主项(区域)的管道布置图。

4. 分层次

(1)剖平面图。当主项内管道布置上下层次多且景深,上下管道投影互相遮挡时,为避免图样中管道线条太多造成表示不清，常按不同标高(或层次)的平面剖切后再投影，分层绘制剖平面图。如图 6-1(b)所示，表示 EL(标高)100.000 处的平面图。

厂房一般按楼层分为若干平面，塔及立式容器按平台标高分层；管廊以不同标高管排分层绘制平面图。

(2)剖立面图。当管道布置前后层次多且景深，后面的管道投影被前面的管道设备等遮挡，可用剖立面视图来表达被遮挡部分的管道布置，如图 6-1(a)中的 A—A 剖立面图所示。

管道布置图中一般不绘制大的剖立面图，多为局部剖立面图。剖立面绘制的内容可繁可简。繁时可以绘制投影范围内的全部设备、管道及建筑物等内容，简时即使有些内容投影关系在同一剖平面内，也可“视而不见”地舍去，只要表达清楚想要表达的内容即可。但不要因这种简化造成误解或错误。

二、绘制内容

1. 建(构)筑物

管道布置图中的设备、管道及组成件等均以本区域的建(构)筑物的纵、横轴线为基准来进行定位。另外，有时要沿车间或厂房的墙、柱、梁等敷设管道，且不能影响车间门窗的启闭。因此，管道布置图中必须绘制与管道布置相关的建(构)筑物内容。如建筑轴线、墙、门、窗、柱、梁、梯子、平台等位置尺寸，如图 6-1 所示。其画法与设备布置图相同，参见第五章第七节设备布置图中的“三、化工建筑图”及本书附录三(建筑结构图例)。与管道布置无关的建筑结构可简化或省略。

2. 设备

管道布置图中设备定位及画法与第五章第七节设备布置图相同，在此不再介绍。

设备在管道布置图中不是主要表达内容，不必画出其全部结构，只需按比例画出外形轮廓图形。设备图形的画法与设备布置图基本相同，参见本书第五章不同之处是用细实线绘制其图形，用细点划线画出其中心线。设备图形的画法参见第五章，第七节设备布置图中的“四、设备图示(形)”，并遵守 HG20519.4-2009《化工工艺设计施工图内容和深度统一规定——第四部分管道布置图》的标准规定。管道布置图中设备上的管接口应全部画出，以便配管。

3. 管道

管道在管道布置图上是表达的主体、核心内容，单线绘制的管道以粗实线画出，双线绘制的管道以中粗实线画出。管道布置图上应画出全部工艺物料管道和辅助管道。管道的具体画法见本章第二节。

4. 阀门、管件及仪表控制点

管道布置图中用细实线画出全部阀门、管件、管道附件及仪表图例符号等，画法见本章第二节。

5. 标注

管道布置图上应标注管道及组成件、阀门、仪表控制点等的平面尺寸和标高；同时要对建(构)筑物定位轴线编号、设备位号、管道代号、管架及编号、仪表控制点图形及位号等进行标注。标注方法见本章第二节。

第三节　管道及组成件的画法及标注

管道布置图中管子、管件、阀门及管道特殊件的画法与工艺流程图有所不同，标准规定画法参见本书附录四。

一、管道及组成件的画法

1. 管道的单、双线画法

在管道布置图中，有时管道种类繁多，图线密集，为便于绘图和识图，把管道简化为单线或双线来表示，这是化工制图规定的画法，在这里不再考虑管道壁厚的投影。有的将大直径(DN＞350mm)或主要物料的管道用双线表示，其余管道用单线表示。目前多数管道布置图均用单线来绘制管道。

化工工艺图的图线宽度与机械制图有明显的区别。机械制图中图线宽度分为 2 种，而化工制图中图线宽度分为 3 种：粗线 b、中粗线(b/3～b/2)、细线(b/3)，图形宽度参见本书第四章表 4-1。

单线表示的管道用粗实线绘制。双线表示的管道用中粗实线绘制，双线表示的管道中心线用细单点划线绘制。

2. 直管的画法

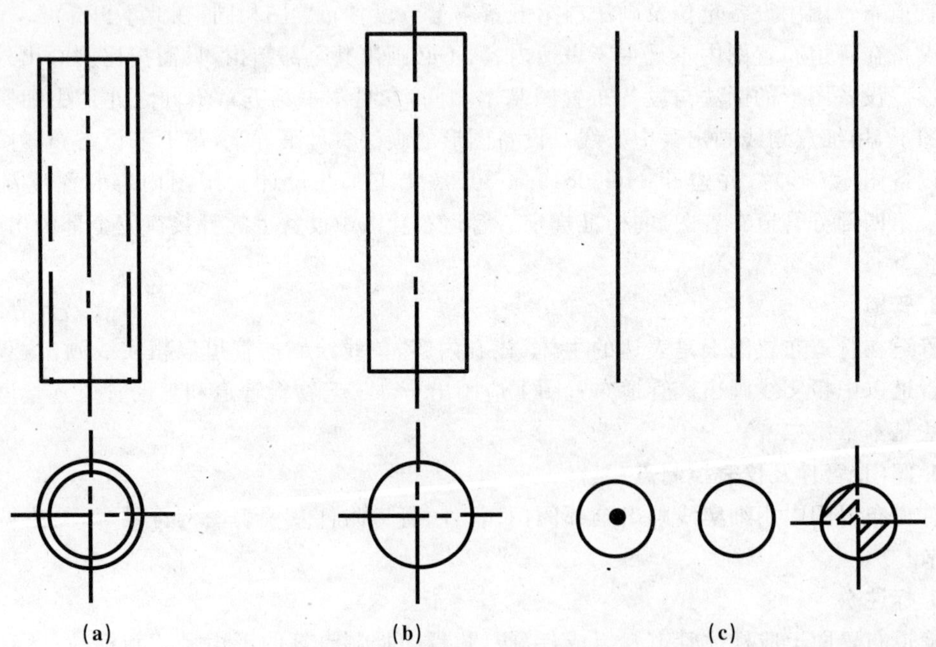

图 6-3　直管单、双线的画法

直管的单、双线画法如图 6-3 所示。(a)图为直管的正投影画法，考虑了管道壁厚的投影；(b)图为管道的双线画法，在平、立面中，表示管道壁厚的线条被简化省略；(c)图为管道的单线画法，其中立面图均为一条直线，而在平面图中有 3 种不同的表示方法，但表达的意思完全相同。根据投影原理，立面图直线在平面图上投影均积聚为一小圆点，为了便于识别，在左图中的小圆点外面加画了一个小圆来表示管子外圆；国内有的管道施工图设计中，往往省略小圆点，仅用一个小圆圈（如中间图形）表示；而国外引进工程的施工图中，将小圆用十字线四等分，在其中两个对角处用细实线画出阴影线条（如右端图形）。目前工程上大都用中间带点的小圆圈来表示直管投影的积聚。

3. 弯头的画法

（1）直角弯头。直角弯头的画法如图 6-4 所示。（a）图为双线表示的弯头三视图，在平面图上，立管（及弯头）投影由一中粗实线圆；而在左视图上水平管（及弯头）投影由中粗实线半圆和虚线半圆组成。（b）图为单线表示的三视图，在平面图上，立管投影与直管相同，为一圆，水平管投影为一直线，水平管直线画到圆的边上；而在左视图上立管投影为一直线，水平管投影为一圆，立管直线画到水平管圆心上。

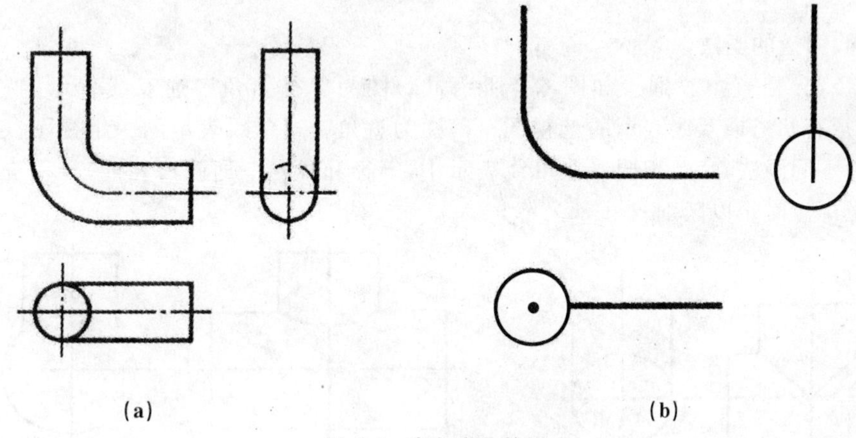

图 6-4　直角弯头的画法

（2）任意角度弯头。如图 6-5 所示为 45°弯头的画法。（a）图为双线表示的画法，弯头在平面图中画成圆弧，在左视图上画成整圆；（b）图为弯头单线画法的三视图，在管子转折处画成半圆弧，也可根据弯头角度大小和实际投影绘制圆弧长度（但不能画成整圆，以免造成误解），直管画到圆弧中心。

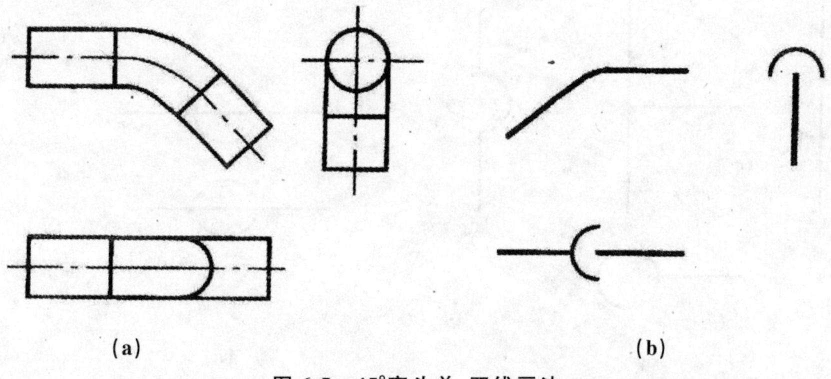

图 6-5　45°弯头单、双线画法

如图 6-6 所示为两个任意角度弯头组成的管道的画法，(a)图为双线表示画法，(b)图为单线表示的画法。

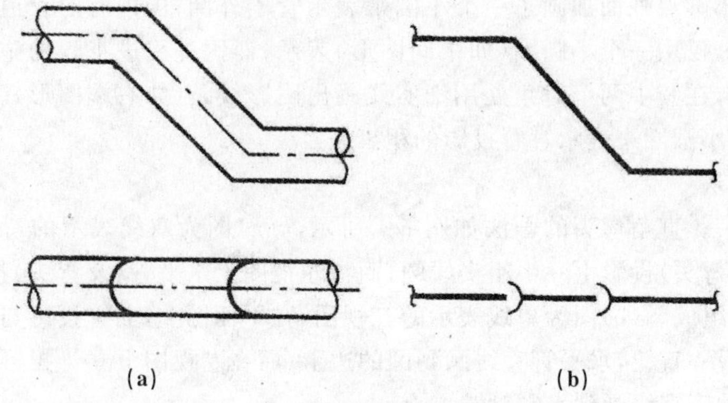

(a) (b)

图 6-6 任意角度的弯管单、双线画法

4. 三通、四通的画法

(1)等径、异径直角三通。如图 6-7 所示，(a)图为等径直角三通双线表示的三视图；(b)图为异径直角三通双线表示的三视图；(c)图为直角三通单线表示的一组视图；(d)图为三通的两种不同画法，意义相同。在单线表示中，等径和异径三通画法相同，异径三通在管道公称直径标注时予以区别。

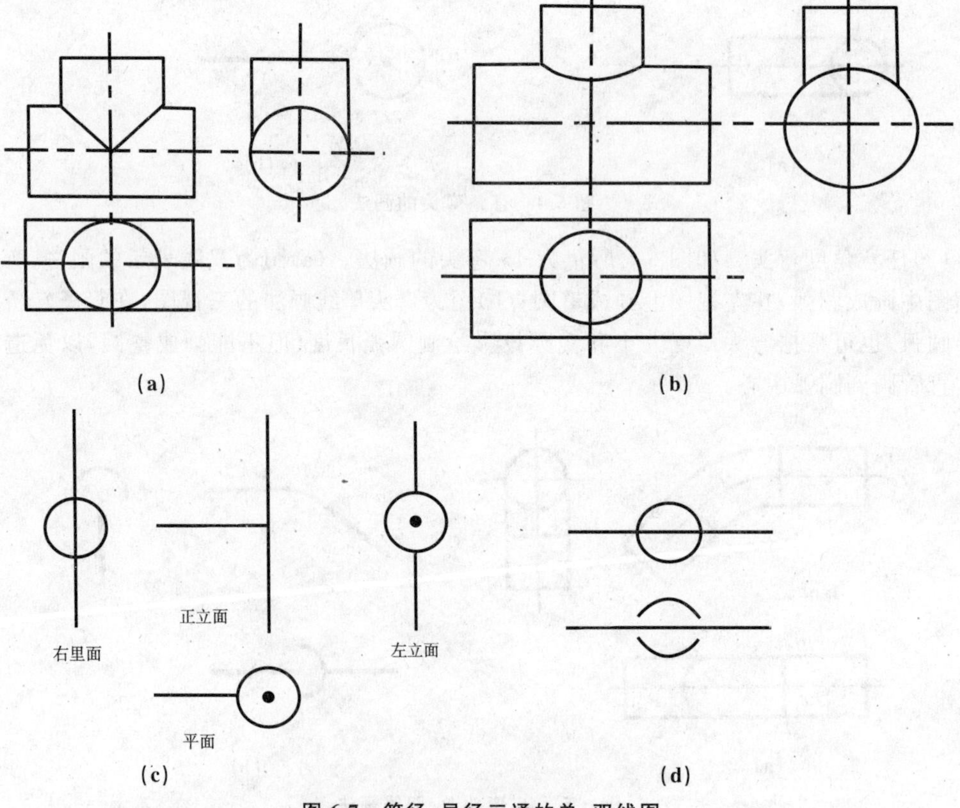

图 6-7 等径、异径三通的单、双线图

(2)斜三通。如图 6-8 所示,(a)图为等径斜三通单、双线画法;(b)图为异径斜三通单、双线画法,单线画法相同。

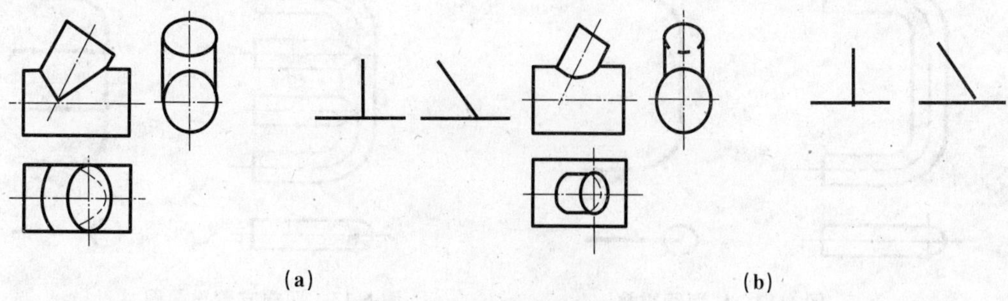

图 6-8　斜三通单、双线图

(3)四通。如图 6-9 所示,(a)图为等径四通双线表示的三视图;(b)图为单线表示的四通三视图,等径四通与异径四通单线画法相同。

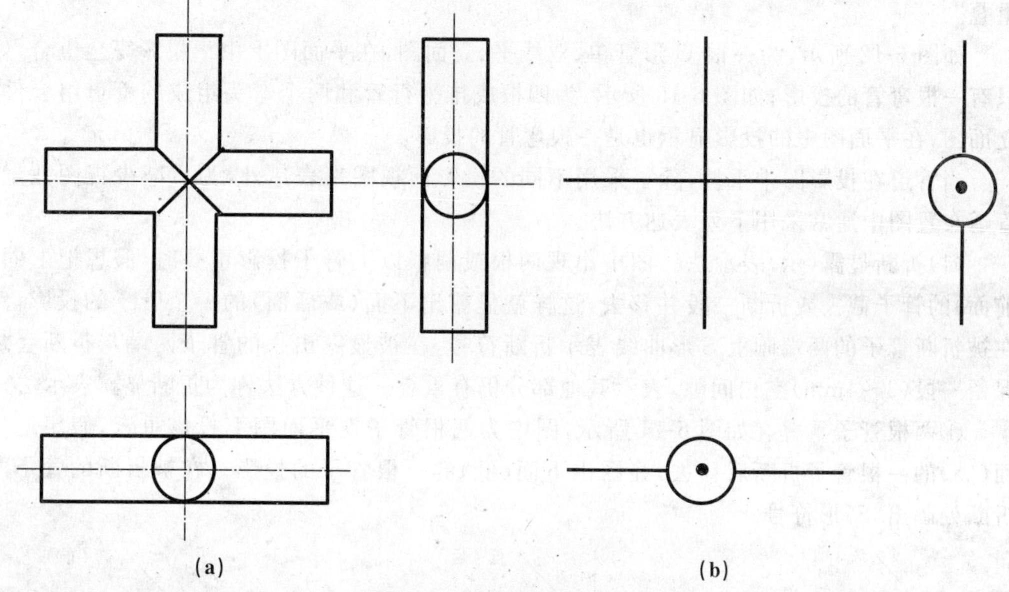

图 6-9　四通的单、双线图

5. 异径管的画法

(1)如图 6-10 所示,(a)图为同心异径管的双线表示法;(b)图为在单线表示的两种不同画法,上图画成等腰梯形,下图画成等腰三角形,意义相同。

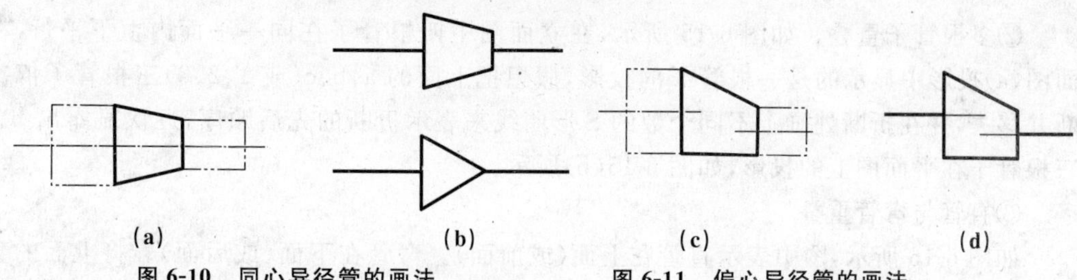

图 6-10　同心异径管的画法　　图 6-11　偏心异径管的画法

(2)如图 6-11 所示,(a)图为偏心异径管双线表示法;(b)图为单线表示的一种画法,另一种画法见本章表 6-2,意义相同。

6. 管道重叠(合)的画法

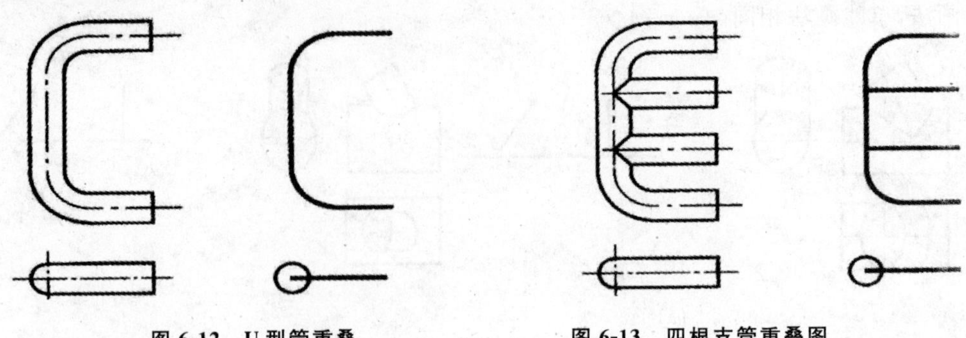

图 6-12　U 型管重叠　　图 6-13　四根支管重叠图

在管道布置图中，如果有两根或两根以上管子上下或前后在一个平面内平行排列，那么它们在平面上的投影完全重合在一起，反映在平面上是一根管子的投影，这种现象称为管道重叠。

如图 6-12 所示，为一根 U 形管单、双线平、立面图，在平面图上由于投影完全重合，好像只有一根弯管的投影；如图 6-13 所示，为四根成排平行管和两个弯头组成的管道组合件平、立面图，在平面图中的投影显示也是一根弯管的投影。

当管道在投影图中重叠，除了采用不同的投影面视图来表达外，为了减少视图数量，在管道布置图中通常采用下列表达方法。

(1)折断显露(示)表示法。图中出现两根或两根以上管子投影重叠时，假想把上面(或前面)的管子截去或折断一段并移去，这样就显露出下面(或后面)的一个管子的投影，然后在被折断管子的两端画上 S 形曲线表示折断符号，在被显露出来的管子两端与折断管之间保留一段(3～4mm)空白间隙，表示其他部分仍有重叠。这种方法称为折断显露表示法。

①两根管子重叠。如图 6-14 所示，图中为两根管子在平面图上投影重合，假想地将上面(高)的一根管子折断后移去，显露出下面(低)的一根管子的投影。在被折断的管子两端折断处画出“S”形符号。

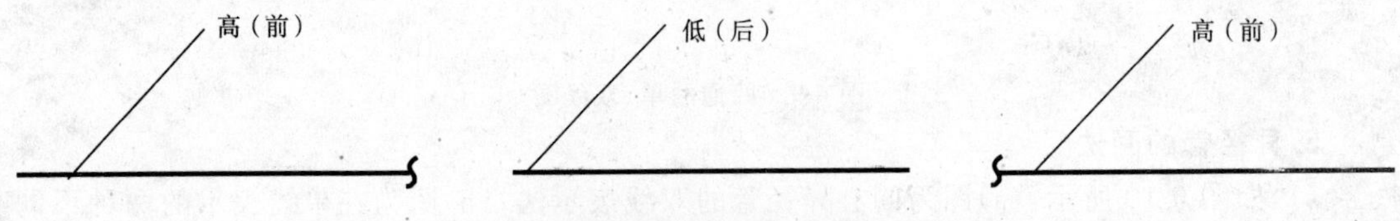

图 6-14　两根管子重叠

②多根管子重叠。如图 6-15 所示，在立面图中四根管子在同一平面内上下平行，在平面图(a)投影中显示的是一根管子的投影，假想把上面的 a、b、c(或 1、2、3)三根管子依次折断并移去，并在折断处画上不同个数的 S 形曲线来表示折断的先后顺序，逐次显露出 b、c、d 三根管子在平面图上的投影，如图 6-15(b)所示。

③直管与弯管重叠

如图 6-16 所示，图中表示直管在上面(或前面)。弯管在下面(或后面)。将上面的直管折断后，显露出弯管的重叠部分。

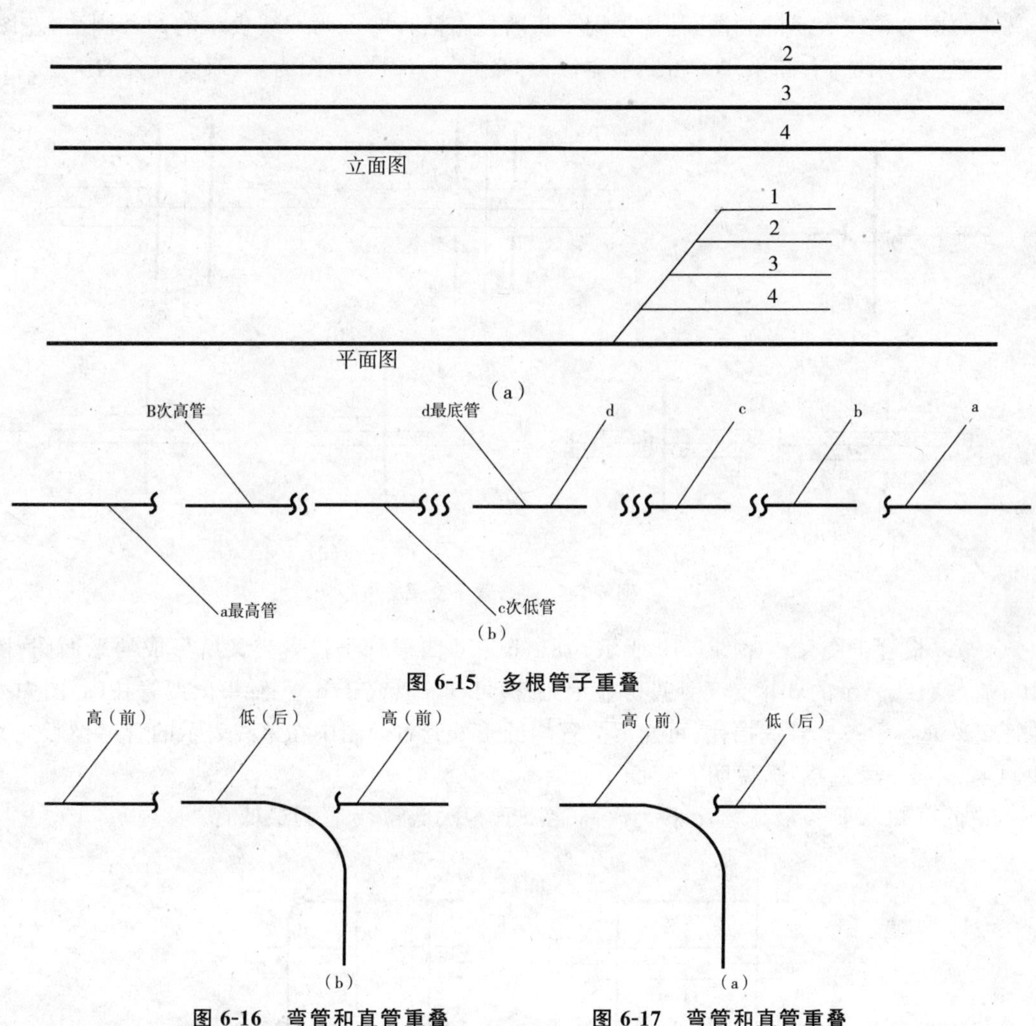

图 6-15　多根管子重叠

高（前）　低（后）　高（前）　高（前）　低（后）

(b)　(a)

图 6-16　弯管和直管重叠　　图 6-17　弯管和直管重叠

(2)遮挡表示法。如图 6-17 所示，图中为一根弯管和一根直管在平面图上投影重叠。弯管在上，直管在下，将直管与弯管投影重叠处断开一段空白间隙(3～4mm)，以表示直管在下面(或后面)，直管左边一部分投影被弯管遮挡住。这种被遮挡的管子断开一段距离的画法称为遮挡表示法。

(4)标注表示法。如图 6-15 所示，图中四根管子重叠，(a)图用数字 1、2、3、4 标注，表示四管重叠，(b)图用字母 a、b、c、d 标注，表示四管重叠，这种方法称为标注法。方法是在立面图上直接标注在管子上，在平面图管道上画出引导线，然后根据重叠管子的个数在该线上画出平行于管道的标注线，分别在标注线上注写相应的管道编号。

7. 管道交叉的画法

管道布置图中，经常遇到管道投影交叉，实际并非真正交叉，只是高低或前后位置不同。为表达它们的高低或前后，只有在绘制方法上予以区别。管子投影交叉时，仍需要采用折断显露法和遮挡表示法。

(1)两根管子交叉

管道投影交叉同样要采用折断显露法和遮挡表示法。如图 6-18 所示，为两根管子投影交叉，(a)图为单线表示的画法，其中采用了折断显露法；(b)图为双线表示的两种画法，左图采用了遮挡表示法，右图采用了折断显露法，意义相同；(c)、(d)图为单、双线混合的画法。

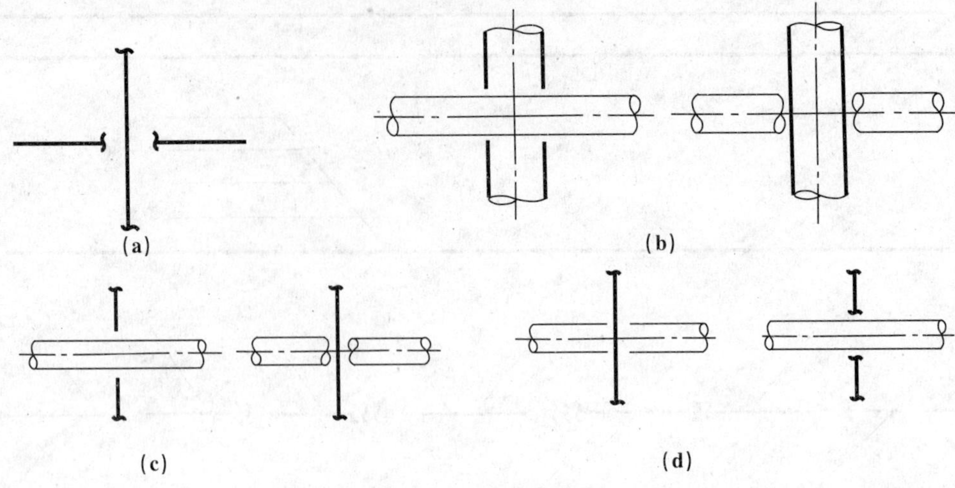

图 6-18 两路管子交叉

(2)多根管子交叉。如图 6-19 所示，为 a、b、c、d 四根管子投影交叉所形成的平面图，图中 a 管与双线表示的 d 管交叉处投影显示完整，可知 a 管高于 d 管；而 b、c 两管在(a)图中与 d 管交叉处投影被 d 管遮挡住，可知 b、c 管均低于 d 管；(a)图中在单线表示的管道投影交叉处，b 管又被 c 管遮挡住，说明 b 管低于 c 管。

由此可知，a 管为最高管，d 管为次高管，c 管为次低管，b 管为最低管。

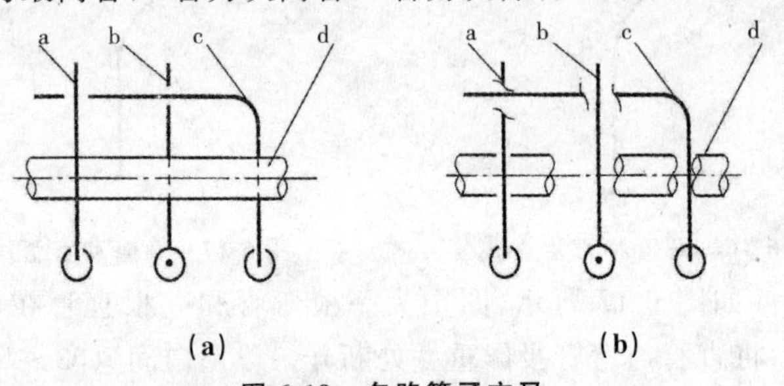

图 6-19 多路管子交叉

8. 管道连接的画法

管道常用连接方法有螺纹连接、法兰连接、承插连接和焊接等。管子与管子、管子与阀门连接的画法如图 6-20 所示。

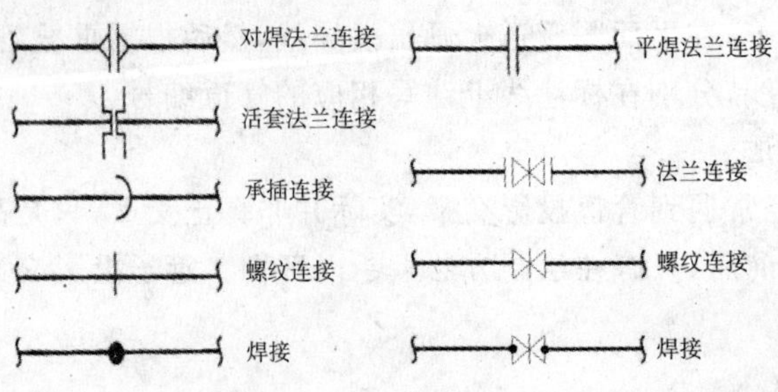

图 6-20 管道连接方式

表 6-1　常用阀门在管道中的安装方位图例(HG20519.4.11-2009)

名称	主视图	俯视图	左视图	轴测图
闸阀				
截止阀				
节流阀				
止回阀				
球阀				

9. 阀门的画法

阀门的种类很多,法兰连接的阀门在管道布置图中的安装方位图例画法如见表 6-1。更多阀门的画法参见本书附录四。在这里要说明的是,由于化工行业涉及很多部门的设计院所,目前采用的化工制图标准规定尚未完全统一和成熟,个别阀门、管件、设备等图形(例)符号画法稍有不同,学习时注意标准的新旧及出处。

10. 管件及管道附件的画法

管件及管道附件的种类及规格较多。常用管道附件单线画法见表 6-2。更多管件及特殊件规定画法参见本书附录四。

表 6-2　常用管道附件图例

名　称	图例符号	略　求
法兰盖(盲板)	i=0.003	i 表示坡度,箭头表示坡向
椭圆型封头(管制)		

续表

名　称	图例符号	略　求
平板封头		
8字形盲板		注明操作开或操作关
同心大小头		又称同心异径管
偏心大小头		又称偏心异径管
防空管、防雨帽、火炬		
孔板		锐孔板或限流锐孔板
分析取样接口		
计器管嘴		注明：温 3/8″压 1/2″
漏头、视镜、转子流量计		注明型号或图号
临时过滤器		注明图纸档案号

续表

名　称	图例符号	略　求
玻璃管液面计、玻璃板液面计、高压液面计	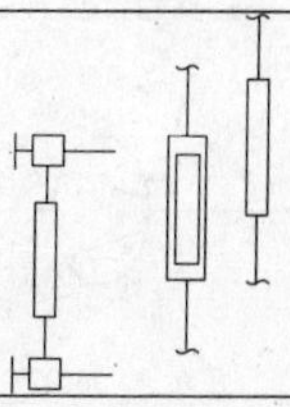	注明型号或图号
地漏	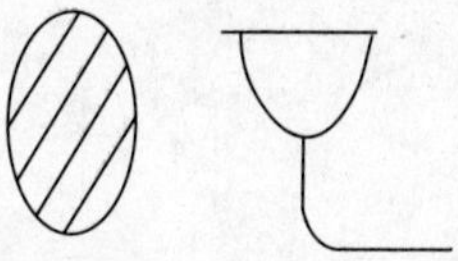	注明型号或图号
取样阀实验室用龙头底阀	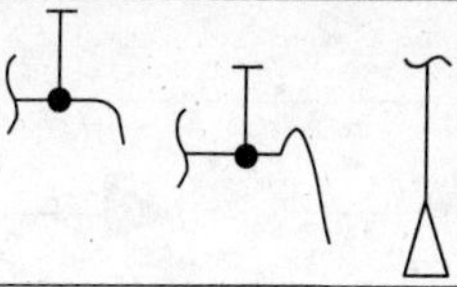	注明型号
丝堵	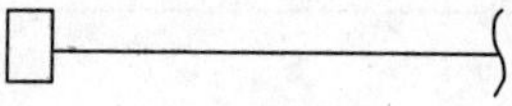	
活接头	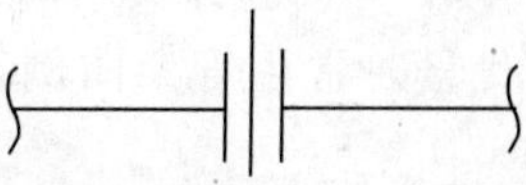	
挠性接头	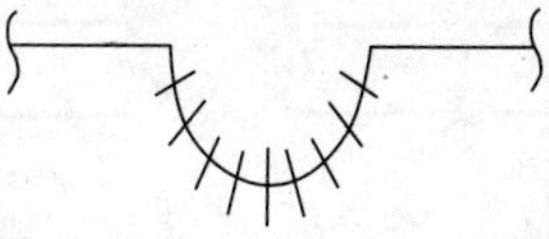	
波形补偿器	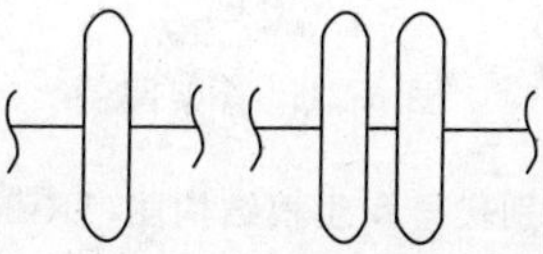	注明型号或图号
方形补偿器	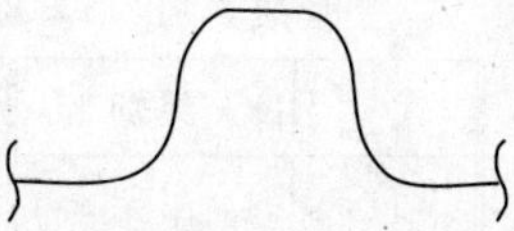	注明型号或图号
填料式补偿器	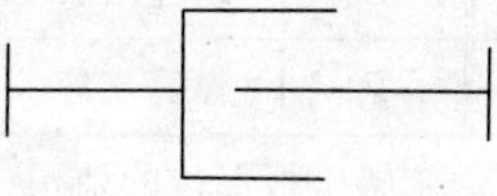	注明型号或图号
Y 型过滤器	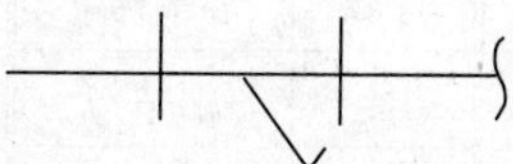	注明型号

续表

名　称	图例符号	略　求
锥型过滤器		注明型号或图号
消音器，阻火器爆破膜		注明型号或图号
喷射器		注明型号或图号

11. 管架的画法

管架不仅起着支承管道重量的作用，而且还要承受来自各方面的力和力矩。管架按用途和结构可分为固定管架和活动(滑动、导向和弹簧)管架，按安装形式又可分为支架和吊架等，标准管架有规定的图例符号和代号。常用管架图例符号如图 6-21 所示，常用管架类别代号和生根结构见表 6-3。

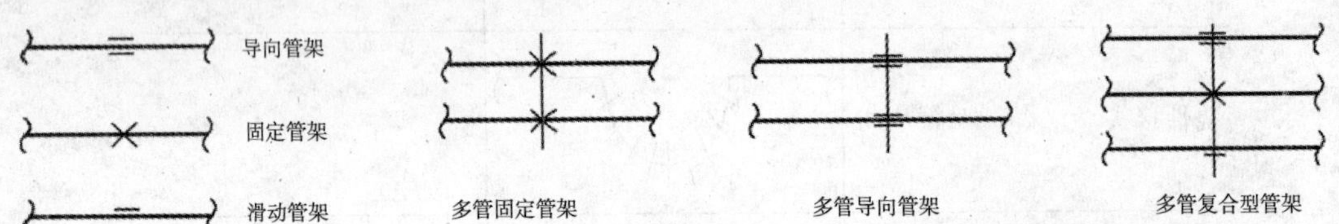

图 6-21　管架图例

表 6-3　**管架类别代号和生根结构图**(HG20519.4.10-2009)

管架类别					
代号	类别	代号	类别	代号	类别
A	固定架	H	吊架	E	特殊架
G	导向架	S	弹性吊架	T	轴向限拉架
R	滑动架	P	弹簧支座		
管架生根部位的结构					
代号	结构	代号	结构	代号	结构
C	混凝土结构	S	钢结构	W	墙
F	地面基础	V	设备		

二、管道布置图的标注

1. 建(构)筑物的标注

(1)建(构)筑物定位轴线及编号。一般以建筑物的墙、柱等结构的中心为建筑轴线,建筑结构中心线用细点划线画出,用细实线延长建筑结构的中心线,作为建筑轴线的标注线;横向轴线编号从左至右用带圆圈的数字依次编号,如①、②、③……;纵(竖)向轴线从下至上用带圆圈的英文大写字母依次编号,如○A、○B、○C……。参见第五章图 5-42。

(2)尺寸标注。在平面图上,标注定位轴线之间的总长度尺寸或分尺寸,并标注墙、门、窗、柱、梁、设备基础等相关长度及宽度;在立面图上标注地面、设备基础、楼板面、平台等与管道安装有关的建筑结构标高。

2. 设备标注

在管道布置图上要标注设备位号,其位号应与带控制点流程图和设备布置图上一致,标注方法与设备布置图一致,见第四章图 4-6。设备管口较多时,可单独编制管口图表,管口编号一般采用英文字母,在管口表中逐项填写管口编号、管口公称直径、管口法兰面形式、国家标准、管口方位及标高等。管口方位图表参见第五章图 5-46。

3. 管道标注

(1)管道号管道布置图与流程图一样,要标注管道(编)号,横向管道标注在管道的上方,下方标注管道标高;竖向管道标注在管道的左方,右方标注标高。管道布置图上的管道号应与流程图上一致。

(2)管道定位、安装尺寸及标高以平面图为主,标注所有管道及管件的定位、安装尺寸及安装标高,如绘制有立面图,则所有标高应在立面图上标注。与设备布置图一样,定位、安装尺寸以 mm 为单位,而标高以 m 为单位。

①管道及管道附件的定位及安装定位尺寸一般以建筑轴线、设备中心线、设备管口法兰面或墙面为基准进行标注尺寸,同一管道的基准要一致。

②管道安装标高一般以室内地坪面为±0.000m 平面为基准,管道标高数字前大都加注标高英文缩写词,表示标高位置,常用标高英文缩写见表 6-4。

表 6-4　常用标高英文缩写词

序号	缩写	中文名称	英文名称
1	EL	标高	Elevation
2	BOPEL	管底标高	Bottom of pipe
3	COPEL	管中心线标高	Center of pipe
4	TOPEL	管顶标高	Top of pipe
5	FOB	底平平面标高	Flat on bottom
6	FOT	顶平平面标高	Flat on top
7	CL(℄)	中心线	Center line

③图上标注有困难时,允许在同一张图纸上另画出局部放大图标准尺寸等。

④对安装坡度要求严格的管道，在管道上方画出带箭头的细实线表示坡度方向，箭头指向坡度，并在线上注写坡度数字，坡度用小写 i 表示，数字以 m 为单位，坡度为管段长度与两端高度差之比值，一般以千分数表示，如 $i=0.003$ 等。标注形式如图 6-21 所示。

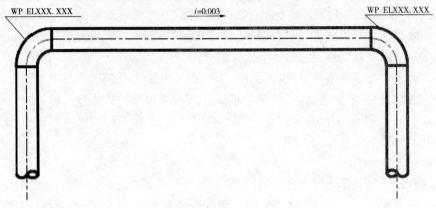

图 6-21 管道坡度的表示

⑤管道布置图上标注的管道号应与带控制点工艺流程图一致（参见第四章），一般只标注三项内容：即物料代号、管段序号和公称直径，而管道等级代号及隔热等可以不再标注。

⑥管道上的伴热管或套管，其公称直径可直接标注在主管直径的后面，并加斜线隔开，如主管公称直径为 150mm，伴热管（或套管）公称直径为 50mm，其标注形式为 DN150/50。

4. 管架代(编)号及标注

管架的图例符号和管架编号一般直接标注在管道上，同时标注管架的定位尺寸及标高。管架代号一般由五部分组成，其标注形式及编号含义如图 6-22 所示。

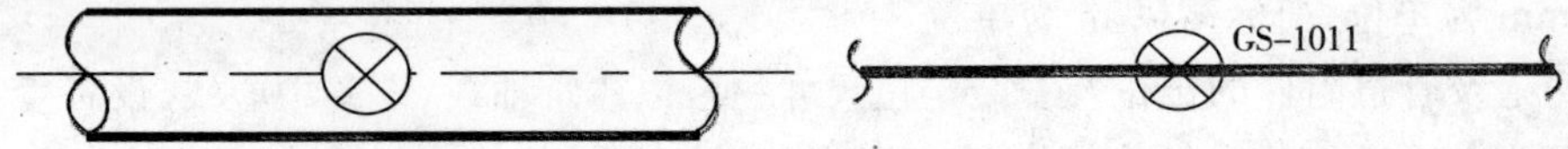

表示有管托（保温、保冷管或大管端管托）

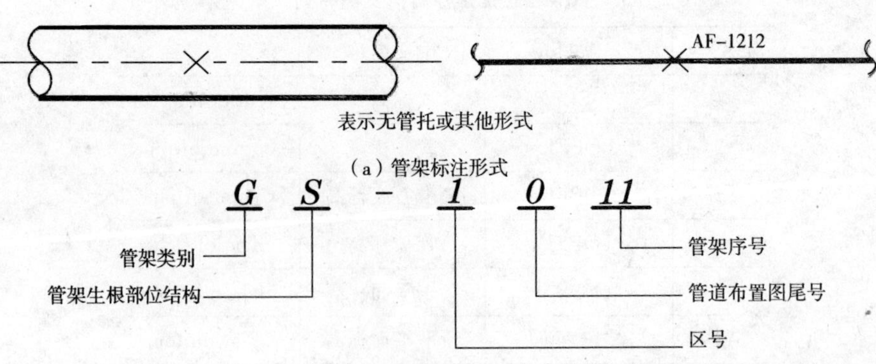

表示无管托或其他形式

（a）管架标注形式

（b）管架代号含义

图 6-22 管架的标注形式及编号

5. 管件、阀门及仪表控制点标注

在管道布置图的平面图、立面图中，按管件、阀门及仪表控制点所在位置画出其规定的图例符号。除有严格尺寸要求外，一般不再标注定位尺寸（在管段图中标注）。垂直管道上的阀门和特殊管件可在立面图上标注其安装高度。自控的图例符号、位号及标注形式与工艺流程图相同，图形符号参见第四章表4-7，标注形式参见第三章图3-31、图3-33及图6-1。

三、管道三视图画法举例

例题 6-1　已知一管道的正立面图，试画出其平面图和左视图。

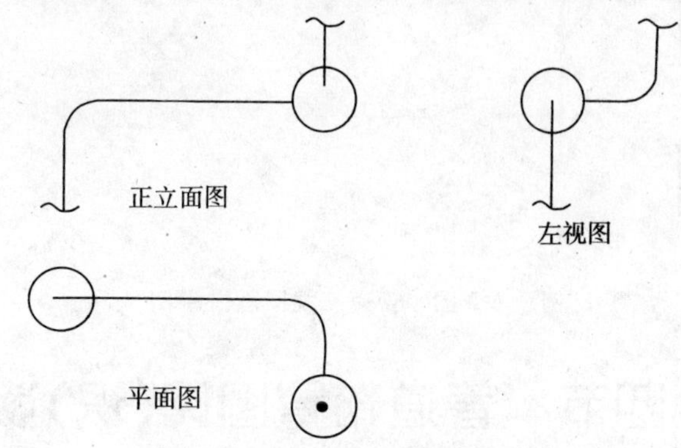

例题 6-1 图　管道三视图画法举例

例题 6-2　已知一管道（带有螺纹连接的阀门和同心异径管）的平面图，试画出其立面图和左视图。

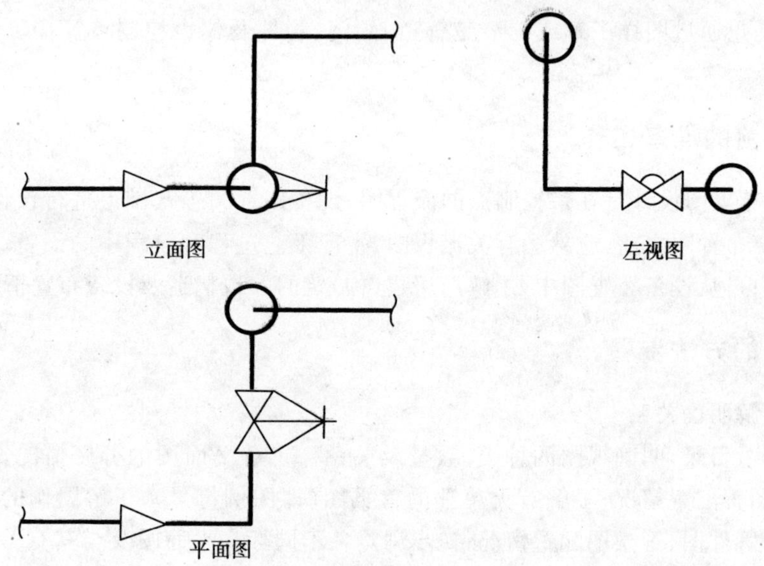

例题 6-2 图　管道三视图画法举例

例题 6-3　已知一管道（带有法兰连接的阀门和异径管）的立面图，试画出其平面图、左视图。

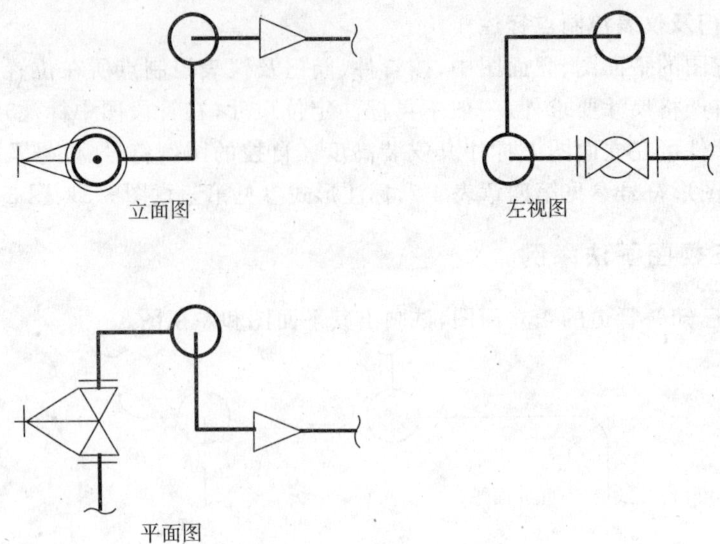

例题 6-3 图　管道三视图画法举例

第四节　管道布置图阅(识)读

一、阅读管道布置图的目的

阅图的主要目的有审查设计、安装施工、学习或借鉴。初学者多为后者，但不论是抱有哪种目的，都是想通过图样了解或弄清楚管道、阀门、管件及仪表控制点等在装置中的布置情况。

二、读图前的准备工作

由于管道布置图设计是在带控制点的流程图、设备布置图等基础上进行设计绘制的，因此，在阅读管道布置图之前，应熟悉有关流程图、生产工艺过程和流程中的设备、管道及组成件的配置情况；再从设备布置图中，了解厂房建(构)筑的大致构造及设备布置情况等。

三、读图的方法步骤

1. 概括了解明确关系

首先看图纸目录，明确视图的种类、数量及关系。了解平面图的分区情况，管道布置图平面图、立面图等配置情况；了解有无单独的首页图(即图例符号)，了解图例的含义及设备位号以及非标管件图、管架图配置情况；初步浏览各不同标高平面图及与其有关的立(剖)面图等，从中了解设备位号、管口位置及标高等；最后看视图中的施工说明或备注等。

2. 详细分析读懂管道的来龙去脉

对照带控制点工艺流程图和辅助管道系统图，按照流程顺序和管道编号，弄清楚每条管道的起始点和终点位置的设备位号及管口号；找出表达这些设备各不同标高的平面图以及与其相关的立面(剖)视图等；然后根据投影关系和管道的表达方法，弄清楚每一根管道的来龙去脉，分支管情况，阀门、管件、管架及仪表控制点等的具体安装位置；最后查看尺寸（标高）及其他标注，直至看清读懂图中全部管道布置情况为止。

3. 检查总结避免错漏

对照工艺流程图上的所有管道、管件、阀门及控制点等，检查在管道布置图上是否都已明确其具体位置，有无错漏。如果发现有不合理或错漏之处，应提出修正或补充建议，供有关部门改进或变更。最后综合性地总结、归纳管道及其组合件的配置部位、尺寸分析及其他标注等。

四、读图举例

如图 6-1 所示，为一物料冷却循环系统管道布置图。阅读的方法步骤如下。

1. 概括了解视图、设备及厂房等

从标题栏中可知，该管道布置图共有两个视图，一个是标高为（EL）100.00 平面图，一个是 A－A 剖（立）面图；图中厂房内共有 3 台设备，1 台卧式冷凝器（E0812），2 台离心泵（P0801A、P0801B）；厂房有门、窗、柱和一条地沟，厂房的横、竖向建筑轴线分别为墙和柱的中心线，横向轴线有 3 条，分别标注为①、②、③，间距为 4.5m，竖向轴线一条，标注为 B；两台泵的基础（POS-支撑点）标高为 100.250m，容器中心线标高 CL101.200m。

2. 分析管道走向

查看工艺管道及仪表控制点流程图和设备布置图等，找到管道编号和管道起止点设备及管接口，以管口为起点，顺着管道编号及走向，对照管道布置平面图和剖立面图，按照前述的投影原理和投影关系，逐根逐段搞清楚其走向的来龙去脉。

(1)离心泵进口和出口管道。从平面图和剖（立）面图可知，一条物料管道（PL0802-65，标高 EL99.85）从地沟出来分别进入两台泵的进口，从两台泵出口出来后合二为一（PL0803-65，标高 EL102.00），在靠近冷凝器左端一直向下（注意立面图上该管向下处有 S 断开符号，说明后面有管道重叠），形成 U 形转折后再向上（注意看物料管道流向箭头），然后从容器左端封头下部进入冷凝器管程；最后从冷凝器封头左端上部流出上升至标高为 EL103.200（管道代号 PL0804-65）。

②冷凝器物料进、出口管道和冷却水进、出口管道。

冷凝器左端下部是物料进口管道（同上述，来自离心泵出口）；左端上部是物料出口管道，图中显示从冷凝器左上部出来后上升位置最高，经转弯后右行（注意流向箭头）然后离开；冷凝器底部是来自地沟的循环冷却水管道进口，右上方是循环水出口管道，从冷凝器出来后转弯向下进入地沟。

3. 查看管道代号和尺寸标注

(1)泵进口管道编号为 PL0802-65（图中标注为 FL0802-65），地沟内管道标高 EL99.85m，泵基础标高 EL100.250m，因泵为定型设备，有了泵基础标高后，泵进口高度自然形成。平面图上标注出两台泵纵向中心线距建筑轴线①的尺寸，泵进口管中心线与纵向轴线重合，两管中心线间距为 1000mm。地沟内的管道，可根据地沟尺寸大小等来确定管道距沟壁及两管之间的净距。

(2)泵出口管道（同时也是冷凝器物料进口管道）编号为 PL0803-65，除泵出口处管道标高自然形成外，两出口管道汇集处标高为 EL102.000m，上升至标高 102.600m 处，然后下降到标高 EL100.100m,再转弯向上进入冷凝器左端下部。冷凝器是定型设备,有了其中心线标高,进口高度自然形成。由平面图可知,该管在泵出口的一段水平管与泵的横向中心线重合,距建筑轴线 B 距离为 2450(1100+1350)mm,右端垂直管与建筑轴线②距离为 600mm。

(3)冷凝器物料进口管道同上(2)。

(4)冷凝器物料出口管道编号为 PL0804-65,出口处标高自然形成,上升至标高为 EL103.200m 后转弯向右离去。

(5)冷凝器循环水进口管道编号为 CWS0805-75,地沟内管道标高为 EL99.85m,上升一段高度(此处未标注从地沟出来后的上升高度)转弯进入冷凝器底部。

(6)冷凝器循环水出口管道编号为 CWR0806-75,出口处标高自然形成,然后下降进入地沟。

4. 了解阀门、管件及仪表控制点等安装位置

(1)该管道布置图中共有 5 只阀门,分别安装在两泵的进口和出口管道上,另一只安装在冷凝器循环水进口管道上。

(2)两台泵出口管道阀门后各安装一只同心异径管。

(3)在两台泵出口安装有流量指示仪表,在冷凝器物料进口和循环水出口分别安装有温度指示仪表。

(4)在编号为 PL0804-65 的管道上安装有两个代号为 GS-02、GS-03 的钢结构导向管架。

5. 检查总结

首先检查管道、管件、阀门及仪表控制点等有无错漏,然后熟悉它们的材质、规格、型号,弄清楚连接方式、安装要求等。

第五节　管段图

一、管段图用途

管段图是管道布置图设计中提供的又一种图样,它是表达一台设备至另一台设备(或一段管道)间的一段管道的走向及其组成件等安装布置情况的轴测图图样。其主要作用是作为管道预制和安装施工图,也是管道工程用料及工程造价的计算依据。

目前,国内外管道工程设计中,已全面采用计算机对厂区管道整体模型设计,再用计算机绘制出单根管道的管段图,来取代复杂的平面图,以加快设计速度,提高设计质量,并为管道工厂化预制和安装施工提供方便。

1. 化繁为简,形象具体

管道布置图(平面图、立面图等)中往往管道繁多,要想在复杂的图中弄清楚某一根管道或管段的具体形状位置及走向,要花费一定时间。那么可以在设计院所(室),事先将一根根复杂的管道分成若干管段,绘制成管段图,即一个管段为一张图纸,图上详细表达该管段的空间走向,阀门、管件及仪表控制点的具体位置、规格、材质、连接形式、安装尺寸等。

2. 提高效率，保证质量

有了管段图，将每个管段在工厂进行机械化预制加工，然后再运至施工现场安装，不但可以降低成本，提高效率，更可以保证质量，同时也避开了施工现场环境和条件差的状况。

因此，管段图是目前在管道预制及施工中普遍使用的图样。

二、管段图绘制内容

管段图是由图形和表格相结合的形式来表达其内容的。如图 6-23 所示。

1. 图形

按正等轴测投影原理绘制管子及组成件的图样。

2. 标注

标注出管段代号、管段所在设备的位号、和其他管段图接续图图号、管段及管件安装定位尺寸等。

3. 方向(坐)标

安装方位的基准。

4. 表格

(1)材料表一般绘制在管段图形的右边或下面。内容有该管段所需全部材料、规格、尺寸及数量等。

(2)附表(或角图章表格)绘制在管段图形的下边。把将来峻工验收合格后，可能要加盖竣工图章的位置画成表格，表格内填写该管段的有关技术数据资料，如管段号、平面图连接号、设计和操作温度及压力、保温材料及厚度、管道等级等技术参数。

(3)备注表格一般绘制在图形的下边，注写有关要说明的事项。

5. 标题栏图名、图号、比例等。

三、管段图的画法

1. 比例与图幅

(1)在管段图中，管子、管件及阀门等大致按比例绘制，但长度要适中，整个图面布置保持匀称、合理。

(2)管段图可直接在专用轴测坐标纸上绘制，坐标纸上印有细斜格，图纸常用 A3 或 A4 幅面，半幅画图，半幅用作材料表格及备注说明等使用。如不用轴测坐标纸或计算机绘图，其图幅安排可相对灵活。

(3)原则上一个管段号画一张管段图，复杂的管段可分成两张或多张图画出，但仍沿用同一图号，注明页数。

2. 安装方向(位)标

管段图上应绘制安装方向标，方向标的建北(CN 或 N)通常指向图纸右上方或左上方，同一装置管段图的方向标取向应相同。管道的实际走向应与方向标建北一致。如图 6-24 所示为两种方向标的图形画法，表示的意义相同。

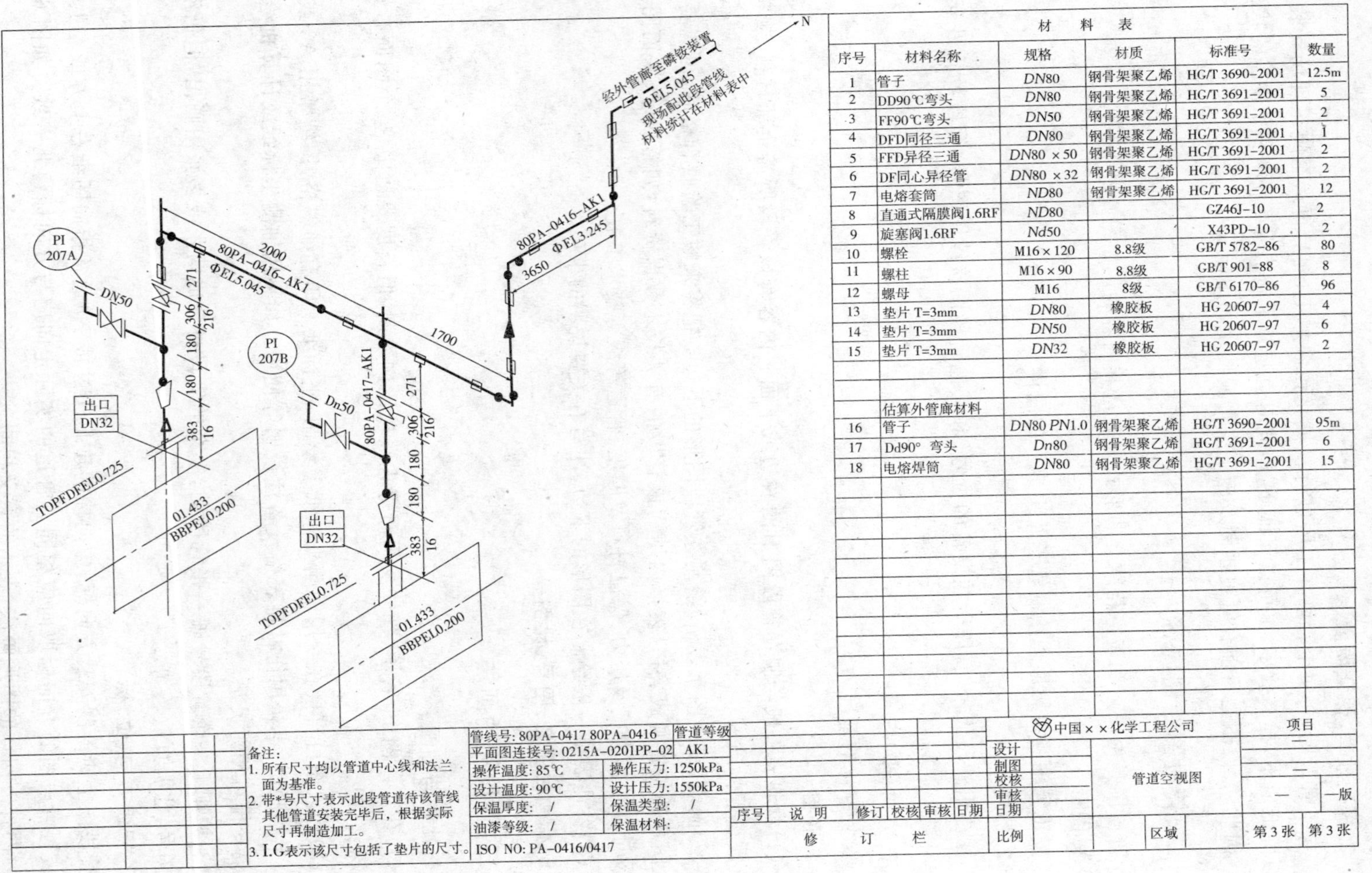
材料表
序号 | 材料名称 | 规格 | 材质 | 标准号 | 数量
1 | 管子 | DN80 | 钢骨架聚乙烯 | HG/T 3690-2001 | 12.5m
2 | DD90℃弯头 | DN80 | 钢骨架聚乙烯 | HG/T 3691-2001 | 5
3 | FF90℃弯头 | DN50 | 钢骨架聚乙烯 | HG/T 3691-2001 | 2
4 | DFD同径三通 | DN80 | 钢骨架聚乙烯 | HG/T 3691-2001 | 1
5 | FFD异径三通 | DN80×50 | 钢骨架聚乙烯 | HG/T 3691-2001 | 2
6 | DF同心异径管 | DN80×32 | 钢骨架聚乙烯 | HG/T 3691-2001 | 2
7 | 电熔套筒 | ND80 | 钢骨架聚乙烯 | HG/T 3691-2001 | 12
8 | 直通式隔膜阀1.6RF | ND80 | | GZ46J-10 | 2
9 | 旋塞阀1.6RF | Nd50 | | X43PD-10 | 2
10 | 螺栓 | M16×120 | 8.8级 | GB/T 5782-86 | 80
11 | 螺柱 | M16×90 | 8.8级 | GB/T 901-88 | 8
12 | 螺母 | M16 | 8级 | GB/T 6170-86 | 96
13 | 垫片 T=3mm | DN80 | 橡胶板 | HG 20607-97 | 4
14 | 垫片 T=3mm | DN50 | 橡胶板 | HG 20607-97 | 6
15 | 垫片 T=3mm | DN32 | 橡胶板 | HG 20607-97 | 2
估算外管廊材料
16 | 管子 | DN80 PN1.0 | 钢骨架聚乙烯 | HG/T 3690-2001 | 95m
17 | Dd90° 弯头 | Dn80 | 钢骨架聚乙烯 | HG/T 3691-2001 | 6
18 | 电熔焊筒 | DN80 | 钢骨架聚乙烯 | HG/T 3691-2001 | 15
管线号: 80PA-0417 80PA-0416 管道等级 AK1
平面图连接号: 0215A-0201PP-02
操作温度: 85℃ 操作压力: 1250kPa
设计温度: 90℃ 设计压力: 1550kPa
保温厚度: / 保温类型: /
油漆等级: / 保温材料:
ISO NO: PA-0416/0417
备注:
1. 所有尺寸均以管道中心线和法兰面为基准。
2. 带*号尺寸表示此段管道待该管线其他管道安装完毕后，根据实际尺寸再制造加工。
3. I.G表示该尺寸包括了垫片的尺寸。
序号 说明 修订 校核 审核 日期
修订栏
设计 制图 校核 审核 日期 比例
中国××化学工程公司
管道空视图
项目
区域
第3张 第3张
一版
经外管廊至磷铵装置
ΦEL5.045
现场配此段管线
材料统计在材料表中
N
80PA-0416-AK1
ΦEL5.045
2000
1700
3650
ΦEL3.245
80PA-0417-AK1
PI 207A
PI 207B
DN50
Dn50
出口 DN32
TOPFDFEL0.725
01.433
BBPEL0.200

图 6-23　管段图

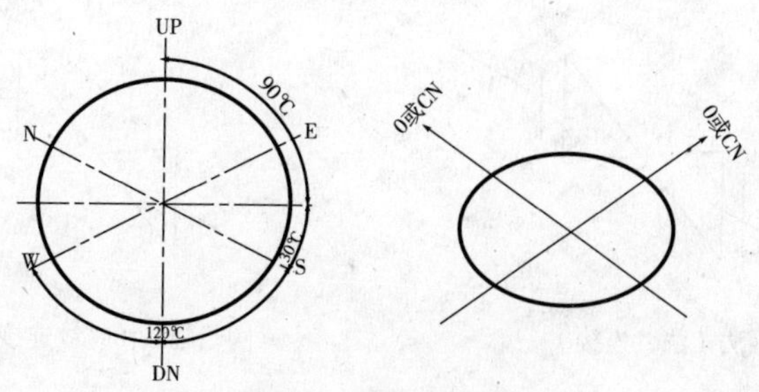

图 6-24　管段图方向标

3. 管道、阀门、管件及仪表控制点的画法

管段图上管子、管件、阀门及特殊件的图例画法执行 HG20519.4.11-2009 标准规定，参见本书附录四。

(1)管道以单线(粗实线)绘制，阀门、管件及仪表控制点等用细实线绘制，并用规定的图例符号来表示。

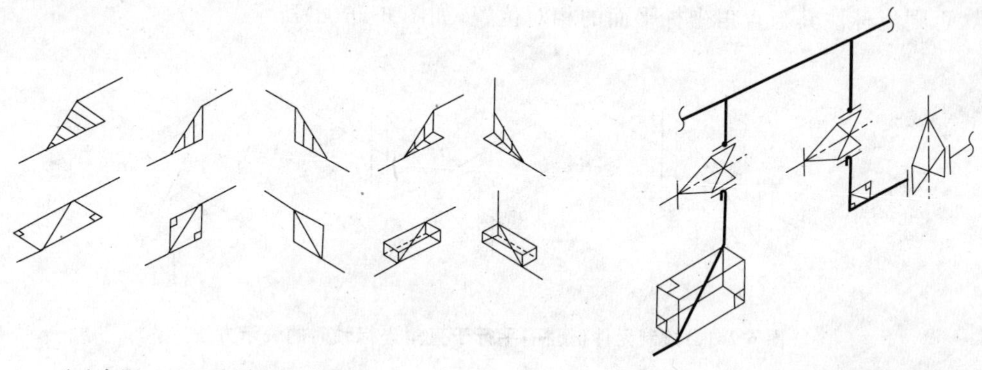

(a)在同一平面内的倾斜管画法　(b)不在同一平面内的倾斜管画法

图 6-25　水平、垂直倾斜管表示法及示例

(2)管段图采用正等轴测投影绘制。在管段图中，与坐标轴平行的管子，一律画成与相对应的坐标轴平行；与坐标轴不平行但在一平面内的倾斜管，可用细实线绘制的平行四边形表示其在平面的位置；与坐标轴不平行且也不在一平面内的倾斜管绘制矩形，表示其所在的空间平面位置。如图 6-25 所示。

(3)与管段相接的设备管口可用细实线画出。

(4)为了简化，管段上的弯头不再画成圆弧，而画成直角。

(5)管子与设备、管件、阀门等的连接形式应予以表示。

①法兰与管道连接的画法。垂直管道上的法兰画成与水平线成 30°角，水平管道上法兰画成垂直线，如图 6-26(a)所示。

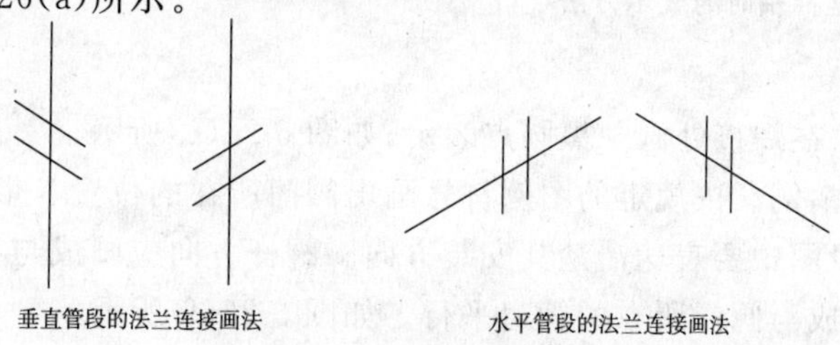

垂直管段的法兰连接画法　水平管段的法兰连接画法

(a)法兰连接的画法

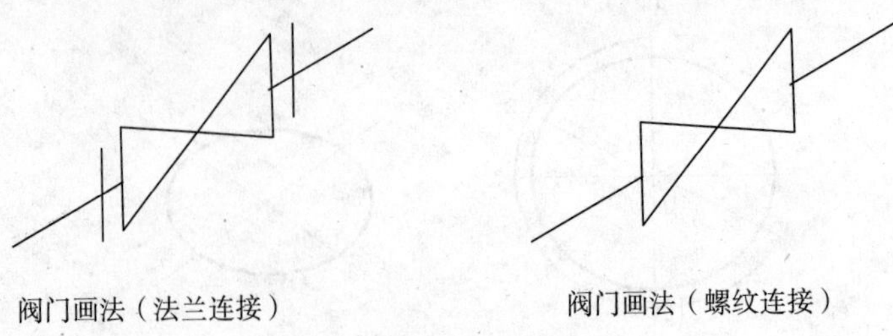

(b) 管道中的阀门画法

图 6-26 法兰与管道连接的画法

②阀门图形的画法

阀门图形符号的画法如图 6-26(b)所示。

管段图上应画出阀门的控制元件(如阀杆、手轮等)图形符号的类型(手动、电动、气动或自动等)和位置。当控制元件符号的位置与任一直角坐标轴平行时,可不标注,如图 6-26(c)所示,否则应标注其与直角坐标平面的相对位置,如图 6-26(d)所示。

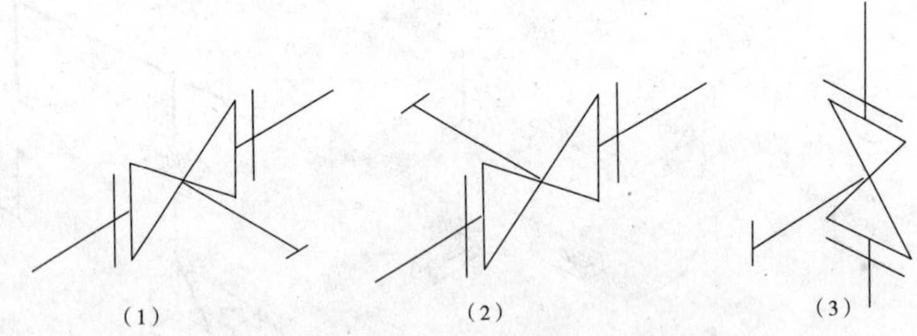

图 6-26(c)控制元件(阀杆)平行于直角坐标轴时的表示方法

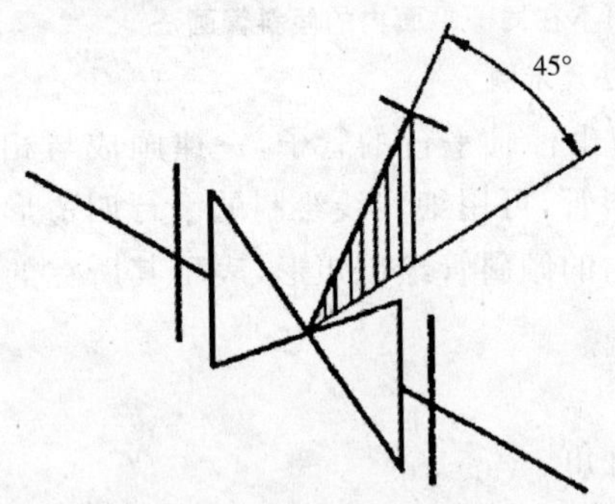

图 6-26 (d)控制元件(或阀杆)不平行于直角坐标轴时的表示方法

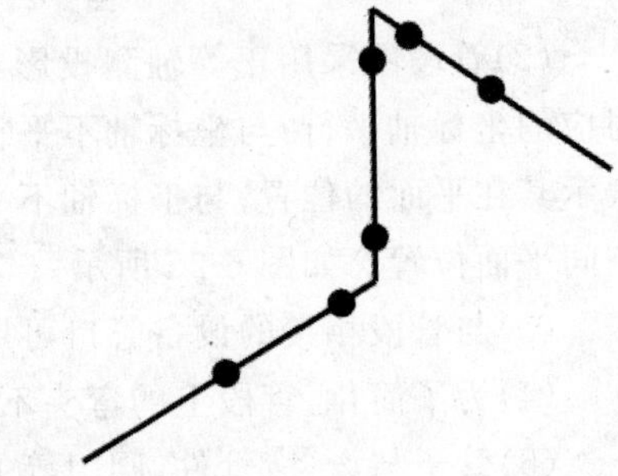

图 6-26 (e)管段图焊接连接的画法

③焊接连接画法在焊接处画一黑圆点表示,如图 6-26(e)所示。

(6)阀门的画法举例。按规定的图例符号画出阀门所在的位置。带有控制元件(阀杆及手轮的阀门),在管段图中要表达清楚其安装方向。阀杆方向应画成与实际设计安装方向一致,阀杆上的手轮画成与阀门所在的管道平行。如图 6-26(f)所示。

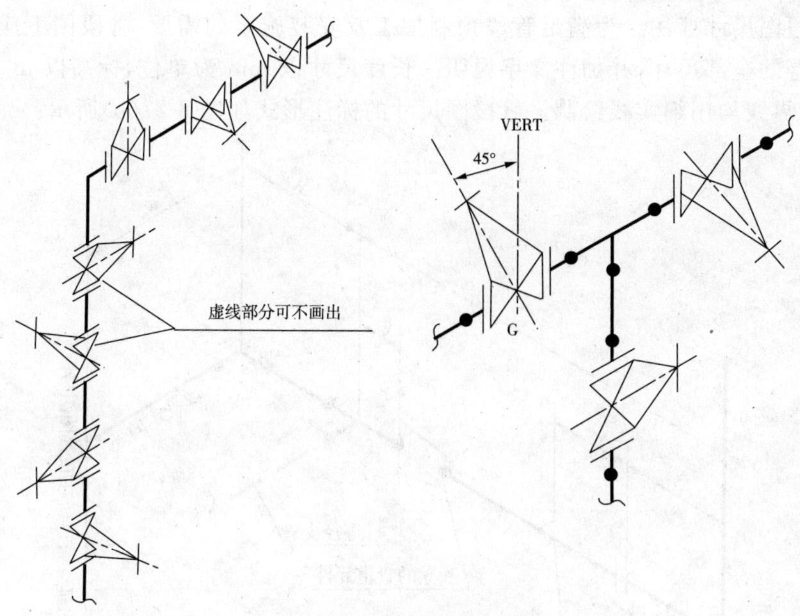

图 6-26　(f)阀杆的画法举例

(7)仪表控制点画法

仪表图形及控制点的画法与流程图和管道布置图相同。在靠近仪表安装位置画出规定的仪表图形,画出引导线连接图形和安装点,图形内标注仪表代号。如图 6-23 和图 6-27 所示。

四、管段图的标注

1. 管段图上应标注的内容

管段图上应标注的内容主要有:管段(道)号、设备代号、管架及编号、仪表图形及位号、与该管段接续的管段的管道号及图号、介质流向箭头、管道坡度及定位、安装尺寸等,标注内容及形式,如图 6-27(a)所示。

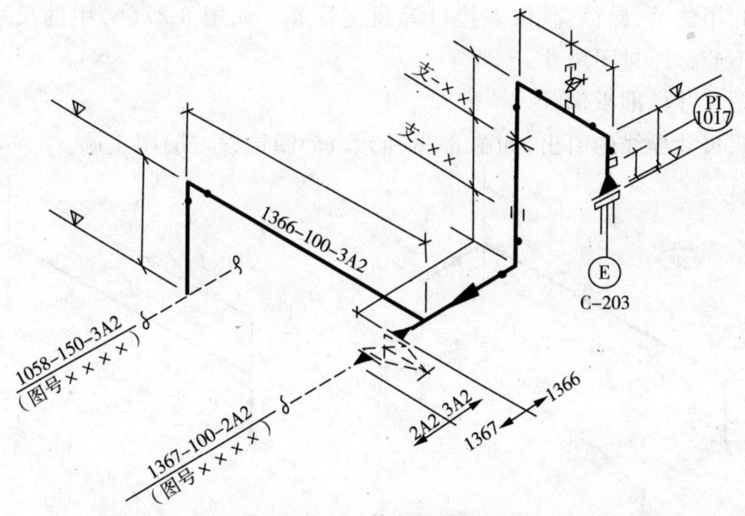

图 6-27　(a)管段图的标注

(1)管段图尺寸标注。为满足管段预制加工及安装施工的需要,管段图上应标注管子、管件、阀门等的全部尺寸,并加注文字说明。长度尺寸以 mm 为单位,标高以 m 为单位。尺寸线和尺寸界线均用细实线绘制。管段图尺寸的标注形式如图 6-27(b)所示。

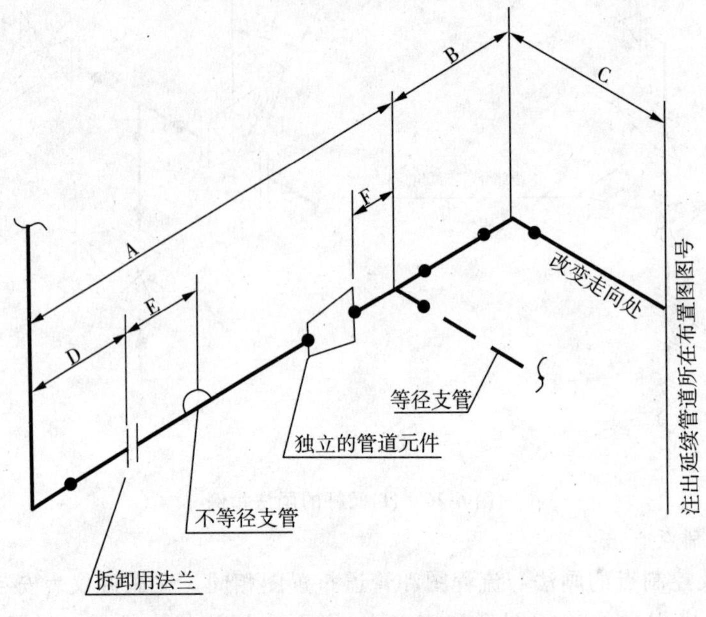

图 6-27 (b)管段图的尺寸标注

①标注水平管道的尺寸线要与所标注的管道平行,尺寸界线应为垂直线。垂直管道标注标高。

②管段图上主要标注的尺寸有从定位基准点到支管、管道改变走向处、图形接续分界线处等尺寸,如图 6-27(b)中尺寸 A、B、C。其定位基准点尽可能与管道布置图一致,以便校对。

③管段图上需要标注尺寸的还有从最邻近的主要基准点到各个独立的管道附件,如连接用法兰、拆卸用法兰、异径管、仪表接口等径支管等。如图 6-27(b)中的尺寸 C、D、E。同时,这些尺寸不应标注封闭尺寸。

(2)管段图尺寸标准举例。

①尺寸线、尺寸界线的引出,如图 6-28 所示,(a)图错误,(b)图正确。

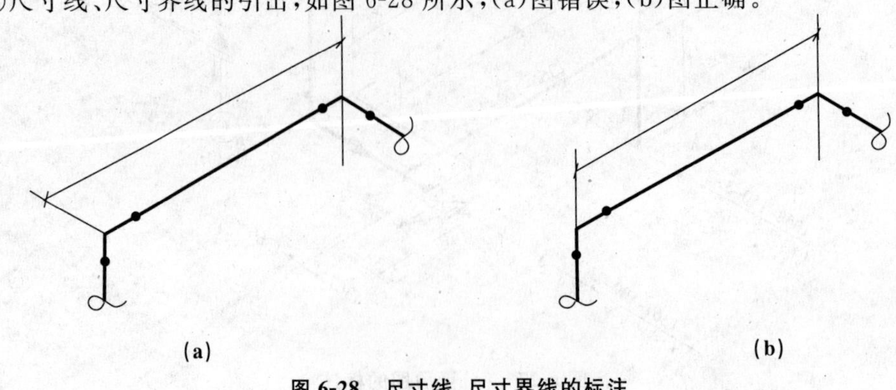

图 6-28 尺寸线、尺寸界线的标注

②对特殊或非标管件，要求指定其安装位置时，标注方法如图 6-29 所示。

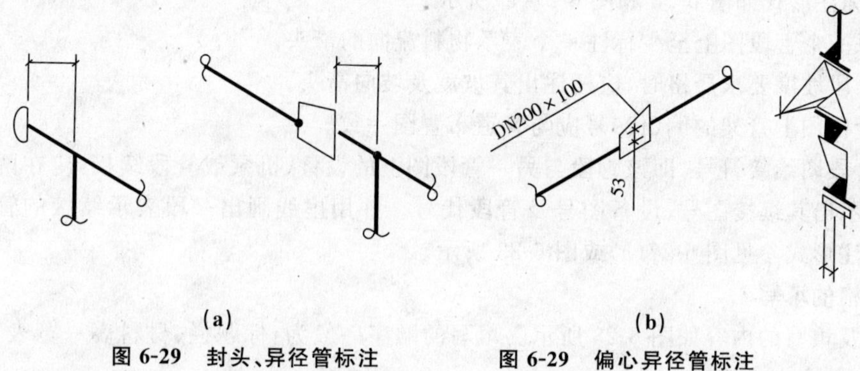

图 6-29　封头、异径管标注　　图 6-29　偏心异径管标注

③法兰连接阀门的尺寸标注，如图 6-30 所示。图中都标注了两管道法兰端面安装总尺寸，而左图和中图又单独标出了两对法兰间垫片的厚度。

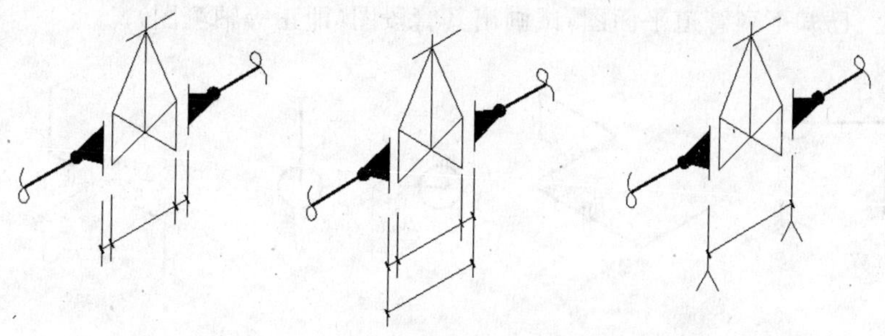

图 6-30　法兰连接阀门的标注

④管段图标高的标注管道平面图中标注的管底（或管顶）标高，在管段图中均应换算成管中心线标高后再进行高度标注。除了管段的起止点、支管连接点、阀门、管件和管段高度发生变化处标注标高外，其他处不需要再标注标高尺寸，标高的标注形式参见图 6-27(a)所示。管段图上的标高常用标高英文缩写词表示，其含义见表 6-4。

(3)管段图上的管道穿过墙、楼板或平台时，应予以表示并进行标注。如图 6-31 所示。

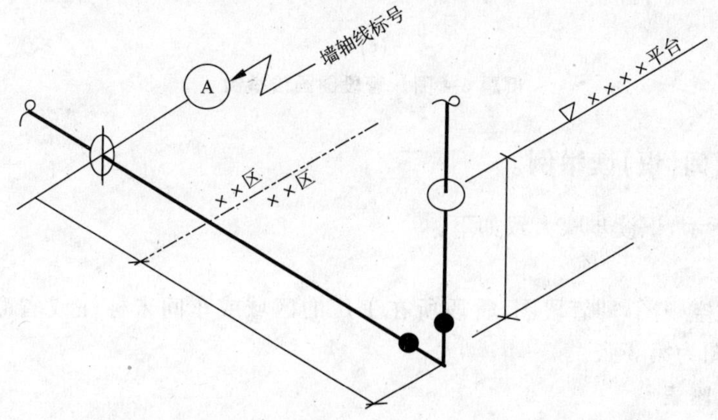

图 6-31　管段穿墙平台和分区界的标注

(4)管段图上同样应标注管道代号，其标注内容及形式基本与流程图、管道布置图相同。其画法及标注形式如图 6-23 和图 6-27(a)所示。

(5)每一个管段图上至少标注一个表示物料流向的箭头。

(6)管段坡度要求严格时，应标注出其坡度及坡向箭头。

(7)管段图上管架的编(代)号应与管道布置图一致。

(8)管段图续接符号，即该管段与另一管段图上的设备、机泵或管段续接，应在两张管段图中均表示出其续接图号、设备图号及管段代号。并用虚线画出一段表示续接的管道。其画法及标注形式参见图 6-27(a)或图 6-23 所示。

2. 表格的填写

表格及填写的内容如图 6-23 所示。填写的顺序一般为：标题栏、材料表一览表、附表或角图章表、备注表或说明。

五、管段图画法举例

例题 6-4　已知下列管道平面图，试画出其管段图(即正等轴测图)。

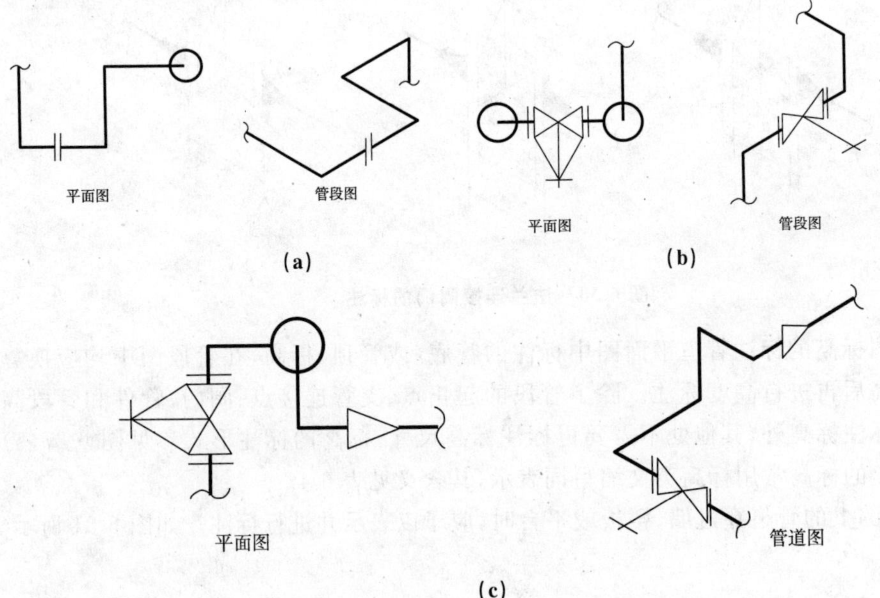

例题 6-4 图　管段图画法举例

六、管段图阅(识)读举例。

如图 6-23 所示，识读步骤大致如下。

1. 看标题栏

图名为管道空视图，即管段图，管段所在工厂的区域或车间未标注或省略，该管段图共有 3 张图纸，本图为第 3 张。

2. 看图形及附表

由附表可知，该管段所在平面图连接号为 0215-0201PP-02，该管段有两个管段(线)代号，即 80PA-0417-AK1(按管道代号标注规定应标注为 PA-0417-80-AK1)和 80PA-416-AK1

(PA-0416-80-AK1)。“80”表示公称直径(DN),“PA”表示物料代号,“AK1”表示管道等级。管段代号与图形表达一致。

看管段的起点和终点,图中两起点均为设备(压缩机或鼓风机),设备编号为01-433、01-434(未按标准规定的设备类别代号标注),终点去向注明经外管廊至磷铵装置。

看管段的空间走向,图中两设备出口管道80PA-0417,垂直向上汇合成为一根管道80PA-0416。设备出口管道上分别安装有异径管(DN32/DN80),两个支管上安装有压力表PI207A、PI207B,压力表前的支管上安装旋塞阀门(型号为X43PD-10,见材料表)、两个直通式隔膜阀(型号为GZ46J-10,见材料表)。

3. 看尺寸及标注

看清弄懂管段图上管道、管件、阀门及控制点等所有安装尺寸。设备管口顶法兰面标高为TOPFDFEL0.725,两80PA-417管的汇集管80PA-416标高EL2.045,图中管80PA-416,最终标高为EL5.045,最高管中心线至设备出口法兰面高度为(EL)5.045-(EL)0.200＝4.845(m);两设备出口管(80PA-417)中心线距离为2000(mm),该管段水平管总长度为2000＋1700＋3650＝7350(mm),其中未考虑该管段终点(虚线部分)去外管廊的管道长度,但已注明现场配管此管线材料统计在材料表中。查看设备出口垂直管上阀门、异径管、仪表支管等安装高度尺寸。另外图右上角标注了该管段的安装方位标(箭头及N)。

4. 看材料一览表

校核材料一览表是否与管段图上名称、规格、数量一致,看清弄懂材质、标准等。最后看备注及其他说明。备注用以说明尺寸以管道中心线或以阀门面为基准。

附　　录

附录一　管道及仪表流程图中设备、机器图例

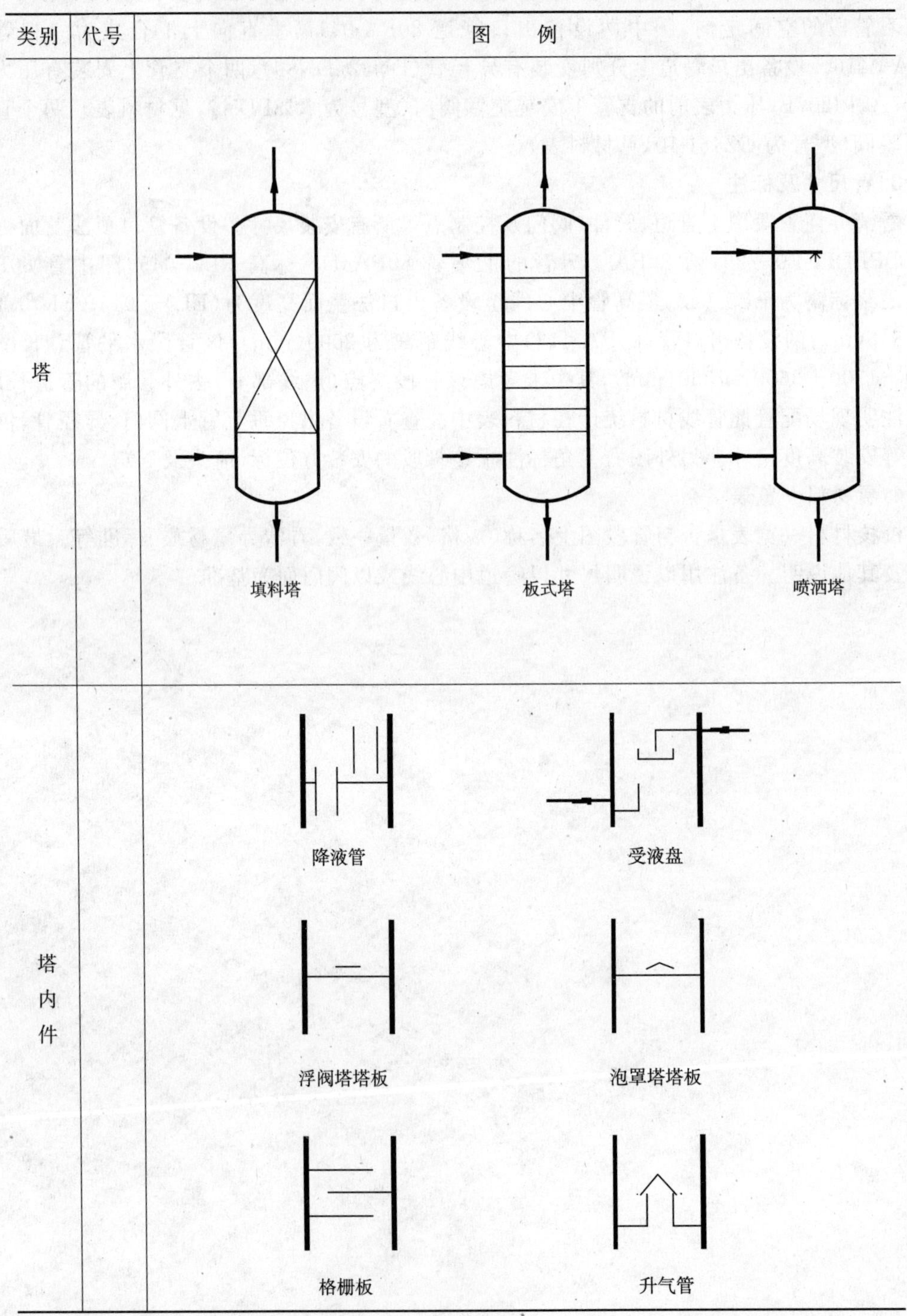

续表

类别	代号	图　例
塔内件		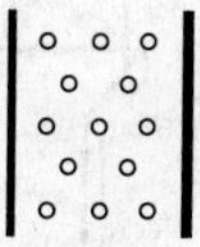 湍球塔 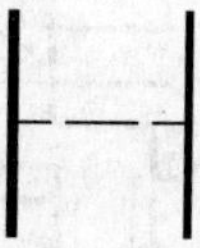　筛板塔塔板 　分配（分布）器喷淋器 　（丝网）除沫层 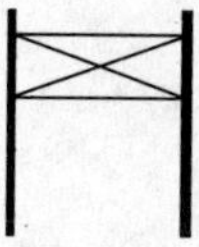　填料除沫层
反应器		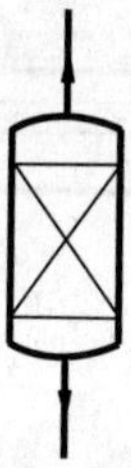 固定床反应器 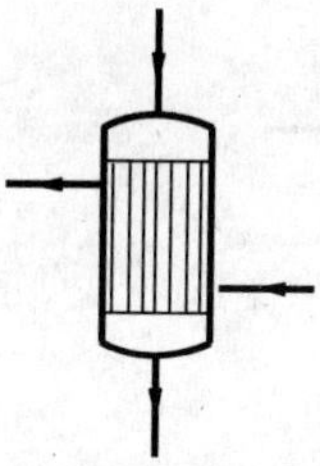　列管式反应器 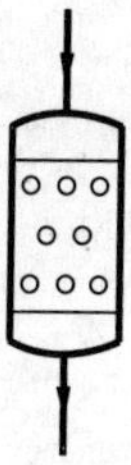　流化床反应器 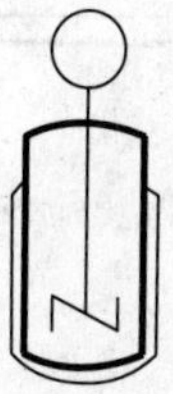　反应釜（闭式、带搅拌、夹套） 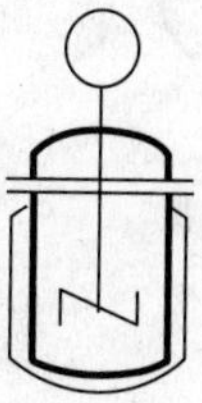　反应釜（开式、带搅拌、夹套） 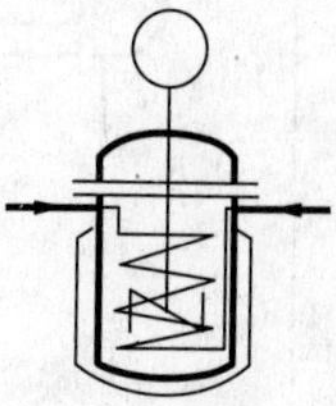　反应釜（开式、带搅拌、夹套、内盘管）

续表

类别	代号	图例
工业炉		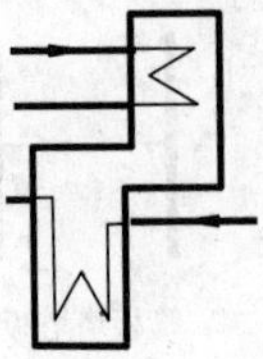 箱式炉 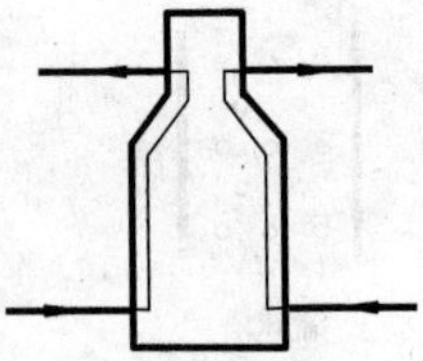　圆筒炉 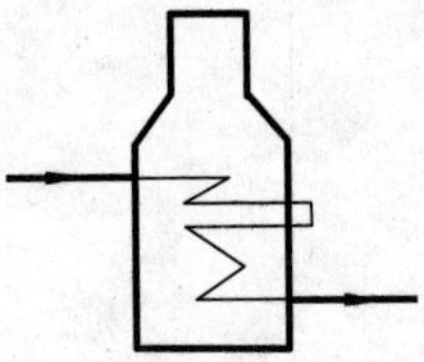　圆筒炉
火炬烟囱		 烟囱 　火炬
换热器		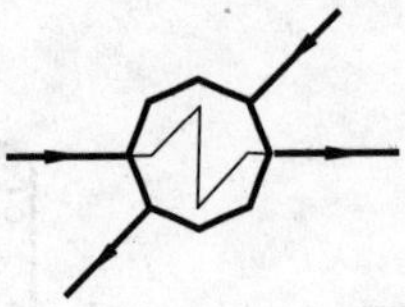 换热器 简图 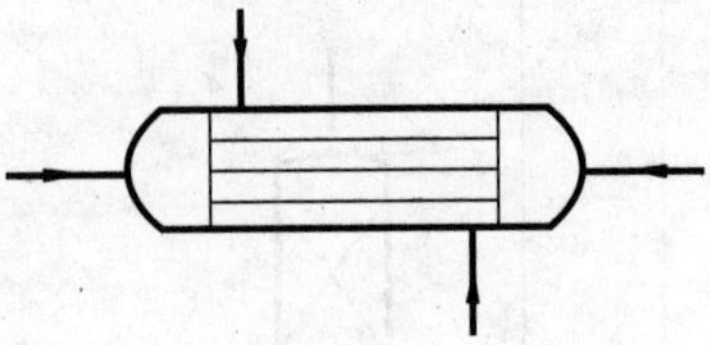　固定管板式列管换热器 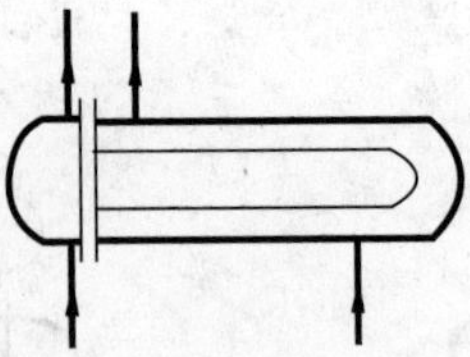 型管式换热器 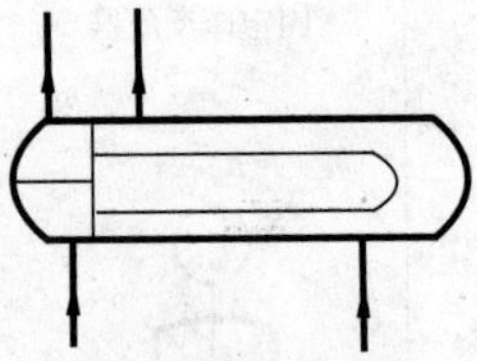　浮头式列管换热器 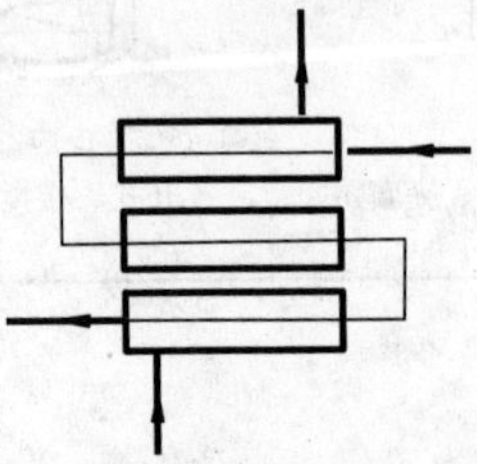 套管式换热器 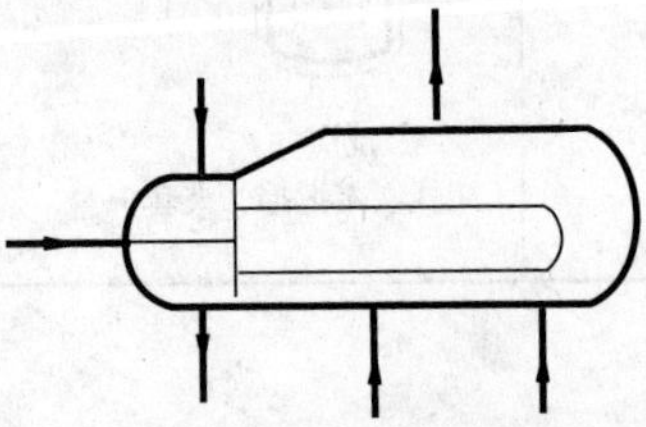　釜式换热器

续表

类别	代号	图例
换热器		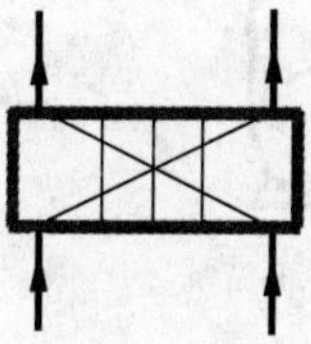 板式换热器 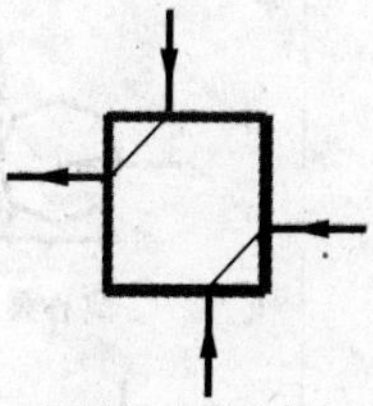　螺旋板式换热器 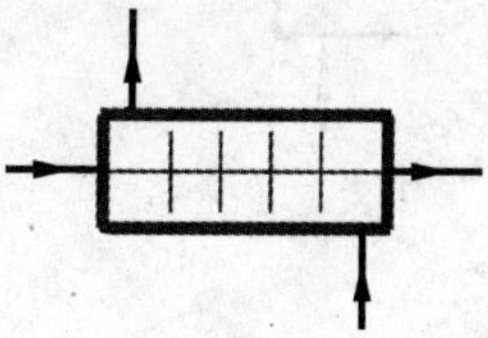 超片管换热器 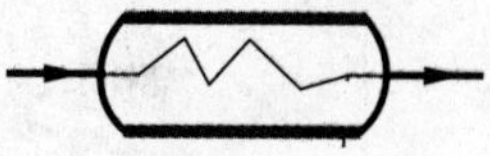　蛇管式（盘管式）换热器 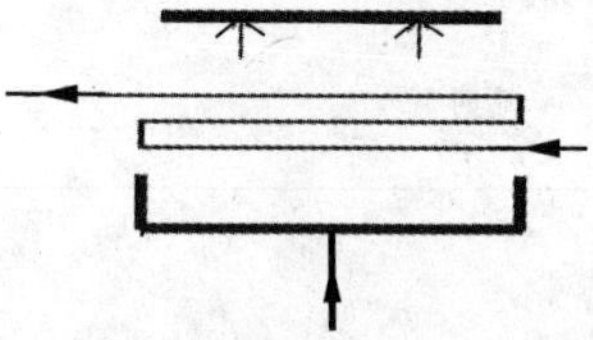 喷淋式冷却器 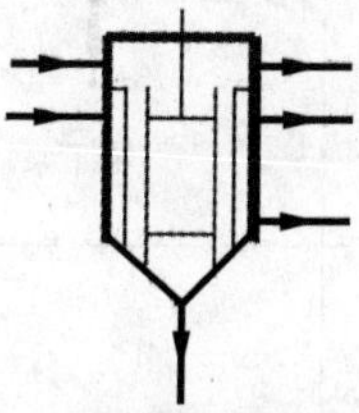　刮板式薄膜蒸发器 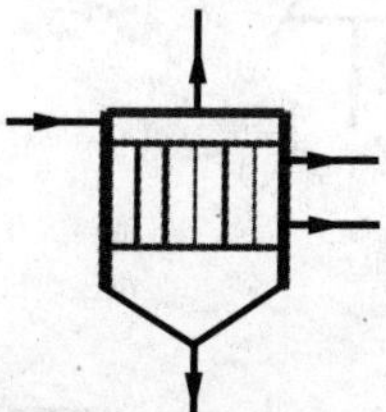 列管式（薄膜）蒸发器 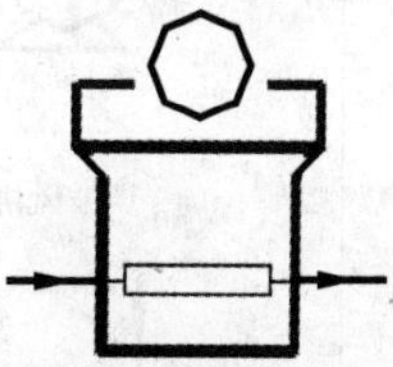　抽风式空冷器 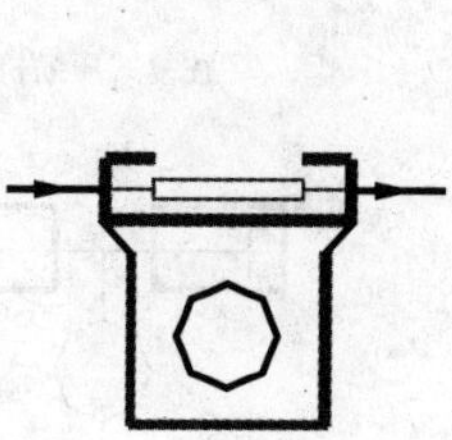 送风式空冷器 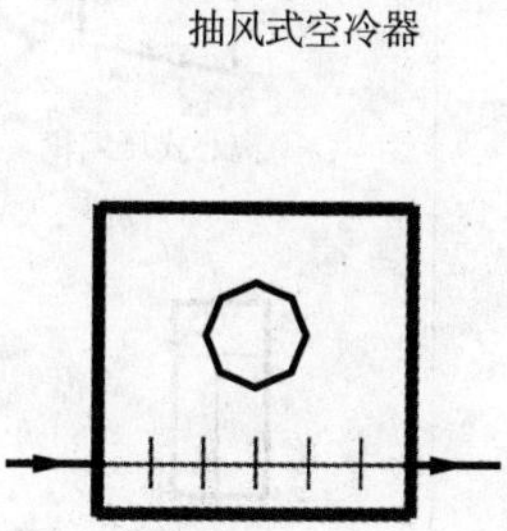　带风扇的超片管式换热器

续表

类别	代号	图　　例
泵		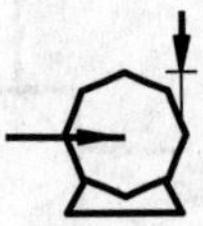 离心泵 　水环式真空泵 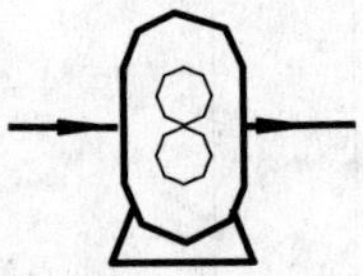　旋转泵　齿轮泵 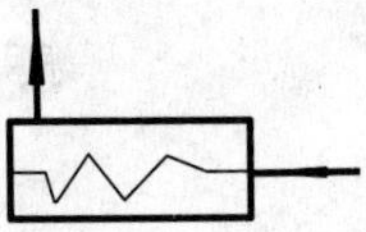 螺杆泵 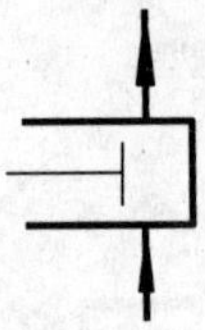　螺杆泵 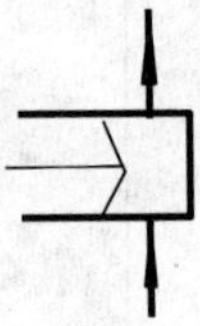　隔膜泵 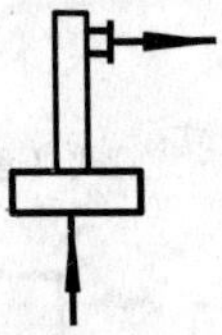 液下泵 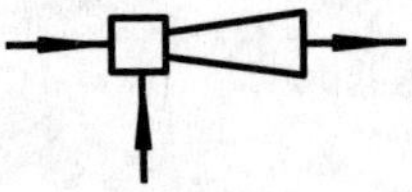　喷射泵 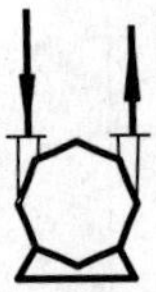　旋涡泵
压缩器		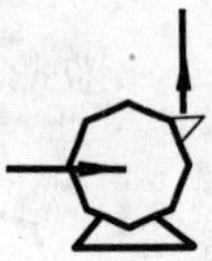  （卧式） 　（立式） 鼓风机　旋转式压缩机  离心式压缩机 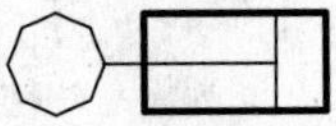　往复式压缩机 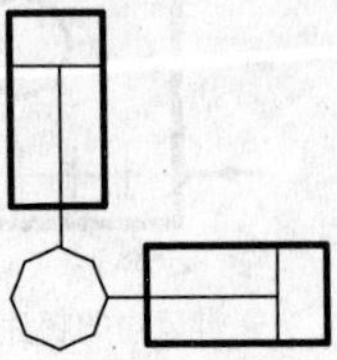 二段往复式压缩机（　型） 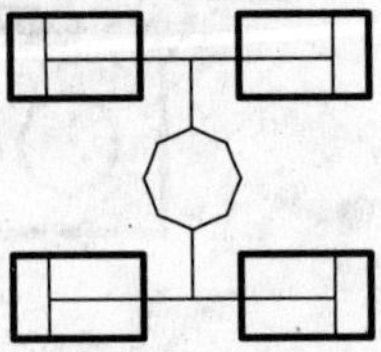　四段往复式压缩机

续表

类别	代号	图例		
容器		锥顶罐	（地下/半地下）池、槽、坑	浮顶罐
		圆顶锥底容器	蝶形封头容器	平顶容器
		干式气柜	湿式气柜	球罐
		卧式容器	卧式容器	
		填料除沫分离器	丝网除沫分离器	旋风分离器

续表

类别	代号	图例
容器		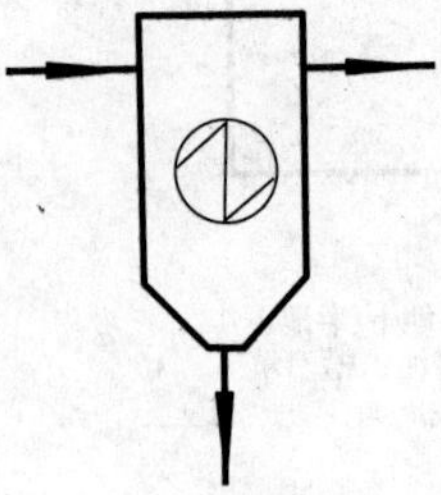 干式电除尘器 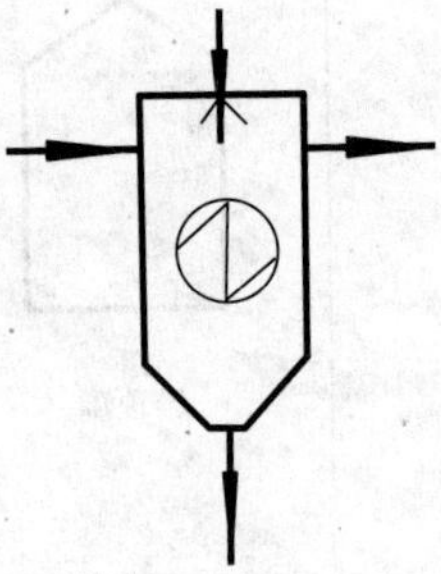　湿式电除尘器 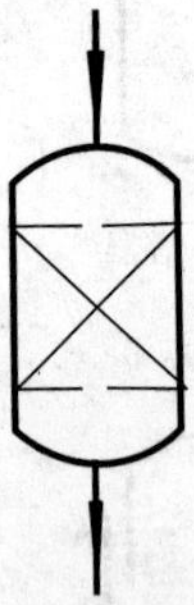　固定床过滤器 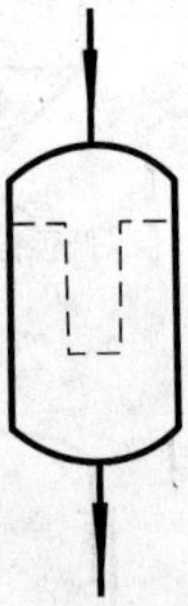　带滤筒的过滤器
设备内件附件		 防涡流器 　插入管式防涡流器 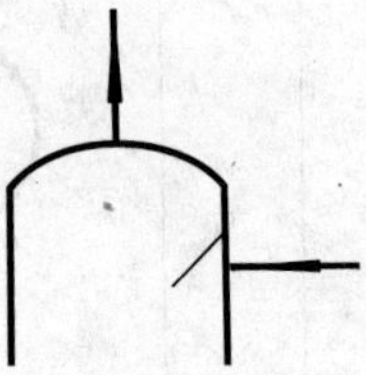　防冲板 　加热或冷却部件 　搅拌器

续表

类别	代号	图例
容器		手拉葫芦（带小车） 单梁起重机（手动） 电动葫芦 单梁起重机（电动） 旋转式起重机 悬臂式起重机 吊钩桥式起重机 带式输送机 刮板输送机

续表

类别	代号	图例
起重运输机械		 斗式提升机 　手推车
秤量机械		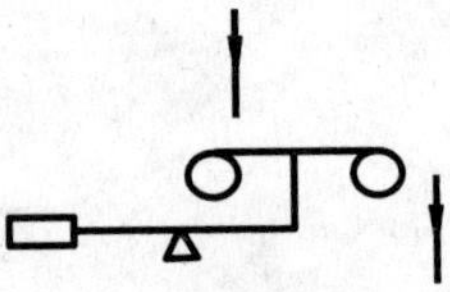 带式定量给料秤 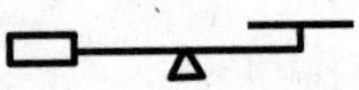　地上衡
其他机械		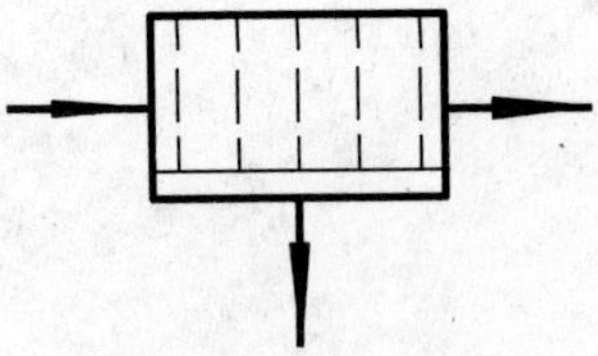 压滤器 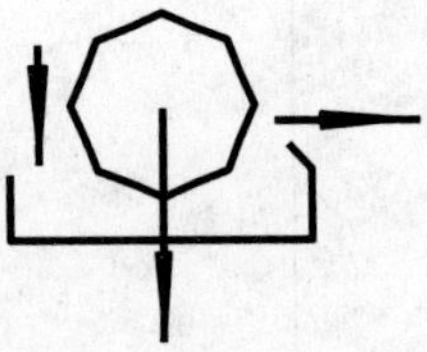　转鼓式（转盘式）过滤机 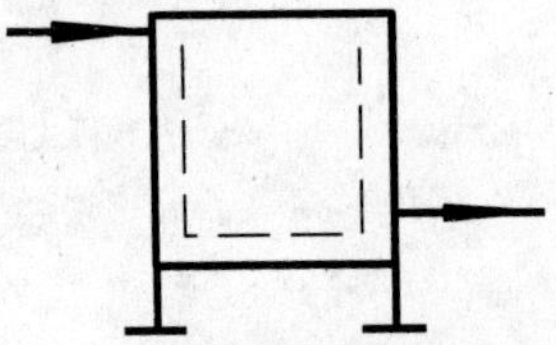 有孔壳体离心机 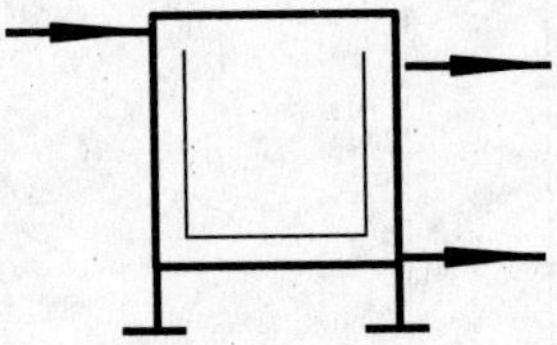　无孔壳体离心机 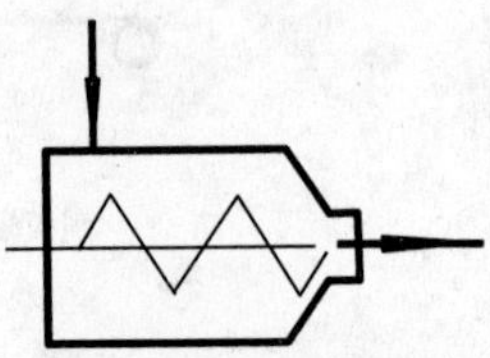 螺杆压滤机 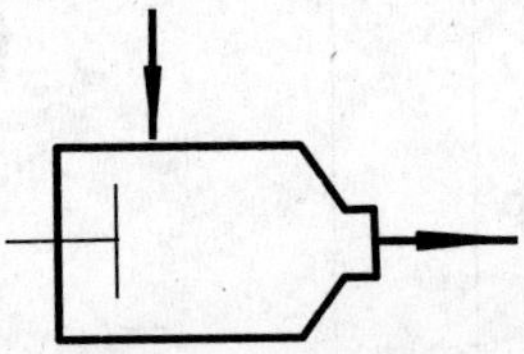　挤压机

续表

类别	代号	图例
其他机械		揉合机　混合机
动力机		电动机　内燃机、燃气机　汽轮机　其他动力机 离心式膨胀机、透平机　活塞式膨胀机

附录二　管道及仪表流程图中管道、管件、阀门及管道附件图例

名　称	图　例	备　注
主物管道		粗实线
次要物料管道 辅助物料管道		中粗线
引线、设备、管件、阀门、仪表图形符号和仪表管线等		细实线
原有管道 （原有设备轮廓线）		管线宽度与其相接的新管线宽度相同
地下管道 （埋地或地下管沟）		
蒸汽伴热管道		
电伴热管道		
夹套管		夹套管只表示一段
管道绝热层		绝热层只表示一段
翅片管		
柔性管		
管道相接		

续表

名称	图例	备注
管道交叉(不相接)		
地面		仅用于绘制地下、半地下设备
管道等级管道编号分界		表示管道编号或管道等级代号
责任范围分界线		随设备成套供应 买方负责　制造厂负责 卖方负责　仪表专业负责
绝热层分界线		绝热层分界线的标识字母　与绝热层功能类型代号相同
伴管分界线		伴管分界线的标识字母　与伴管的功能类型代号相同
流向箭头		
坡度		
进、出装置或主项的管道或仪表信号线的图纸接续标志,相应图纸编号填在空心箭头内	进 40 3 3 40 出 6	尺寸单位 在空心箭头上方注明来或去的设备 位号或管道号或仪表位号
同一装置或主项内的管道或仪表信号线的图纸接续标志,相应图纸编号的序号填在空心箭头内	10 3 进 6 3 10 出 6	尺寸单位 要空心箭头附件注明来或去的设备 位号或管道号或仪表位号

续表

名称	图例	备注
修改标记符号		三角形内的表示为第一次修改
修改范围符号		去线用细实线表示
取样、特殊管(阀)件的编号框	A SV SP	取样 特殊阀门 特殊管件 圆直径
闸阀		
截止阀		
节流阀		
球阀		圆直径
旋塞阀		圆黑点直径
隔膜阀		
角式截止阀		
角式节流阀		
角式球阀		

续表

名　称	图　例	备　注
三通截止阀		
三通球阀		
三通旋塞阀		
四通截止阀	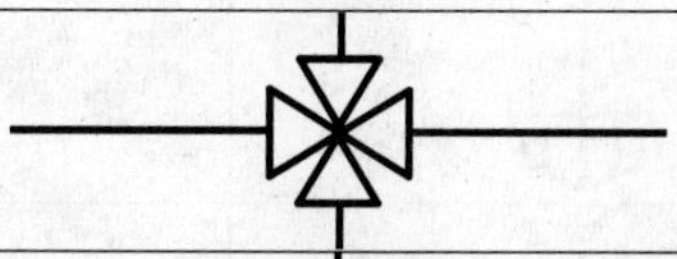	
四通球阀		
四通旋塞阀	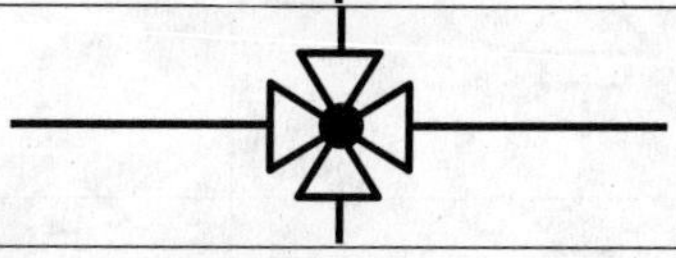	
止回阀		
柱塞阀		
蝶阀		
减压阀	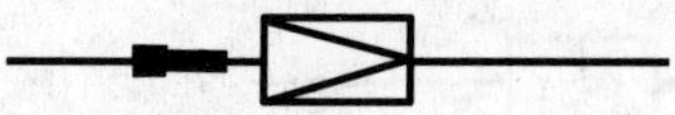	
角式弹簧安全阀	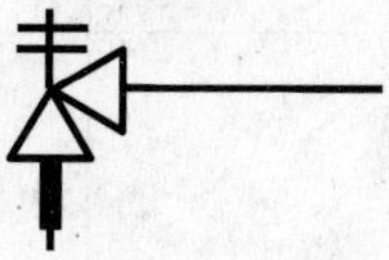	阀出口管为水平方向
角式重锤安全阀	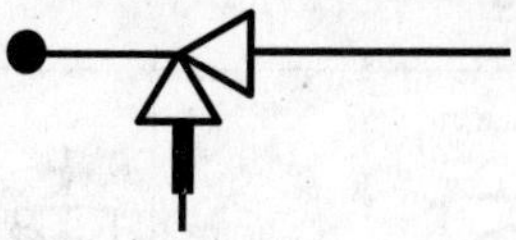	阀出口管为水平方向

续表

名称	图例	备注
直流截止阀	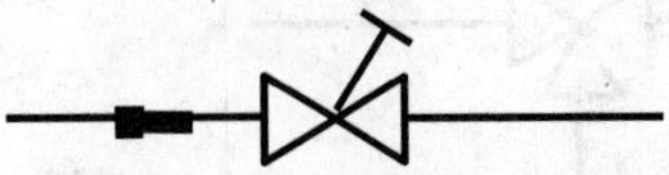	
疏水阀	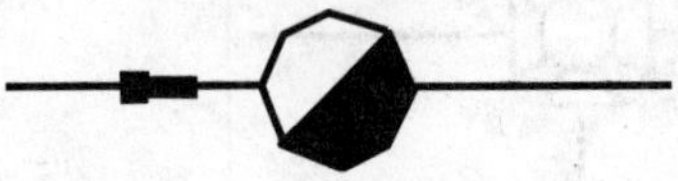	
插板阀	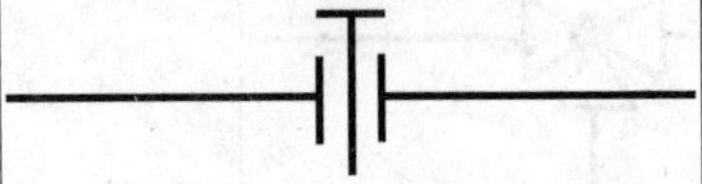	
底阀		
针形阀		
呼吸阀		
带阻火器呼吸阀		
阻火器		
视镜、视钟		
消声器		在管道中
消声器		放大气
爆破片		 真空式  压力式

续表

名 称	图 例	备 注
限流孔板	RO （多板） RO （单板）	圆直径
喷射器		
文氏管		
Y 型过滤器		
锥型过滤器		方框
T 型过滤器		方框
罐式（蓝式）过滤器		方框
管道混合器		
膨胀节		
喷淋管		
焊接连接		仅用于表示设备管口与管道为焊接连接

续表

名　称	图　例	备　注
螺纹管帽		
法兰连接		
软管接头		
管端盲板		
管端法兰(盖)		
阀端法兰(盖)		
管帽		
阀端丝堵		
管端丝堵		
同心异径管		
偏心异径管	（底平）　（顶平）	

续表

名　称	图　例	备　注
圆形盲板	（正常开启）　（正常关闭）	
8 字盲板	（正常关闭）　（正常开启）	
旋空管(帽)	（帽）　（管）	
漏斗	（敞口）　（封闭）	
鹤管		
安全淋浴器		

续表

名 称	图 例	备 注
洗眼器	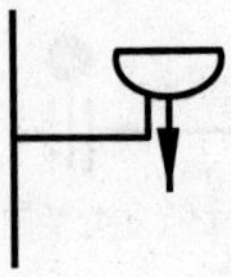	
安全喷淋洗眼器	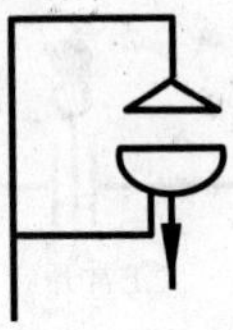	
		未经批准,不得关闭（加锁或铅封）
		未经批准,不得开启（加锁或铅封）

附录三 设备布置图上用的图例

名称	图例	备注
方向标	PN 0° 270° 90° 3mm 180°	圆直径为 20mm
砾石(碎石)地面		
素土地面		
混凝土地面		
钢筋混凝土		
安装孔、地坑		剖面涂红色或填充灰色
电动机	M	
圆形地漏		
仪表盘、配电箱		
双扇门		剖面涂红色或填充灰色
单扇门		剖面涂红色或填充灰色
空门洞		剖面涂红色或填充灰色
窗		剖面涂红色或填充灰色
栏杆	平面 立面	

续表

名　称	图　例	备　注
花纹钢板	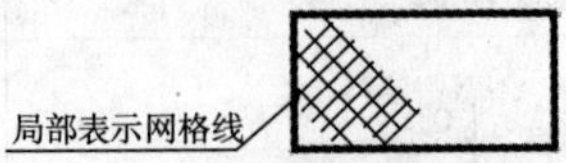 局部表示网格线	
篦子板	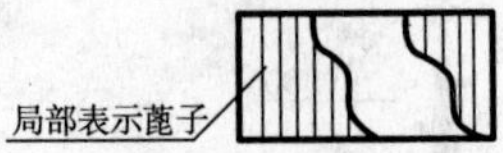 局部表示篦子	
楼板及混凝土梁		剖面涂红色或填充灰色
钢梁	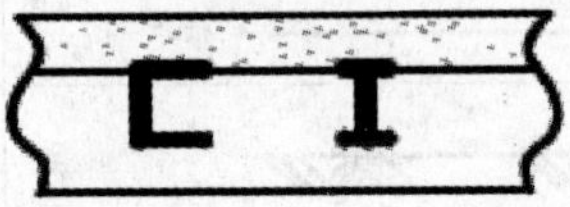	剖面涂红色或填充灰色
楼梯	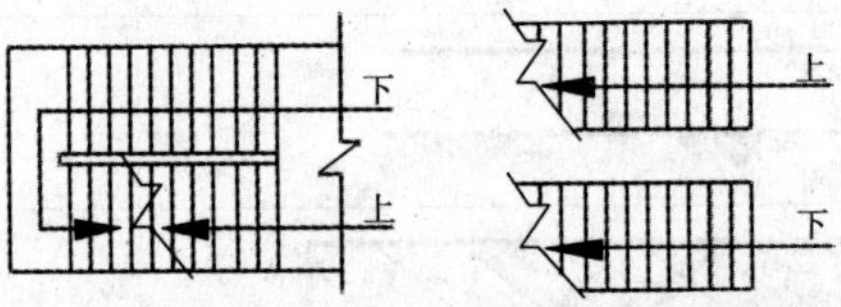 下 上 上 下	
直梯	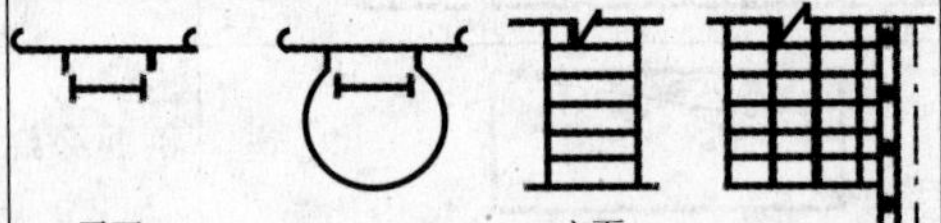 平面 立面	
地沟混凝土盖板		
柱子	混凝土柱 钢柱 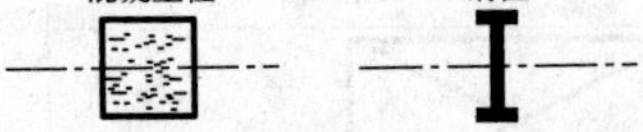	剖面涂红色或填充灰色
管廊	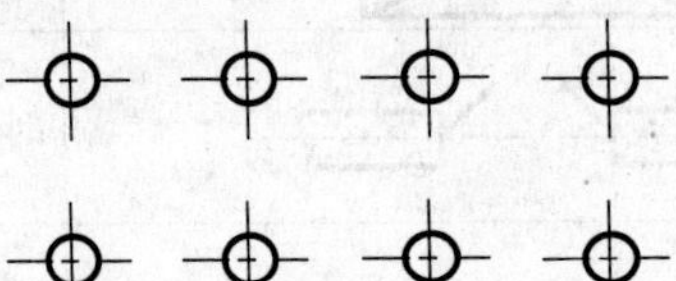	按柱子截面形状表示
单轨吊车	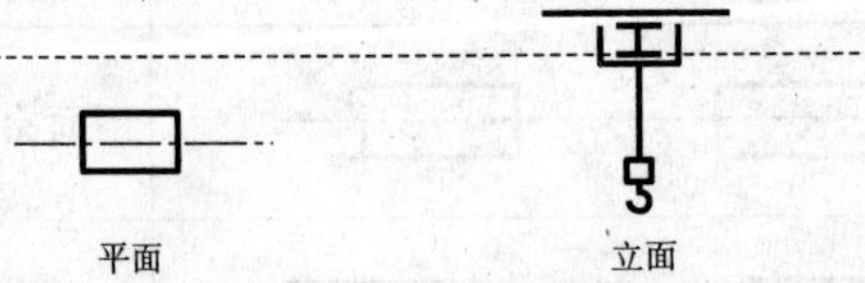 平面 立面	
桥式起重机	平面 立面	

续表

名称	图例	备注
悬臂起重机	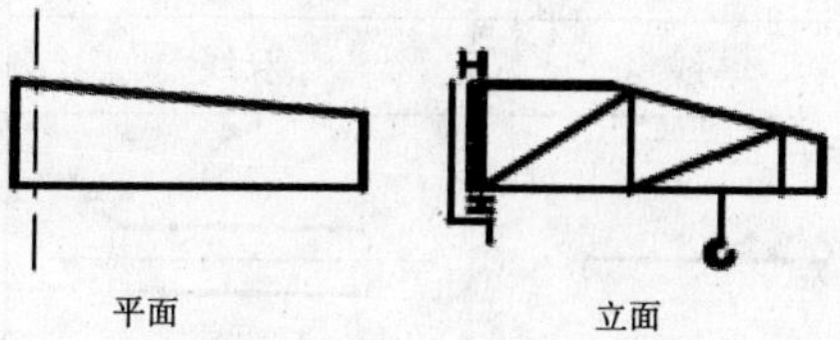 平面　立面	
旋臂起重机	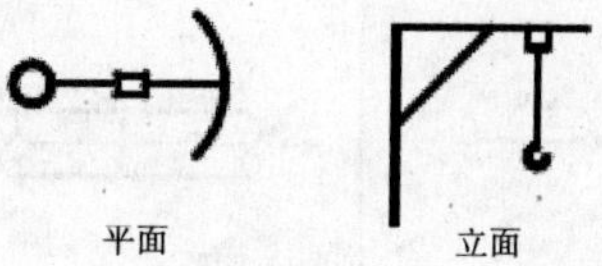 平面　立面	
铁路	 平面	线宽 0.6mm
吊车轨道及安装梁	 平面　T.B.	
平台和平台标高	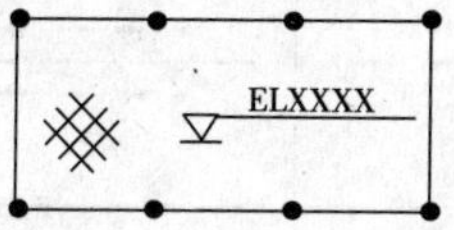 ELXXXX	
地沟坡和标高	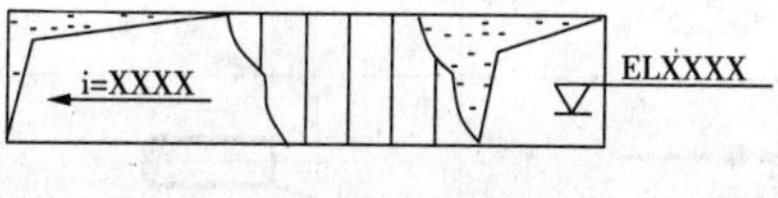 i=XXXX　ELXXXX	

附录四 管道布置图和轴测图上管子、管件、阀门及管道特殊件图例

名称		管道布置图 单线	管道布置图 双线	轴测图
管子				
现场焊		F.W	F.W	
伴热管(虚线)				
夹套管(举例)				
地下管道(与地上管道合画一张图时)				
异径法兰(举例)	螺纹、承插焊、滑套	80×50	80×50	80×50
	对焊	80×50	80×50	80×50
法兰盖	与螺纹、承插焊或滑套法兰相接			
	与对焊法兰相接			
同心异径管(举例)	螺纹或承插焊			C.R40×25
	对焊	C.R80×25	C.R80×50	C.R80×50
	法兰式	C.R80×50	C.R80×50	C.R80×50

续表

名称			管道布置图				图	
			单线		双线			
偏心异径管(例)	螺纹或承插焊	平面	E.R25×20 FOB	E.R25×20 FOT			E.R25×20 FOB	E.R25×20 FOT
		立面	R.R25×20 POB	R.R25×20 POT				
	对焊	平面	E.R80×50 ROB	E.R80×50 ROT	E.R80×50 FOB(POT)		E.R80×50 POB	E.R80×50 POT
		立面	E.R80×50 FOB	E.R80×50 FOT	E.R80×50 FOB	E.R80×50 FOT		
	法兰式	平面	E.R80×50 POB	E.R80×50 POT	E.R80×50 FOB(FOT)		E.R80×50 POB	E.R80×50 POT
		立面	E.R80×50 ROB	E.R80×50 POT	E.R80×50 POB	E.R80×50 POT		
90°弯头	螺纹式承接连接							
	对焊连接							
	法兰连接							
45°弯头	螺纹式承接连接							
	对焊连接							
	法兰接							

续表

名称		管道布置图		轴测图
		单线	双线	
U型弯头	对焊连接	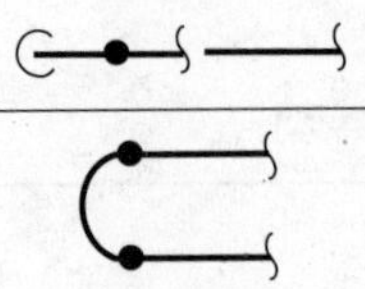	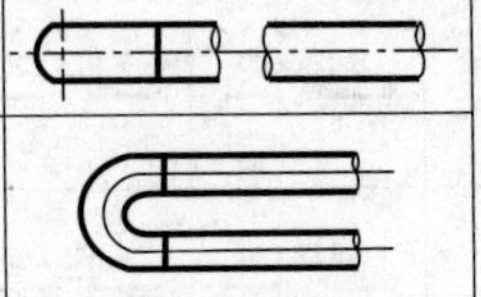	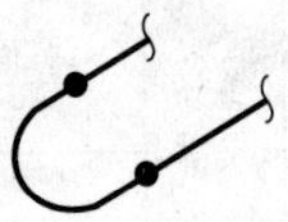
	法兰连接	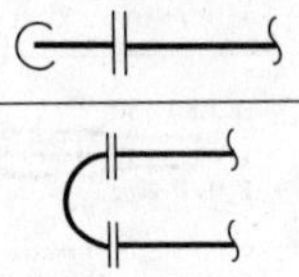	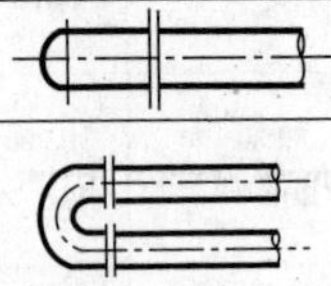	
斜接弯头（举例）		 （仅用于小角度斜接弯）	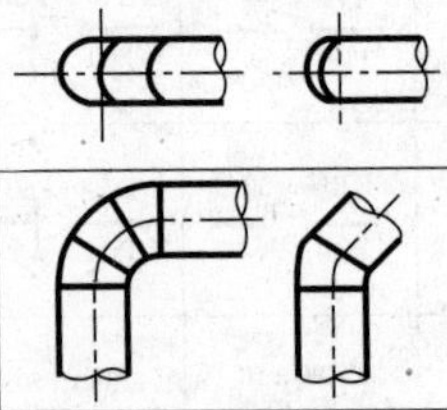	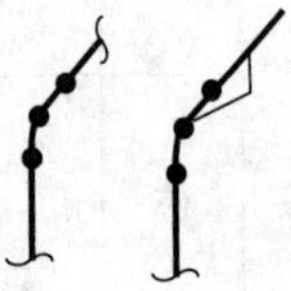
三通	螺纹或承插连接	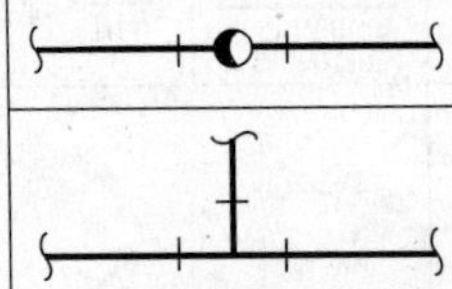		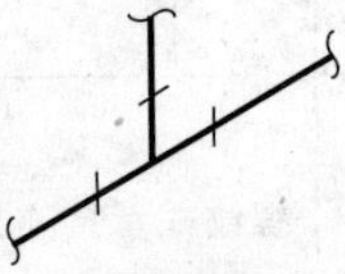
	对焊连接	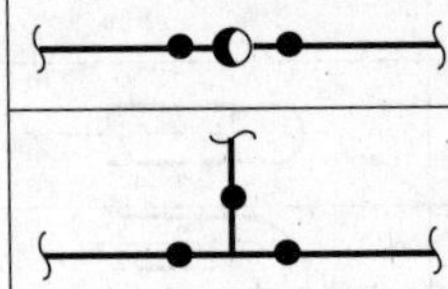	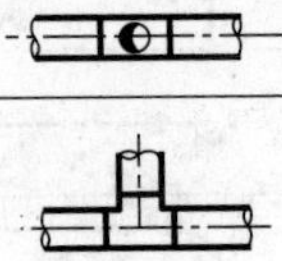	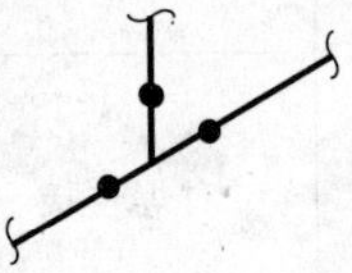
	法兰连接	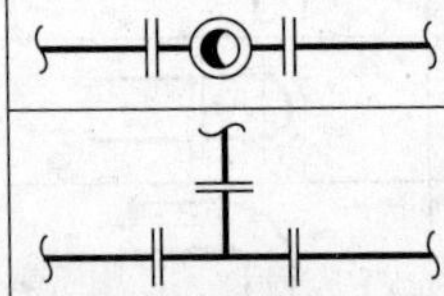	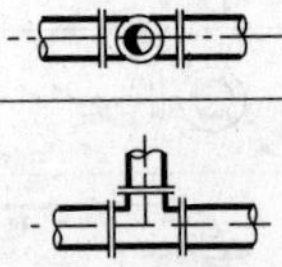	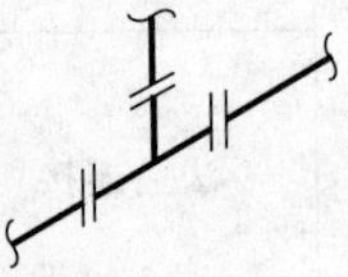
斜三通	螺纹或承插焊连接	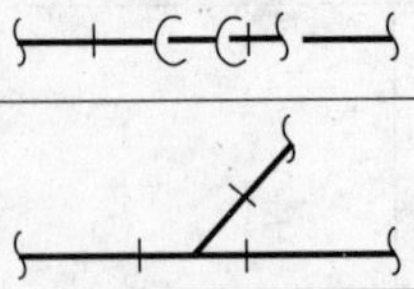		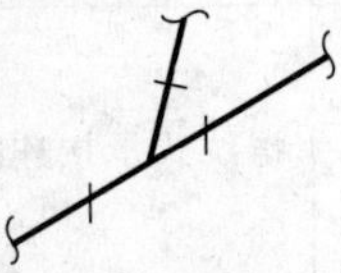
	对焊连接	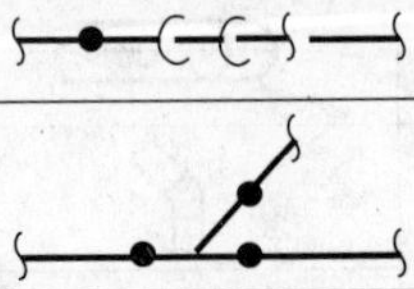		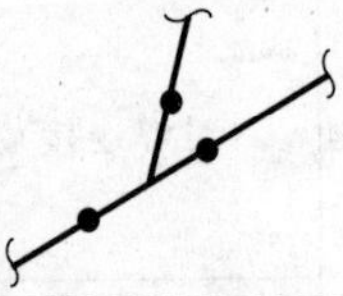
	法兰连接	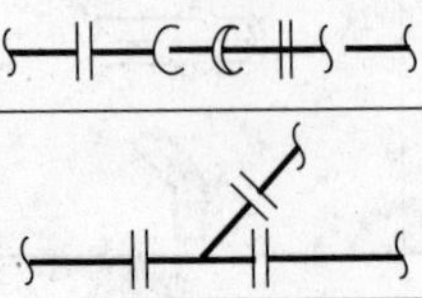	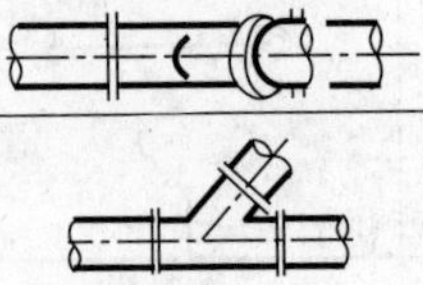	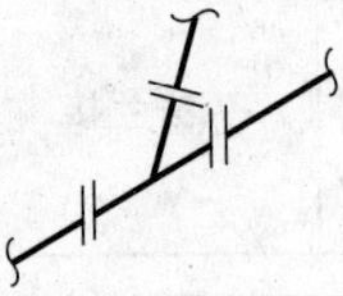

续表

名称		管道布置图 单线	管道布置图 双线	轴测图
焊接支管	不带加强板			
焊接支管	带加强板			
半管接头及支管台	螺纹或承插焊连接			
半管接头及支管台	对焊连接		（用于半管接头或支管台） （用于支管台）	
四通	螺纹承插焊连接			
四通	对焊连接			
四通	法兰连接			
管帽	螺纹或承插焊连接			
管帽	对焊连接			
管帽	法兰连接			
堵头	螺纹连接	DNXX DNXX		
螺纹或承插焊管接头				
螺纹或承插焊活接头				

续表

名称		管道布置图		轴测图
		单线	双线	
软管接头	螺纹或承插焊连接			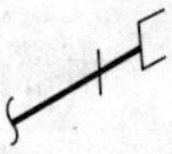
	对焊连接			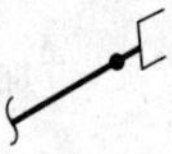
快速接头	阳			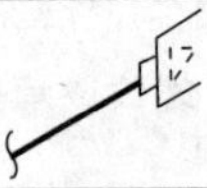
	阴			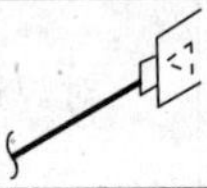

名称	管道布置图各视图			轴测图	备注
闸阀	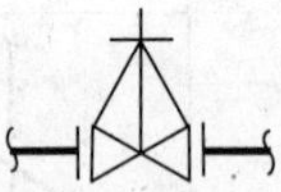			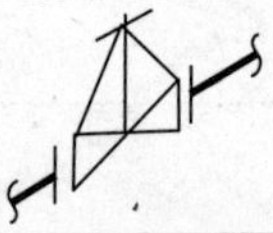	
截止阀	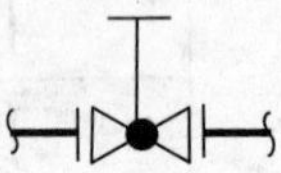	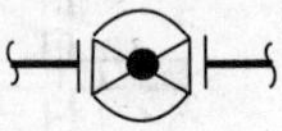		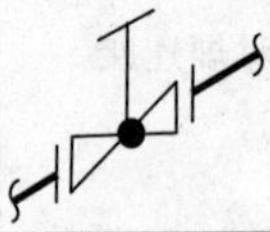	
角阀	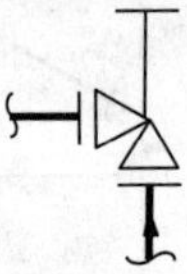	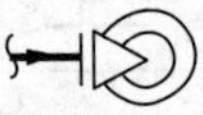			
节流阀	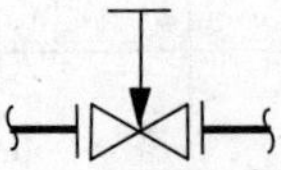			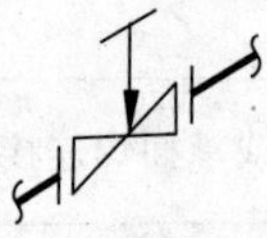	
"Y"型阀	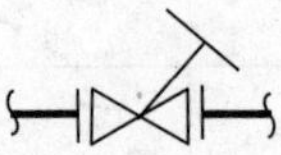	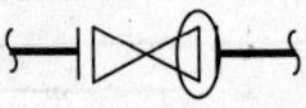			
球阀	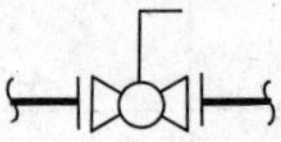			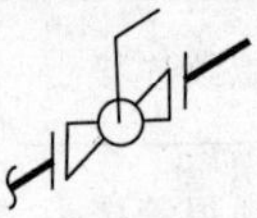	
三通球阀			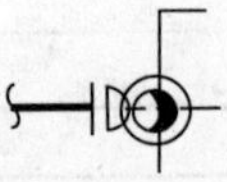	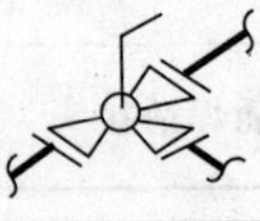	

续表

名称	管道布置图各视图			轴测图	备注
旋塞阀（OOOK及PLUG）	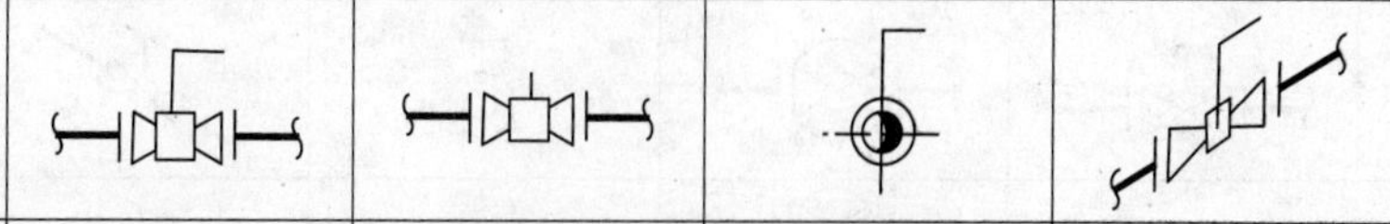				
三通旋塞阀	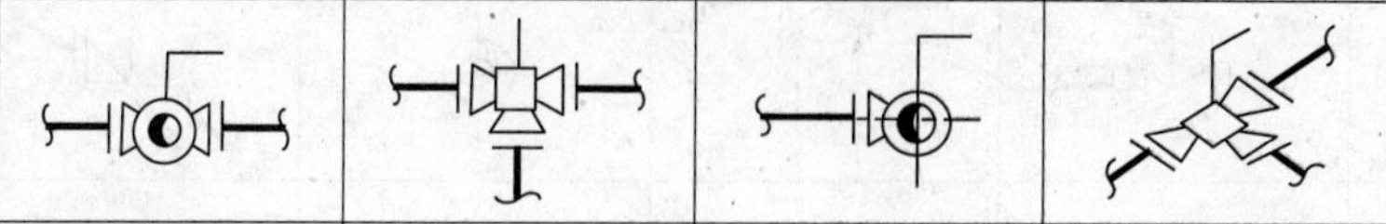				
三通阀	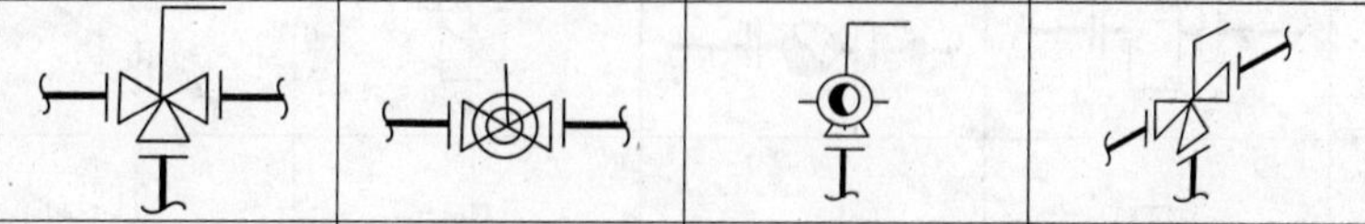				
对夹式蝶阀	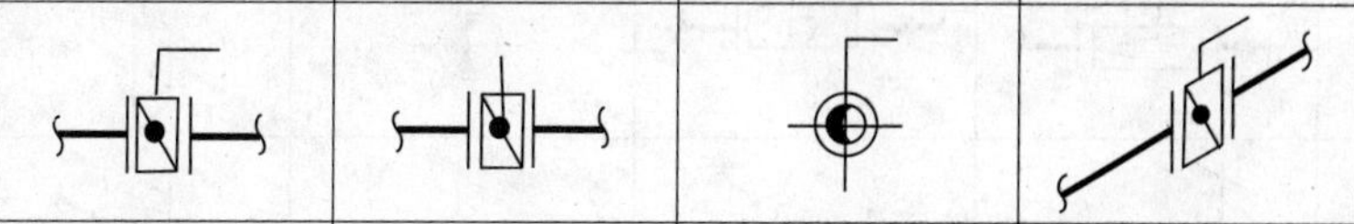				
法兰式蝶阀	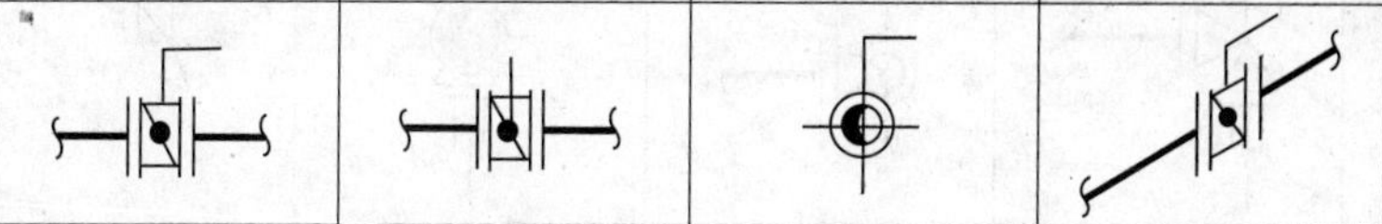				
柱塞阀	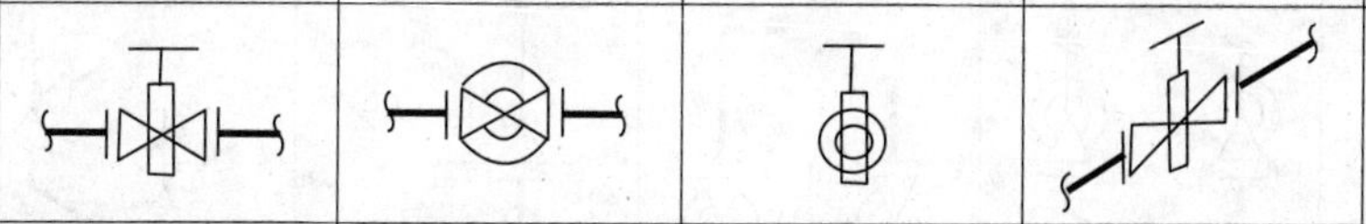				
止回阀	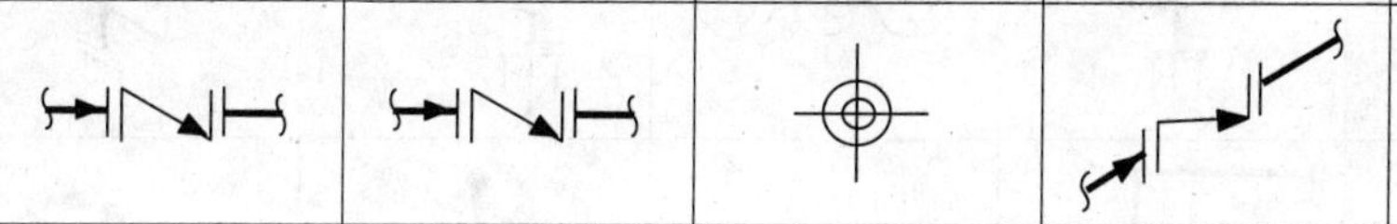				
切斯式止回阀	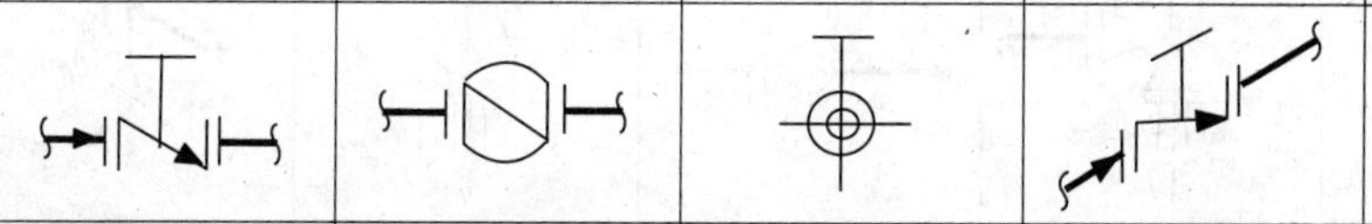				
底阀					
隔膜阀	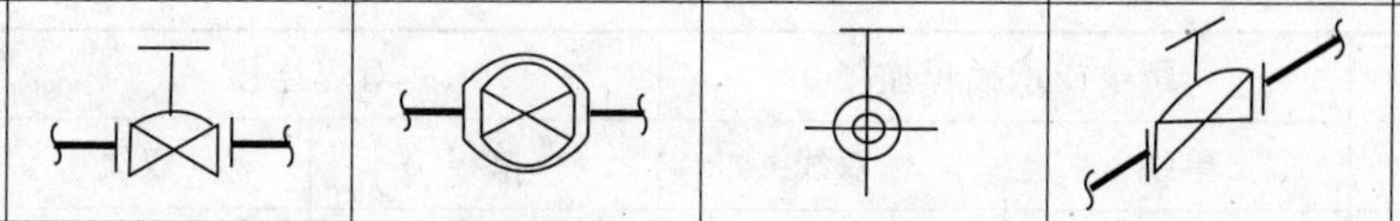				
“Y”型隔膜阀	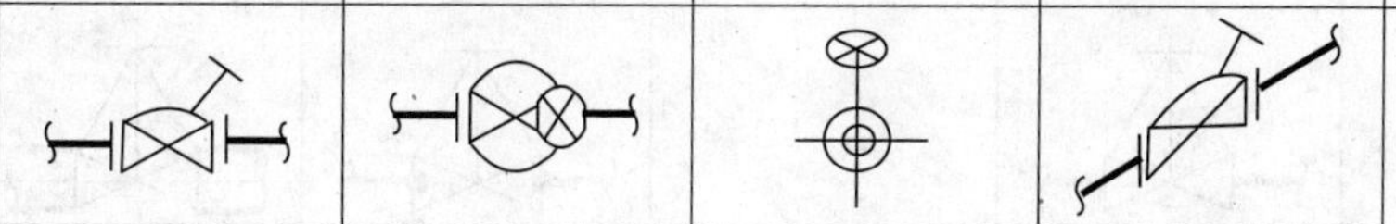				
放净阀	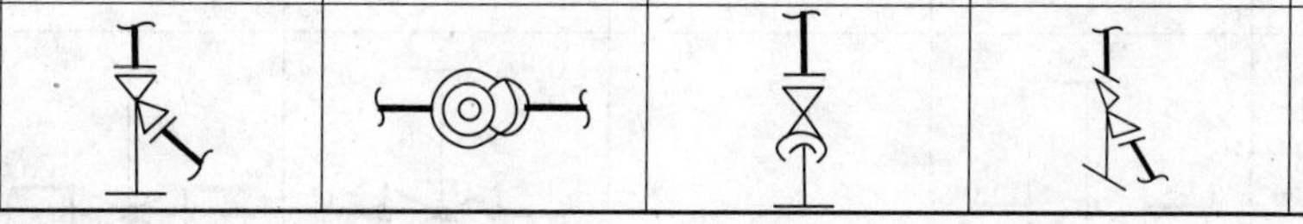				

续表

名称	管道布置图各视图			轴测图	备注
夹紧式胶管阀					
夹套式阀					
疏水阀					
减压阀					
弹簧式安全阀					
双弹簧式安全阀					
杠杆式安全阀					杠杆长度应按实物尺寸的比例画出

非法兰的端部连接

名称	螺纹或承插焊连接		对焊连接		备注
	单线	双线	单线	双线	
闸阀					
截止阀					

续表

名称		管道布置图各视图		对焊连接		备注
		单线	双线	单线	双线	
电动式		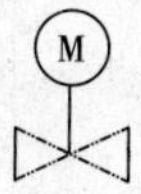	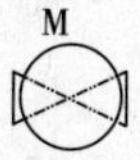	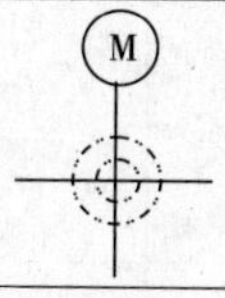		1.传动结构型式适合于各种类型的阀门 2.传达室动结构应按实物的尺寸比例画出，以免与管附件相碰 3.点划线表示可变部分
气动式		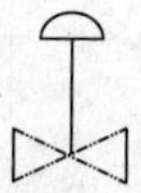		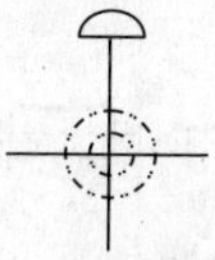		
液压或气压缸式				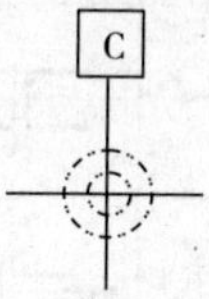		
正齿轮式		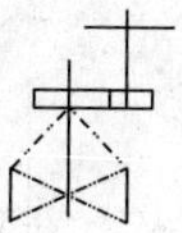	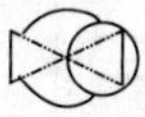	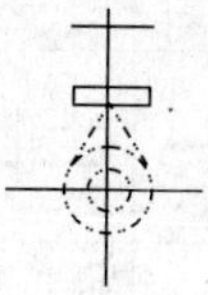	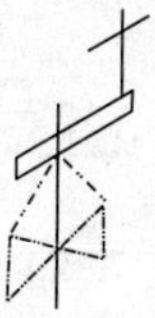	
伞齿轮式		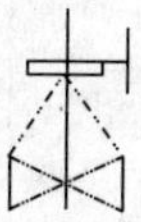	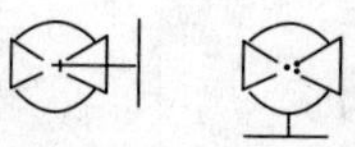	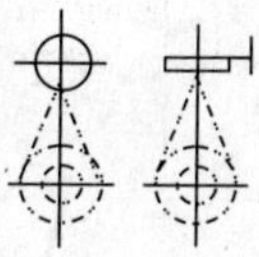		
伸长杆用于楼面	普通手动阀门	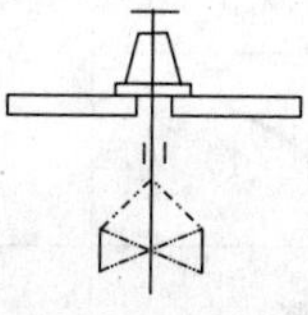		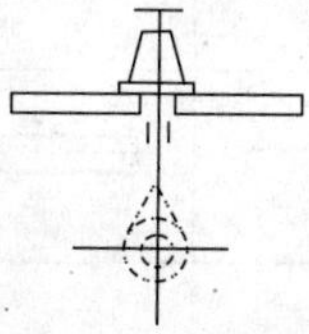	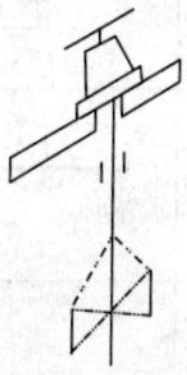	
	正齿轮式阀门	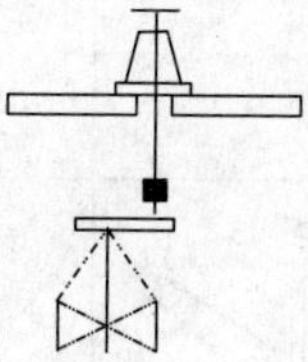	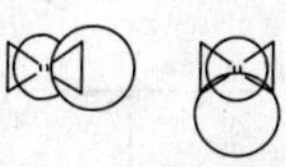	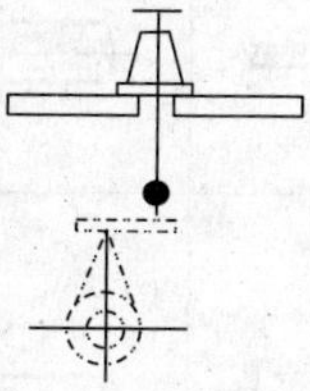	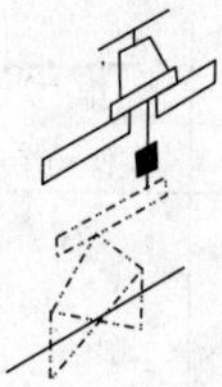	
链轮阀		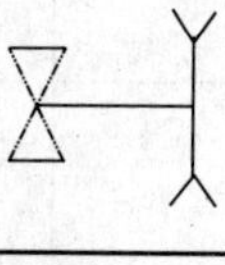	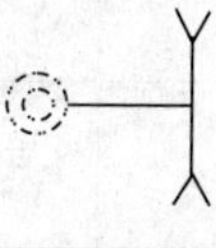			

名称		管道布置图		轴测图	备注
		单线	双线		
漏斗					带盖的漏斗画法 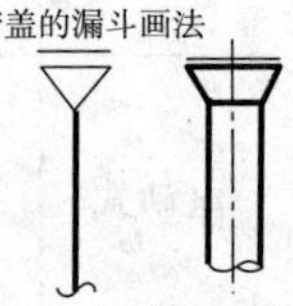
视镜		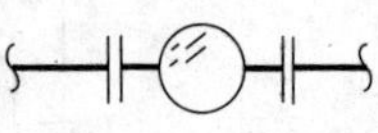	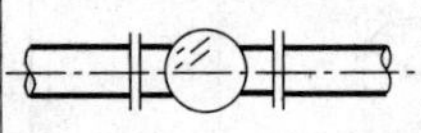	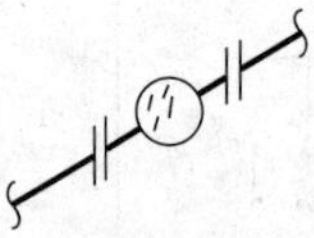	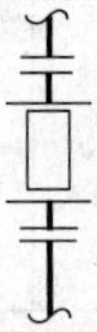 玻璃管式视镜画法举例
波纹膨胀节		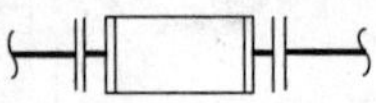		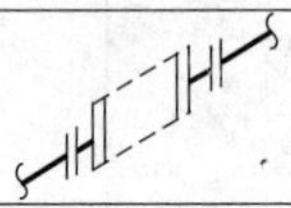	
球形补偿器		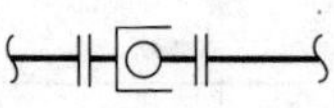	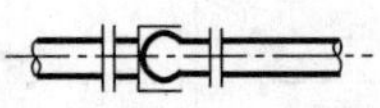	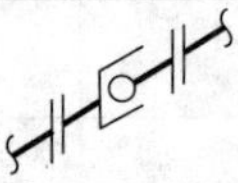	也可根据安装时的旋转角表示
填函式补偿器		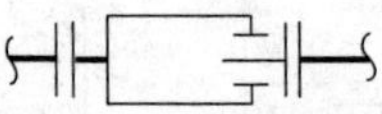	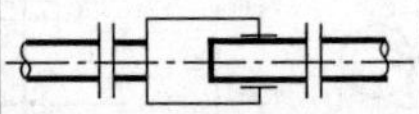	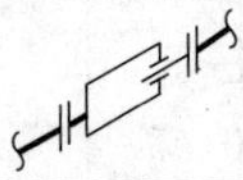	
爆破片			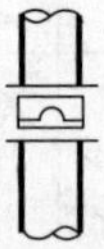		
限流孔板	对焊式	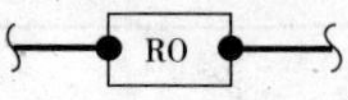 RO	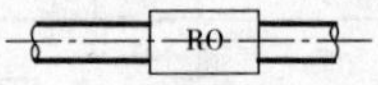 RO	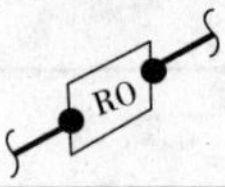 RO	
	对夹式	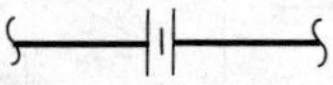 RO	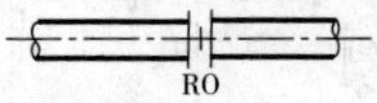 RO	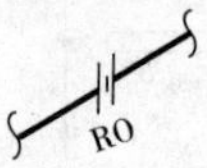 RO	
插板及垫环			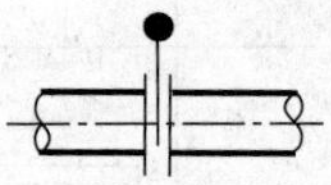	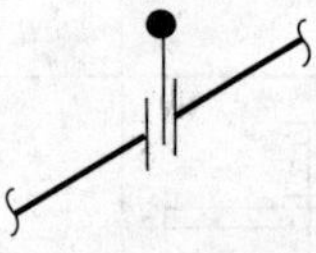	
8字盲板		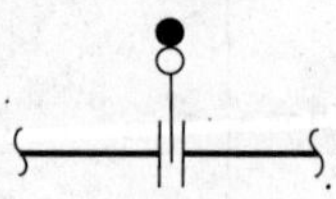	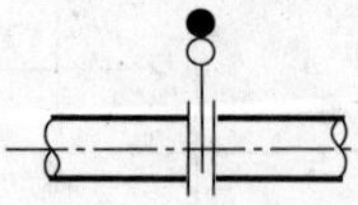	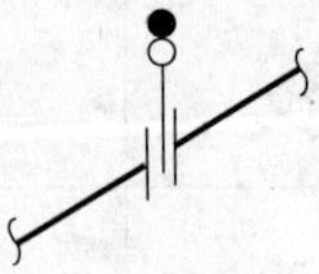	正常通过 正常切断
阻火器		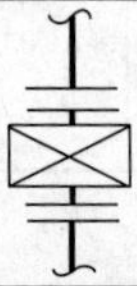	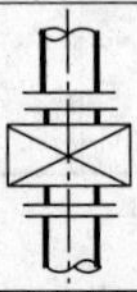		

续表

名称	管道布置图		轴测图
	单线	双线	
排液环	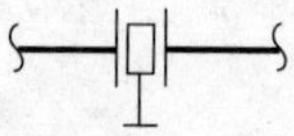	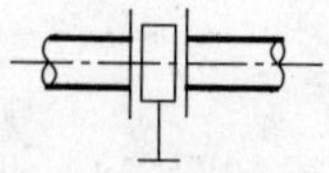	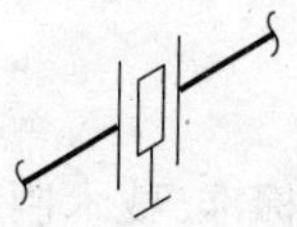
临时粗滤器	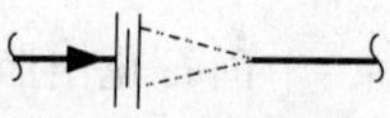	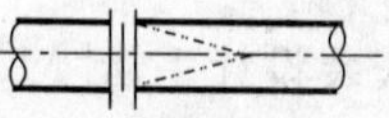	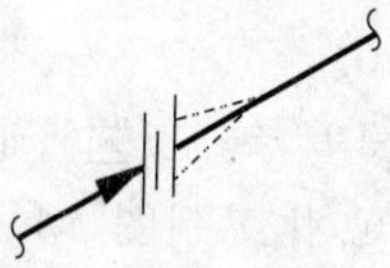
Y 型粗滤器	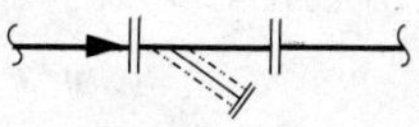	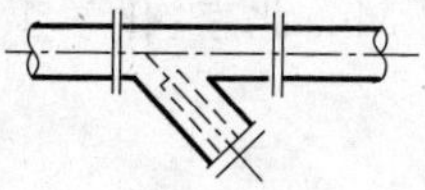	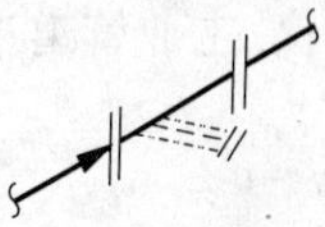
T 型粗滤器	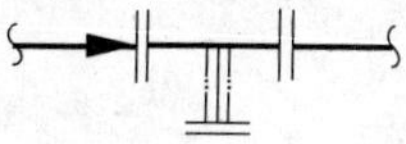	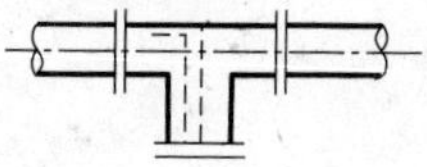	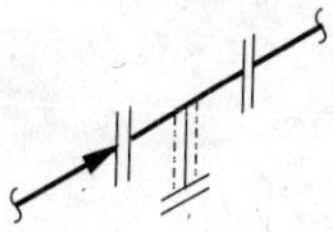
软管		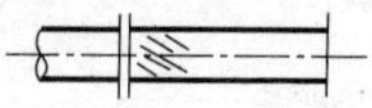	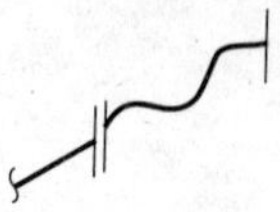
喷头	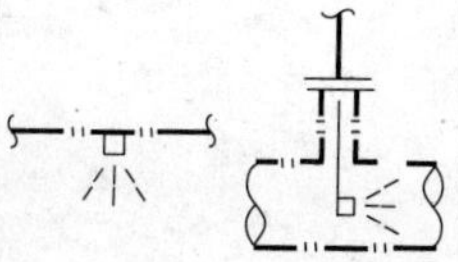	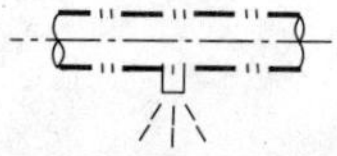	
洗眼器及淋浴		EW （平面用） 立面图按简略外形画	

注：1. C. R—同心异径管；E. R—偏心异径管；FOB—底平；FOT—顶平。

2. 其他未画视图按投影相应表示。

3. 点划线表示可变部分。

4. 轴测图图例均为举例，可按实际管道走向作相应的表示。

参考文献

[1]国家标准.技术制图与机械制图[M].北京:中国标准出版社,1996.
[2]化工工艺设计施工图内容和深度统一规定(HG/T20519－2009)[M].北京:人民出版社,2010.
[3]张德姜,等.工艺管道安装设计手册[M].北京:中国石化出版社,1994.
[4]陆英.化工制图[M].北京:高等教育出版社,2008.
[5]胡建生.化工制图[M].北京:化学工业出版社,2010.
[6]于宗保.工业管道工程[M].北京:化学工业出版社,2004.